Principle and Technology of Protein Crystal Structure Determination

U0186397

蛋白质晶体结构
解析原理与技术

苏纪勇　姚　圆 ◎ 著

北京大学出版社
PEKING UNIVERSITY PRESS

内 容 提 要

本书从实用的角度出发,介绍如何解析蛋白质晶体结构。本书贴近实际操作,避免介绍复杂的理论概念,易于具有生物科学背景的研究者理解。全书分为 6 章,主要内容包括蛋白质结晶的方法、蛋白质晶体衍射数据收集、蛋白质晶体结构解析软件的安装和使用、蛋白质晶体结构文件提交到 PDB 的步骤及使用软件呈现蛋白质晶体结构的方法。本书适用于蛋白质晶体结构研究领域的初学者和具备一定实验经验的研究者。

图书在版编目(CIP)数据

蛋白质晶体结构解析原理与技术/苏纪勇,姚圆著. —北京:北京大学出版社,2020.9
ISBN 978-7-301-31528-6

Ⅰ.①蛋… Ⅱ.①苏… ②姚… Ⅲ.①晶体蛋白 Ⅳ.①Q512

中国版本图书馆 CIP 数据核字(2020)第 149705 号

书　　　名	蛋白质晶体结构解析原理与技术
	DANBAIZHI JINGTI JIEGOU JIEXI YUANLI YU JISHU
著作责任者	苏纪勇　姚　圆　著
责 任 编 辑	郑月娥　王斯宇
标 准 书 号	ISBN 978-7-301-31528-6
出 版 发 行	北京大学出版社
地　　　址	北京市海淀区成府路 205 号　100871
网　　　址	http://www.pup.cn　新浪微博:@北京大学出版社
电 子 信 箱	wangsiyu@ pup.cn
电　　　话	邮购部 010-62752015　发行部 010-62750672　编辑部 010-62767347
印 刷 者	北京市科星印刷有限责任公司
经 销 者	新华书店
	787 毫米×1092 毫米　16 开本　17.25 印张　390 千字
	2020 年 9 月第 1 版　2023 年 7 月第 4 次印刷
定　　　价	56.00 元

前　言

后基因组时代研究的主要对象是蛋白质。为了研究蛋白质的功能，最好能获得蛋白质的结构。目前，解析蛋白质晶体结构的方法主要有三种，分别是核磁共振技术、冷冻电镜技术以及 X 射线晶体衍射技术。本书重点介绍 X 射线晶体衍射技术。这门技术早已广泛地应用于解析各种蛋白质晶体结构，可以非常精确地显示蛋白质结构的信息，为研究蛋白质功能及开发小分子配体药物提供了极大的便利。

蛋白质晶体结构学是建立在生物、化学、数学、物理、计算机等学科基础之上的。具有生物学背景的晶体结构学初学者一般都掌握生物学方面的知识、技术，但是他们很难理解复杂的数学物理方程和公式。如果只给他们介绍理论或相关公式，相信他们依然很难解析出蛋白质晶体结构。生物学科的老师和学生的研究目的是揭示蛋白质的结构和功能，没有必要完全掌握相关的理论知识。幸运的是，现在仅按照流程和相关指示，就可以把蛋白质晶体结构解析出来。在解析过程中，主要用到的是蛋白质晶体结构解析软件及可视化软件。解析过程与相关晶体结构学知识不太相关。这个过程就和看电视一样。看电视时，不必知道电视机的运行原理。当然也会遇到各种各样的困难，只要读者有耐心，一定会把蛋白质结构解析出来。

本书包括蛋白质表达、纯化，蛋白质结晶，软件安装，衍射数据处理和蛋白质晶体结构解析软件使用等方面的信息，不着重介绍晶体结构学的背景知识，主要通过实例介绍如何解析蛋白质晶体结构。本书主要面向蛋白质晶体结构初学者。希望初学者看完本书，也可以解析出满意的蛋白质晶体结构。最后希望本书的出版能够吸引越来越多的研究人员投入到蛋白质晶体结构解析工作中，使我国的蛋白质晶体结构学有更大的发展进步。

苏纪勇　东北师范大学　生命科学学院

姚　圆　吉林工程技术师范学院　传媒学院

目 录

第一章 蛋白质结晶前准备

第一节 目的蛋白质信息检索与调查

随着晶体结构解析软件的发展,蛋白质晶体结构解析工作变得越来越简易。研究者在使用软件解析蛋白质结构时,不需要掌握深层次物理原理和数学知识,仅根据流程和参数指标,就可把蛋白质结构解析出来,这促进了蛋白质晶体结构学的发展和应用。

蛋白质晶体结构解析已发展为一种较流行的实验手段,广泛地应用在各个生物学实验室。蛋白质晶体结构解析已不是只有少数科学家掌握的技术。如果你对某一蛋白质的晶体结构感兴趣,那么完全可以自己把这个蛋白质的晶体结构解析出来。当然,前提是要有必需的科研设备,还需要有一定的生物学实验操作技术。

蛋白质晶体结构解析所需的功能最强大的仪器是同步辐射光源。我国已建有上海同步辐射光源(以下简称"上海光源"),这是一台高性能的中能第三代同步辐射光源。上海光源面向全世界开放申请,研究者可以自由申请。当获得批复的机时以后,就可预约使用时间,到时把蛋白质晶体送到上海光源,进行蛋白质晶体 X 射线衍射的数据收集。

在进行蛋白质结构解析工作以前,需要掌握蛋白质的信息。蛋白质的背景调查对于蛋白质表达、纯化、结晶和结构解析都有很好的帮助作用。如果没有进行蛋白质背景调查,盲目地对蛋白质进行表达、纯化及尝试结晶,可能导致后期工作难以进行。在进行蛋白质结构解析之前,可以首先调查蛋白质的以下几个方面的信息。

一、蛋白质的种属来源

真核生物和原核生物的蛋白质是有区别的。以人源蛋白为例来说明真核生物蛋白的特点。人占据着生物进化树的最顶端,所以理论上人源蛋白进化得也最多样化和复杂。人源蛋白还会有一些共价修饰,比如磷酸化、甲基化、糖基化等。应用异源细胞或者细菌对人源蛋白进行过表达时,有时人源蛋白得不到正确的共价修饰,这就造成人源蛋白失活或者变性。此外,人源蛋白富含无规则的序列,这些序列使蛋白质难以结晶。还有一些人源蛋白需要结合合适的配体,否则这些蛋白质也容易失活或者变性。

原核生物的某一基因序列和其对应的蛋白质序列往往可以很好地匹配。这类蛋白往往可以直接在大肠杆菌中过表达。原核生物的蛋白还含有较少的共价修饰。在原核宿主中过表达以后,可以得到大量的具有活性和稳定性的蛋白。另外,原核生物蛋白的形状比较规则,含有较少的冗余序列,易于结晶。嗜热原核生物的蛋白,其氨基酸序列比较规整,稳定性好,非常容易结晶。例如来源于嗜热细菌的光合系统结构较其他含叶绿体的生物的光合系统先得到解析。如果目的蛋白难以纯化或者结晶,那么尝试解析嗜热细菌中的同源蛋白的晶体,有助于后续的实验研究。

二、蛋白质的 cDNA 序列信息

使用原核生物过表达真核生物蛋白质之前,有必要获得蛋白质的 cDNA 序列信息。原核生物和真核生物对于密码子的使用倾向性是不一致的。如果真核生物蛋白质的密码子对于原核生物来说比较稀有,那么用原核生物过表达真核生物蛋白时就会遇到一定的问题。如果真的遇到这种问题时,可以使用点突变的方法改变真核生物蛋白的 cDNA 序列,或者直接使用 DNA 合成技术,直接合成出经过密码子优化的 DNA 序列。目前,我国很多生物公司能够很好地完成基因合成的工作,可以很快速方便地获得想要的 cDNA 序列。

三、蛋白质一级结构的调查

蛋白质的一级结构非常重要。在做蛋白质晶体结构解析之前,首先要做的就是研究该蛋白质的一级结构。所有经典生物化学教科书都提到,蛋白质的一级结构决定蛋白质的高级结构。蛋白质一级结构的序列对后续的蛋白质结构解析是必需的,如果不了解蛋白质的一级结构,就难以把蛋白质的氨基酸序列完美地填进电子密度图中。蛋白质晶体结构解析其实就是把每个氨基酸按照正确的顺序填到电子密度图里,并且氨基酸的构型构象要匹配电子密度图的形状。

如果所研究的蛋白质的一级结构未知,可通过质谱技术来获得。假如幸运地使一种匿名蛋白质形成了晶体,但是不知道该蛋白质的一级结构;另外,知道蛋白质的生物来源,并且该生物的基因组测序已经完成,那么可以使用质谱技术获得该蛋白质的某些肽段的序列,这时再把这些肽段与该生物的全部基因组序列做对比,最后可推导出所结晶的蛋白质的一级结构。

当获得了蛋白质的一级结构以后,首先要做的就是利用 BLAST(Basic Local Alignment Search Tool)寻找该蛋白质的同源蛋白。根据 BLAST 的结果,去 PDB (www.pdb.org)寻找同源蛋白的结构。如果关于同源蛋白的晶体结构已有文献报道,那么这对于研究目的蛋白结构非常有帮助作用。因为,同源蛋白的表达、纯化及结晶信息都已发表,可以首先尝试用已报道的条件对目的蛋白进行表达、纯化及结晶。

四、蛋白质的三级结构预测

生物信息学的发展十分快速,现在已经可以利用蛋白质一级结构去很好地预测蛋白质的三级结构。根据蛋白质结构预测的结果,可以依据需要设计截短蛋白,删掉目的蛋白质上不需要的无规则卷曲或者冗余序列,尤其是蛋白质的 N 端和 C 端的一些不重要的序列,这样便于蛋白质结晶。

为什么删掉冗余序列的蛋白质容易结晶呢?其实这和盖楼是一样的道理。具有长方体形状的板砖可以用来盖楼,如果板砖上有一些不规则的凸起,那么楼是很难盖起来的。我们可以把蛋白质晶体想象成大楼，具有坚硬结构的蛋白质容易结晶；相反，带有冗余序列或者柔软序列的蛋白质不容易结晶。但是，也不是说这些蛋白质不结晶，它们在某些情况下也可以结晶。这里只是对蛋白质结晶的难易程度进行比较，为了促进蛋白质结晶，删掉蛋白质上的不必要的冗余结构是有好处的。

目前网络上有很多好用的预测蛋白质结构的软件或网站。这些软件或网站预测的精准性在逐年提高，预测出来的蛋白质结构已经非常接近真实的蛋白质结构。应用所预测的蛋白质三级结构，可以做分子置换，用于解决晶体结构解析时所遇到的相角问题，便于晶体结构的解析。

五、蛋白质的物化性质预测

网络上有一些好用的预测蛋白质物化性质的软件或者网站。这些软件或者网站操作起来都比较简单，一般情况下，把蛋白质的一级结构输入一个对话框中，直接运行就可以了。当有特殊需要的时候，可以调整一些运行参数。下面介绍几种比较实用的免费在线网站：ProtParam(http://web.expasy.org/protparam/)可以用来计算蛋白质理论分子量(即相对分子质量)、理论等电点，以及蛋白质在 280 nm 的吸光系数(可以用于测蛋白质的浓度)等重要信息；XtalPred(http://ffas.burnham.org/XtalPred-cgi/xtal.pl)可以根据蛋白质的一级结构给出许多有用的信息，比如二级结构的预测、不规则卷曲的预测、结晶难易程度、coiled-coils 比例等。

六、蛋白质表达纯化预测

是否能够获得大量目的蛋白是进行结晶的前提条件。因此，在进行蛋白质结晶以前，可以先预测目的蛋白是否可以大量获得(如果没有任何关于目的蛋白过表达和纯化的信息，那么就需要摸索蛋白过表达和纯化的条件，后边的章节会介绍具体方法)。前期工作中如果已经获得大量目的蛋白，那么是一件非常幸运的事情。否则就要查询关于目的蛋白或者同源蛋白的文献。如果能查到一些文献，那么这些文献是非常宝贵的，需仔细研究文章中所叙述的实验方法。例如，目的蛋白的表达宿主是大肠杆菌，那么就需要知道大肠杆菌的具体种类、蛋白质过表达的温度、诱导剂的浓度、诱导时间长短等。一般情况下，按照目的蛋白或同源蛋白的相关文献中的方法可以把目的蛋白过表达出来。另外，还要研究文献中的纯化方法，包括给目的蛋白加了什么标签以便于纯化、裂解大肠杆菌所用到的缓冲液、纯化蛋白质所用的纯化柱及缓冲液等。蛋白质纯化的每一步都很关键，纯化的时候一定要小心，否则蛋白质就会降解或变性，严重影响产量及纯度，甚至会造成蛋白质不结晶。总而言之，蛋白质过表达和纯化是蛋白质结晶重要的步骤，如果做不好，会影响后续工作。

七、蛋白质是否有配体

配体对蛋白质的功能和三维结构是很重要的。在进行蛋白质结构解析之前，最好能够掌握蛋白质结合配体的信息。如果没有配体结合，某些蛋白质会失去正常的功能，甚至会沉淀、变性或者降解。蛋白质沉淀是因为结合配体的氨基酸暴露在溶液中，引起蛋白质聚合,最终造成蛋白质沉淀。蛋白质变性是由于无配体蛋白质的整体结构产生了巨大变化。蛋白质降解是由于无配体蛋白质的结构很松散,易于受到蛋白酶的攻击。在蛋白质纯化的过程中,加入配体往往会提高蛋白质的产量。在结晶阶段,配体可以稳定蛋白质,会使蛋白质结晶的概率大大提高。这是由于蛋白质结合配体后,蛋白质的结构变得坚固,易于结晶;相反,没有配体的蛋白质,由于结构不稳定或者结构松散,不易于规律性地组合在一起而结晶。配体的结合也会提高蛋白质晶体结构的分辨率。这是由于配体使蛋白质结构稳定,使晶体的均一性大大提高;在做晶体衍射数据收集时,晶体产生的衍射信号更强,衍射点的范围变大,最终提高蛋白质晶体结构分辨率。

八、蛋白质是否有共价修饰

共价修饰有时能够起到稳定蛋白质三级结构的作用。真核生物的蛋白质往往会受到多种共价修饰,比如磷酸化、乙酰化、甲基化、糖基化等。用原核生物过表达真核生物的蛋白质时,由于原核生物缺少相关的共价修饰酶,造成过表达的真核生物的蛋白质没有共价修饰。而共价修饰对于真核生物的蛋白质来说又十分重要,所以这就造成原核生物过表达的真核生物的蛋白质没有生物活性或者稳定性差,或者直接在原核生物细胞内形成包涵体。在做蛋白质结晶以前,要调查清楚所研究的蛋白质是否有共价修饰。如果有大量的共价修饰,建议使用真核生物细胞表达体系,比如用昆虫细胞系和哺乳动物细胞系进行过表达。真核生物细胞有进行共价修饰的酶类,也许能够成功对过表达的蛋白进行共价修饰。网络上有许多网站可以查到或者预测蛋白质的共价修饰。当然这些网站并不能预测所有蛋白质的共价修饰信息。

第二节　质　粒　制　备

调查完蛋白质的信息以后,就可以着手制备表达质粒了。目前,获得大量用于结晶的蛋白质的方法主要是异源过表达技术。异源过表达技术可分别使用大肠杆菌和真核细胞表达体系。当然也可以直接从生物体中纯化目的蛋白,这可能需要比较多的生物组织。我们在这里将主要介绍使用大肠杆菌异源表达的技术获得目的蛋白。在进行蛋白质过表达之前,需要使用分子生物学的方法制备质粒。质粒制备的过程对于初学者往往是困难的一步,但是又是蛋白质晶体结构学研究者必须掌握的核心技术之一。幸运的是,现在有许多生物公司可以制备质粒,并且制备成本相当的便宜。

质粒制备失败的原因往往有很多,主要是一些细节问题。在制备质粒的时候,操作步骤较多,只要其中有一步做得有问题,就会影响成功率。下面介绍一个质粒制备的实际过程。

一、PCR 技术

PCR 技术是目前最常用的生物技术之一,已经非常成熟。该技术的发明者获得了诺贝尔奖。在进行 PCR 之前,我们首先要设计合成引物,因为合成一般外包给生物公司。这里介绍一个简单实用的设计 PCR 引物的方法。该方法只适用于扩增目的基因，并制备过表达质粒；不适合用于精确的 PCR 扩增，比如实时定量 PCR。因为实时定量 PCR 需要扩增时的准确度高。

　　第 一 个 引 物 序 列 可 以 是 5′-CATATG XXXXXXXXXXXXXXXXXX-3′，XXXXXXXXXXXXXXXXXX（18 个碱基）是与目的基因互补的序列，5′ 端的 CATATG 序列是内切酶 *Nde* I 的酶切位点。第二个引物的序列是 5′-CTCGAG-TTA YYYYYYYYYYYYYYYYYY-3′，CTCGAG 是内切酶 *Xho* I 的酶切位点，用于制备质粒；TTA 是终止密码子的反义序列，这个序列一定不要忘了加上；YYYYYYYYYYYYYYYYYY（18 个碱基）是与目的基因互补的序列。我们在这里设计的两个引物需要有 18 个碱基和目的基因互补，这两个引物的退火温度可以设为 58 ℃。笔者使用这个简单的原则，扩增出了几乎所有的目的基因，这个引物原则是一个比较"傻瓜"的方法，不需要使用各种软件进行估测预算。

　　另外，需要强调的是选择引物中的内切酶的时候，要考虑所用质粒和目的基因中是否含有所要用的内切酶的酶切位点，如果有，那么必须要更换引物中的内切酶，否则在进行酶切的时候会把所用质粒和目的基因也切开了，最后会造成制备质粒完全失败。预测酶切位点的网站有很多，比如 NEBcutter V2.0（图 1-1）（ncz. neb. com/NEB cutter2）就可以对 DNA 序列内的酶切位点进行预测。把 DNA 序列提交到输入框内，直接点"Submit"，稍微等几分钟，NEBcutter V2.0 就会把 DNA 序列内的潜在酶切位点显示出来。

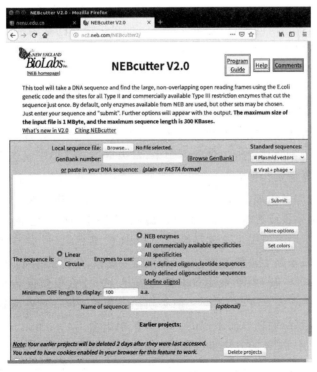

图 1-1　NEBcutter V2.0 主页

根据以上的引物,建立一套 PCR 反应程序。这个程序可以扩增任何 DNA 模板。例如以下的程序:

1. 95 ℃ 1～10 min(如果模板是提取的 DNA 的话,这个时间可以设置短一些,比如 1～5 min;如果模板存在于细菌中的话,这个时间需要设置长一些,比如 5～10 min,这样可以把模板 DNA 充分暴露出来。)

2. 95 ℃ 30 s(该步骤用于对 DNA 进行变性,30 s 一般足够可以把 DNA 的双链打开。)

3. 58 ℃ 30 s(该步骤用于使引物与 DNA 模板进行复性。如果按照上面介绍的流程设计引物的话,58 ℃ 是一个比较合适的温度。)

4. 72/68 ℃ 1 kb·min^{-1}(该步骤用于 DNA 聚合酶合成 DNA 链,不同的扩增酶的最适温度是不一样的。)

以上第 2～4 步可以循环 25～32 次。循环次数不宜太多,否则扩增产生一些非特异性条带。

5. 72/68 ℃ 10 min(第 2～4 步的循环次数完成后,某些 DNA 链并没有完美地合成出来,这就需要额外的时间使 DNA 聚合酶完成合成,所以这里的时间一般可以设置为 10 min。)

6. 4 ℃ 保存。

许多公司已经出品了非常好用的试剂盒,国内的生物公司制备的试剂盒足够用于扩增 DNA。这些试剂盒中含有 DNA 聚合酶、缓冲液、dNTP、水。常用的 PCR 反应 DNA 聚合酶有两种,一种是 *Taq* 酶,一种是 *Pfu* 酶。两种酶各有优点和缺点。*Taq* 酶的扩增效率高,扩增时间短,但是错误率高。如果扩增目的基因用于制备质粒的话,不建议用 *Taq* 酶。*Pfu* 酶的扩增效率不高,但是错误率低,推荐用 *Pfu* 酶扩增目的基因用于质粒制备。*Taq* 酶目前一般用于菌落 PCR 的鉴定。

二、获得目的基因

如果目的蛋白来源于原核生物,比如细菌,那么可以用 PCR 技术直接把目的基因扩增出来。原核生物的基因组中没有内含子,基因可以直接用于制备质粒。细菌的脂类、糖类、蛋白质等物质会影响 DNA 聚合酶的效率。在做细菌 PCR 的时候一定要加非常少量的细菌,加多了细菌会影响 PCR 的效率。比如使用大肠杆菌作为模板进行扩增时,可以使用牙签或者枪头沾一下单菌落,然后快速地往扩增溶液中沾两下,大肠杆菌就会游离于扩增溶液中。这就足够用于 PCR 扩增了。

如果目的蛋白来源于真核生物,那就首先需要做反转录,把目的基因的 mRNA 反转录成 cDNA,然后再做 PCR,最终获得目的基因。为什么要做反转录呢?是因为真核生物的基因组中有内含子,在扩增之前必须把内含子去掉。现在有很好用的商业化反转录酶,可以较容易地把目的蛋白的 cDNA 扩增出来。

另外,如果应用 PCR 的方法难以把目的基因扩增出来,可以考虑应用全基因合成的方法获得目的基因。目前,我国在合成生物学方面的进展非常迅速,许多生物公司可以在很短的时间内把基因合成出来,这对于蛋白质晶体结构学研究者来说非常的方便。全基因合成已经是一个非常方便的服务了。

三、PCR 产物纯化

当完成 PCR 扩增以后，使用 DNA 琼脂糖凝胶电泳的方法检测目的基因扩增结果。应用溴化乙锭浸泡琼脂糖凝胶以后，用紫外光照射显色。成功的 PCR 扩增只会得到单一的条带，在紫外光照射下会产生非常明亮的荧光，亮度会超过 DNA marker 的许多倍。如果条带的大小和期待的一致，可用琼脂糖凝胶试剂盒对胶中的 DNA 进行回收纯化，建议在纯化最后一步把目的基因溶解在水中。

胶纯化这一步非常关键，这一步可以去除 DNA 聚合酶和扩增溶液中的其他物质，便于后续的质粒制备。如果不去掉这些物质，那么会严重影响后来内切酶的酶切效果和酶切效率。试想：DNA 聚合酶合成 DNA，内切酶切 DNA，两个矛盾体在一起，实验难以进行。另外，PCR 体系中的其他物质也可能会影响内切酶的效率，总之DNA 纯化对于质粒制备非常重要。当然，还有其他纯化 DNA 的方法，读者可以自由尝试，这里就不再介绍。

四、表达质粒的选择和准备

在制备表达质粒以前，要考虑哪种质粒比较适合表达目的蛋白。如果文献已报道表达目的蛋白或者同源蛋白所用的某一种标签的质粒，那么在制备质粒的时候最好选用这种质粒。如果没有任何关于质粒制备的信息，那么首先要尝试的就是带组氨酸（6×his）或者带 GST 标签的质粒。当然，带其他标签的质粒也可以选用，比如含有MBP、NusA 等标签的质粒。质粒的选择非常关键，在后续进行蛋白质表达时，可能会遇到蛋白质不表达及蛋白质形成包涵体的问题，这时需要考虑更换表达质粒。蛋白质晶体结构学研究者一般都需要在实验室建立一个异源表达蛋白质的小型质粒库，可以通过购买、交换等方式慢慢地增加质粒的数量。DNA 是比较稳定的分子，所以保存质粒的方式比较简单。可以把质粒保存在 −20 ℃低温环境下，笔者保存的质粒有的长达 10 年之久，依然可以用于细菌转化。

Addgene(www. addgene.org)是一个购买质粒的好地方。如果缺少某一质粒，可以从 Addgene 购买。另外，商业化的 pET 系列质粒也是较好用的质粒，可以从 Novagen 公司购买。

五、内切酶酶切

市场上的许多内切酶得到了很好的优化，酶切效率都得到了很大的提高。现在的内切酶的酶切时间往往在 5～15 min，这大大缩短了宝贵的实验时间。酶切的方法可以参考内切酶使用说明书，或者公司的官方网站。按照标准的方法做，一般不会有问题。比如，上面介绍设计引物时，在引物里引入了 *Nde* I 和 *Xho* I 两种内切酶的酶切位点，使用两种内切酶酶切 DNA，15 min 就足够了。

使用内切酶酶切完成以后，仍然需要使用琼脂糖凝胶电泳的方法对 PCR 产物酶切片段和质粒酶切片段进行纯化。最后使 PCR 产物酶切片段和质粒酶切片段溶解在水中。纯化回收 DNA 分子以后,需要测两种 DNA 的浓度。往往经过多次纯化以后,PCR 产物酶切片段的浓度会非常低,有时会低到 1×10^{-9} g/μL,这种低浓度的 PCR 产物酶切片段不影响后面的 DNA 连接反应,也不影响后面的成功率。低浓度的 DNA 也可以成功完成连接,最终完成质粒制备。

六、DNA 连接反应

T4 DNA 连接酶是最常用的 DNA 连接酶。在进行 DNA 连接的时候,目的基因和线性质粒的摩尔比一般在 3:1 左右(注意:这里讲的是摩尔比,而不是质量比),比例也可以增加或者减少,但这个比例不能改变太多。如果目的基因的量太多,它与线性质粒的摩尔比大大超过了 3:1,那么目的基因会发生自连。现在用到的最多的是双酶切反应,尽管如此,如果用太多目的基因,目的基因的一端的黏性末端是一样的,会发生连接反应,影响两种 DNA 的连接。如果线性质粒用得太多,那么在后续实验中会发现许多假阳性克隆。推测原因可能是,两种内切酶或者一种内切酶没有完全把质粒切开,有些质粒没有被切开;或者这些质粒只被一种内切酶切开。那么,那些没有切开的质粒就会使大肠杆菌产生抗性;只被一种内切酶切开的质粒,可以被 T4 DNA 连接酶重新连起来。转化大肠杆菌后,大肠杆菌也会获得抗性,最终产生假阳性。

T4 DNA 连接酶的说明书一般建议连接 10～15 min,延长连接时间可能会提高 DNA 连接效率。各个公司的 T4 DNA 连接酶的连接效率基本差不多。在准备连接反应液时,要按照使用说明书加入适量的 T4 DNA 连接酶,加多了并不会提高连接效率。过多的 T4 DNA 连接酶可能会影响后期的大肠杆菌转化。

七、DNA 连接产物转化大肠杆菌

当 DNA 连接反应完成以后,需要把 DNA 转化到大肠杆菌中。如果 DNA 连接成功,连接反应液中就会出现环状的含有目的基因的重组质粒。由于重组质粒上面含有抗生素的抗性基因,连接成功的环状质粒可以稳定存在于大肠杆菌中,并使大肠杆菌对相应的抗生素产生抗性,可以生长在具有相应抗生素的琼脂平板上。使用这种手段可以筛选出连接成功的质粒。

大肠杆菌转化的方法有两种,一种是化学转化法(氯化钙转化法),另一种是电击转化法。化学转化法比较简单:使用 5 mL 左右的 LB 培养基培养,使大肠杆菌处于指数生长期;使用离心的方法收集细菌;使用 1 mL 0.1 mol·L^{-1} 氯化钙溶液把大肠杆菌重新悬浮起来;再使用离心的方法使细菌沉淀下来;使用 1 mL 0.1 mol·L^{-1} 氯化钙溶液把大肠杆菌重新悬浮起来,并放置于冰上 15 min～1 h,大肠杆菌就会成为感受态细菌;添加 1～10 μL 的 DNA 至 0.1 mL 的感受态大肠杆菌中;使用 42 ℃热激 1～2 min(不要超过 2 min);然后加入 37 ℃预热的 LB 培养基,并放置于 37 ℃摇床内摇 1～2 h;最后离心并把所有大肠杆菌涂布在含有合适抗性的 LB 平板上;过夜观察菌落生长情况。

电击转化法的效率要高一些,但是所需要的成本要高很多,需要专门的电转仪。大肠杆菌转化成功率主要与质粒的量和感受态大肠杆菌的好坏有关。连接成功的质粒越多,长出的大肠杆菌菌落越多;好的感受态大肠杆菌会接受极微量的质粒,并会长出大肠杆菌菌落。

转化大肠杆菌经常遇到的问题是染菌问题。在进行大肠杆菌转化时,要在超净台中进行,并且要靠近火焰。涂板的速度要快,没有必要在板子上涂很长时间;涂的时间越长,暴露在空气中的时间也越长,越容易染菌。在准备感受态大肠杆菌时也要进行无菌操作,否则大肠杆菌被其他细菌污染以后,会导致实验失败。

转化大肠杆菌以后,进行平板涂布培养,第二天观察平板,往往会发现只有几个大肠杆菌菌落,甚至只有一个菌落生长出来了。对于每个长出来的菌落都不应该忽视,都应进行菌落 PCR 或者提取质粒后使用双酶切检测。在很多情况下,长出来的那一个单菌落就含有重组质粒。

八、菌落 PCR

当发现有大肠杆菌菌落生长出来以后,就要对其进行检测。最好用的方法是菌落 PCR。菌落 PCR,顾名思义就是用少量细菌作为 PCR 的模板。菌落 PCR 所用到的引物就是前期扩增目的 cDNA 的引物或者是质粒上的通用引物。菌落 PCR 所用的 DNA 聚合酶是扩增效率比较高的 Taq 酶。菌落 PCR 的步骤在这里简单介绍一下:首先准备一定量的 PCR 反应液,该反应液中唯一缺少的是含有质粒的大肠杆菌;用枪头/牙签挑取大肠杆菌单菌落,并在另外一个平板上涂抹一下并标好号码,这样做既可以保存大肠杆菌菌种,也可以降低大肠杆菌在枪头上的数量,因为前文已经介绍过,在做菌落 PCR 的时候尽量用少量的细菌;把枪头在 PCR 反应液中快速上下沾 2 次,这样 PCR 反应液中就会有少量的大肠杆菌,这已经足够进行 PCR 反应了;最后启动 PCR 反应并用琼脂糖凝胶电泳检测结果。如果电泳检测发现用 PCR 能把目的基因从某大肠杆菌菌落中扩增出来,那么该菌落很有可能含有正确的质粒。

菌落 PCR 也会产生假阳性。请回想一下转化大肠杆菌时,在加入的所有转化液中,包括目的基因片段。转化完成涂平板时,目的基因也被涂在平板上了。当挑菌落进行菌落 PCR 时,目的基因也许会被挑进 PCR 管中。这样在 PCR 过程中,就会以目的基因为模板扩增出来基因,从而造成假阳性。若采用与质粒相匹配的通用引物,比如 T7 引物,可以很好地解决这种假阳性的问题。

九、双酶切验证及 DNA 测序

接下来,要从菌落 PCR 阳性菌落中提取质粒,并做双酶切反应,验证该质粒是否含有大小正确的插入片段。前面设计引物时引入的是 Nde I 和 Xho I 两种内切酶,所以还需要使用这两种内切酶对质粒进行双酶切验证。如果菌落 PCR 是阳性并且双酶切的结果也是正确的,那么可以对质粒进行测序,最终确定是否获得正确的质粒。由于技术限制,DNA 序列两端的测序结果往往会出现错误,所以为了保证测序的准确性,同时可以对反向序列进行测序。

十、质粒制备总结

方法得当,操作正确,质粒制备一般会成功。如果菌落 PCR、双酶切验证和 DNA

测序发现质粒制备没有成功,那就需要从头开始制备。如果重复了几次以后发现还是得不到目的质粒,那么就需要考虑实验中所用到的实验材料,比如内切酶、T4 DNA 连接酶、感受态大肠杆菌是否正常。另外,需要说明的是,有很多研究者不按照产品说明书上的标准方法做,往往就会出现问题。最常见的是延长反应时间和加大实验材料的量。其实,产品说明书上的标准方法是经过优化得到的,所以说明书上的操作方法一般不会有问题,不应该受到怀疑。

还需要注意的是,质粒制备的每一步都需要加入阴性对照,比如,转化大肠杆菌时,要把没有转化任何质粒的大肠杆菌涂到琼脂平板上,这个平板上不应该长出任何菌落。如果实验组的平板上长出了菌落,那么很有可能这些菌落就含有所需要的质粒。相反,如果阴性对照的平板上长出了菌落,那就证明该大肠杆菌受到了其他细菌的污染或者实验操作不正确引起了污染。

最后要说明的是,使用 T 载体进行质粒制备也是一个不错的选择。天根生化科技有限公司的 pGM-T 载体就是一个好用的 T 载体。Taq 酶有一个非常有用的特点,当使用 Taq 酶完成 PCR 扩增后,Taq 酶会非特异性地往新生 DNA 的 $3'$ 端加上几个腺嘌呤脱氧核苷酸(A),这样扩增出来的 DNA 就带有一个黏性末端。pGM-T 是一个线性的质粒,含有胸腺嘧啶脱氧核苷酸(T)的黏性末端。这样使用 Taq 酶扩增出来的 DNA 就可以和 pGM-T 互补连接在一起了。如果使用 Pfu 酶扩增目的基因,那么等扩增完成后,可以往扩增体系中添加 Taq 酶。后加的 Taq 酶也会在 DNA 的 $3'$ 端加腺嘌呤脱氧核苷酸。连有目的基因的 T 载体转化到大肠杆菌后,可以提取 T 载体质粒,使用内切酶再把目的片段从 T 载体上酶切下来。这种切下来的目的片段再与最终质粒进行连接,连接效率会得到明显提升。该方法有一些间接,不过成功率比直接连接目的基因到最终质粒要高很多。

第三节 蛋白质纯化

蛋白质纯化是研究蛋白质晶体结构关键的一步。好的纯化方法(操作步骤少、操作时间短、操作简单)能够得到大量高纯度的蛋白质。高纯度的蛋白质又能促进蛋白质结晶,提高蛋白质晶体结构分辨率。所以,在蛋白质纯化时,一定要摸索出一种最适合纯化目的蛋白的方法。

蛋白质的纯化主要是基于蛋白质自身与其他蛋白质不同的特性。可以利用的特性包括蛋白质所带的标签、等电点、分子量、配体等。了解目的蛋白的特性对于纯化该蛋白有巨大的帮助作用。如果有目的蛋白或者同源蛋白的文献,那么就方便很多,一定要仔细阅读研究这些文献,总结出适合的蛋白质纯化方法。和蛋白质表达一样,蛋白质纯化的方法不是一成不变的,很多参数可以调整。比如,纯化带组氨酸标签的蛋白质时,缓冲液的配方、缓冲液的流速、纯化所用的填料都是可以改变的。下面介绍几种蛋白质纯化的方法,每种方法利用不同的原理去除不同的杂蛋白,这些方法组合起来效果往往会比较好。

一、硫酸铵沉淀法

如果溶液中含有高浓度的盐离子，比如硫酸铵，蛋白质就会沉淀下来。这个现象叫作蛋白质的盐析。盐析的原理是带正电荷的离子和带负电荷的离子利用正负电荷抢夺蛋白质表面的水分子，这就破坏了蛋白质与水分子所建立起来的氢键网络，也降低了蛋白质的溶解性，蛋白质就会出现沉淀。利用盐析所沉淀出来的蛋白质，一般都保留活性，利用水或者缓冲液可以溶解蛋白质沉淀。溶解后的蛋白质可以恢复生物活性。

进行硫酸铵沉淀前，首先要找到目的蛋白的沉淀区。往蛋白质溶液中缓慢加入硫酸铵，采集不同饱和度的硫酸铵所沉淀出来的蛋白。如果不知道目的蛋白在多少饱和度的硫酸铵中沉淀，那么可以尝试慢慢梯度增加硫酸铵的浓度，采集每 10% 饱和度的蛋白质沉淀样品，利用 SDS-PAGE 检测使目的蛋白沉淀的硫酸铵饱和度。

如果目的蛋白只在 30%～40% 饱和度的硫酸铵之间沉淀，那么可以先加 30% 饱和度的硫酸铵，这时会有蛋白沉淀下来，但是这些沉淀不含有目的蛋白，离心并抛弃这些沉淀，然后往溶液中再加硫酸铵到 40% 饱和度，这时收集沉淀，沉淀就是目的蛋白。

硫酸铵沉淀法是一种比较粗糙的纯化方法，但是在蛋白质纯化初期利用该方法依然可以去除很多杂蛋白。蛋白质纯化前期去除大量杂蛋白是获得高纯度蛋白的一个重要条件。

二、DEAE 纤维素纯化

DEAE 纤维素是阴离子交换基质，它可以结合带有负电荷的蛋白质。DEAE 纤维素价格便宜，可用于蛋白质的早期纯化。等电点对于蛋白质结合 DEAE 纤维素至关重要。在应用 DEAE 纤维素纯化蛋白质前，需要做一下预实验，观测目的蛋白在何种 pH 下可以结合到 DEAE 纤维素上。大肠杆菌裂解液与 DEAE 纤维素结合时，细菌裂解液中的离子强度不要太高，以 NaCl 为例，不要高过 10 mmol·L^{-1}；如果盐离子浓度过高，蛋白质是不会结合到 DEAE 纤维素上去的。利用含有一定离子强度的缓冲液对 DEAE 纤维素柱进行清洗，至少应该清洗 5 倍体积的缓冲液。最后，通过梯度增加盐离子强度的方法把所有蛋白洗脱下来。目的蛋白一般会出现在一定的范围内，应用 SDS-PAGE 鉴定目的蛋白所在的位置，收集目的蛋白。有时，目的蛋白完全不能与 DEAE 纤维素结合，这是一个好事情。用蛋白的这个特性也可以纯化蛋白。杂质蛋白都结合到 DEAE 纤维素上了，而目的蛋白不结合，这也是一种纯化方法。

三、亲和层析

亲和层析利用蛋白可以和某种基质特异性结合的特性来纯化蛋白。目前亲和层析柱用得最多的就是镍离子柱（Ni-NTA）。镍离子柱可以耐受很多较极端的条件。镍离子柱可以结合组氨酸标签（6～10 个组氨酸），组氨酸通过络合作用和镍离子相互结合。咪唑和组氨酸的侧链是一样的，可以和组氨酸竞争结合镍离子，所以可以用咪唑把带有组氨酸标签的蛋白质从镍离子柱上洗脱下来。

目前有非常多的质粒已带有组氨酸标签，直接使用就可以了。另外，有的表达质粒在组氨酸标签附近加入了蛋白酶的酶切位点，可以很方便地用蛋白酶把组氨酸标签去掉，例如 pET 系列质粒带有凝血酶（thrombin）的酶切位点。去掉组氨酸标签以后，可以让目的蛋白和组氨酸标签混合液再过一次镍离子柱，这样可以去掉组氨酸标签和带有标签的蛋白，而目的蛋白会流经镍离子柱，达到纯化的目的。当然，也可以组合其他方法（比如离子交换层析和凝胶过滤）把组氨酸标签去掉。

镍离子如果被还原，那么就会失去结合组氨酸的功能，所以缓冲液中还原剂的含量需要斟酌。为了便于组氨酸和镍离子结合，纯化时所用的缓冲液的 pH 保持在 8.0 左右，这是纯化目的蛋白时所要考虑的一个因素。

镍离子柱纯化所获得的蛋白质的纯度一般可以达到 $60\% \sim 80\%$，这个纯度有时对于蛋白质结晶是不够的。为了提高蛋白质浓度，还需要与其他纯化方法结合起来。不过利用咪唑梯度洗脱的方法可以显著提高蛋白质纯度。在开始纯化蛋白质时，可以先做一个预实验。配制一系列缓冲液，使咪唑浓度分别为 0、10、20、50、100、150、200、250、300、500 $mmol \cdot L^{-1}$，然后用这一系列的缓冲液洗脱镍离子柱，每次洗脱的体积要达到柱体积的 5 倍。利用 SDS-PAGE 检测每种缓冲液洗脱下来的蛋白。假如含有 100 $mmol \cdot L^{-1}$ 咪唑的缓冲液洗脱下来的依然是杂蛋白，而含有 150 $mmol \cdot L^{-1}$ 咪唑的缓冲液可以把目的蛋白洗脱下来，那么在以后的实验中可以只使用三种缓冲液，第一种含有 100 $mmol \cdot L^{-1}$ 咪唑，第二种含有 150 $mmol \cdot L^{-1}$ 咪唑，第三种含有 500 $mmol \cdot L^{-1}$ 咪唑。第一种缓冲液用来把杂蛋白洗脱下来，第二种缓冲液用来把目的蛋白洗脱下来，第三种缓冲液用来把与镍离子柱结合更紧密的杂蛋白洗脱下来。用这样的方法可以显著提高目的蛋白的纯度。

咪唑对于蛋白质的稳定性有较强的影响。利用镍离子柱纯化目的蛋白以后，往往需要从缓冲液中去除高浓度的咪唑。否则，蛋白质在冷冻和热溶以后会形成沉淀。常用的去除方法是透析，如果未能确定何种透析液适用于透析目的蛋白，很多目的蛋白会由于咪唑的作用而沉淀。如果发生这种情况，可以考虑加入一些促进蛋白质溶解的物质，比如蛋白质配体、甘油、蔗糖、PEG 等。如果实验室条件允许，还可以利用脱盐柱或者凝胶过滤柱把咪唑快速去除，这些方法回收蛋白质的效率在某种程度上比透析要高很多。

GST 柱是另外一种常用的亲和层析柱。在纯化目的蛋白之前，需要给目的蛋白加一个 GST 标签。现在有很多商业化的质粒带有 GST 标签。GST 柱与带 GST 标签的蛋白质的结合比镍离子柱与带组氨酸标签的蛋白质的结合要慢。因此，大肠杆菌裂解液流过 GST 柱的速度需要放慢。用 GST 柱进行纯化会获得纯度非常高的目的蛋白，这一点明显要比镍离子柱好很多。获得带 GST 标签的蛋白以后，可以利用蛋白酶把 GST 标签切掉。然后再过一次 GST 柱，这样 GST 结合到柱子上，而目的蛋白会直接流过 GST 柱，实现很好的纯化。

对于带组氨酸标签和 GST 标签的蛋白，还可以在亲和柱上用蛋白酶对它们进行酶切反应。当用缓冲液把杂蛋白从柱子上洗脱下来以后，目的蛋白还结合在亲和柱上，这时可以加入一柱体积的蛋白酶溶液，然后放在 4 ℃环境下进行一定时间的酶切反应。之后用洗脱缓冲液把切下来的目的蛋白洗脱下来。没有被切掉的目的蛋白和杂蛋白按道理会继续结合在柱子上。现在比较好用的蛋白酶有 TEV 和 Pressision等。TEV 带有组氨酸标签,它本身可以结合到镍离子柱上,洗脱的时候 TEV 不会从镍离子柱上洗脱下来,所以 TEV 常用于酶切带有组氨酸标签的蛋白。Pressision 带有GST 标签,道理和 TEV 是一样的,所以 Pressision 常用于酶切带有 GST 标签的蛋白。

目的蛋白除了可以带组氨酸标签和 GST 标签便于纯化以外,还有其他一些标签可以利用,比如 MBP 标签、Strep 标签等。每种标签都有各自的特点。如果给目的蛋白加上一种标签,在表达或者纯化时遇到困难,可以更换另外一种标签。不过组氨酸标签和 GST 标签是最常用的,对于一个陌生的蛋白质,可以首先尝试用组氨酸标签和GST 标签。

另外,如果目的蛋白可以牢固地结合某一配体,那么可以把配体固定到某一基质上,然后利用该基质纯化目的蛋白。利用这一特点,往往可以获得纯度比较高的目的蛋白。例如:半乳凝集素-1 可以结合乳糖,那么就把乳糖共价结合到 Sepharose 6B上。最终获得的基质可以直接从大肠杆菌裂解液中纯化出纯度很高的半乳凝集素-1。

四、强离子交换层析

上面介绍了 DEAE 离子交换,不过它是一种弱的离子交换介质,经常用于初期的蛋白质纯化。强离子交换柱的基质上偶联有带正电荷或者负电荷的物质,可以结合带负电荷或者正电荷的蛋白质。根据离子交换介质与蛋白结合能力的强弱,可以把不同蛋白质分开,达到纯化的目的。离子交换柱的洗脱液经常含有氯化钠。氯化钠的氯离子或者钠离子可以与蛋白质竞争结合离子交换柱,这样可以把蛋白质从离子交换柱上洗脱下来。梯度增加氯化钠的浓度(比如 $0\sim500$ mmol·L^{-1}),可以把与离子交换柱结合能力不同的蛋白依次洗脱下来。结合能力弱的先被洗脱下来,结合能力强的后被洗脱下来。如果缺少能够进行连续梯度洗脱的蛋白质纯化设备,那么可以配制一系列含有固定盐离子浓度的缓冲液,比如分别含有 0、20、50、100、150、200、250、300、350、400、500 mmol·L^{-1}氯化钠的缓冲液。用这些缓冲液分别洗脱五个柱体积,用 SDS-PAGE 检测目的蛋白在哪种缓冲液中可以被洗脱下来。接下来就知道如何纯化目的蛋白。比如目的蛋白在含有 $250\sim300$ mmol·L^{-1}氯化钠的缓冲液中可以被洗脱下来,那么可以用含有200 mmol·L^{-1} 氯化钠的缓冲液对离子交换柱进行清洗,然后用含有 $250\sim300$ mmol·L^{-1}氯化钠的缓冲液把目的蛋白从柱子上洗脱下来。

在上样时,要注意的一点就是离子浓度。如果离子浓度过高,比如氯化钠的浓度超过 20 mmol·L^{-1},那么目的蛋白就不会结合到离子交换柱上。不过有时也可以利用目的蛋白的这个特点,让杂蛋白结合到离子交换柱上,而目的蛋白直接流过离子交换柱,这样也可以达到蛋白纯化的目的。

如果蛋白质溶液中含有大量的离子,那么可以利用两种方法降低离子浓度,一种是透析,另外一种是稀释。透析的过程比较慢,而且用水对蛋白质进行透析时,由于反盐溶作用,蛋白质容易沉淀。盐溶(salting in)指的是蛋白质在含有较高的盐离子浓度的溶液中的溶解度要高一些。相反,用水直接稀释优点比较多,速度快,蛋白质不沉淀,容易操作。正确的稀释过程是把蛋白质样品滴到水溶液中,而不是将水倒入蛋白质溶液中。这是两个完全不同的过程。后者会有盐出现象,容易使蛋白质沉淀。水的体积没有特殊的限制,可以把 10 mL 的蛋白样品稀释到 1 L 的水溶液中。如果稀释以后没有出现沉淀,可以把所有样品上到离子交换柱上。

利用离子交换柱对蛋白质进行纯化还有一个优点,那就是离子交换柱可以把不同构型的目的蛋白分开。这是由于离子交换柱分离蛋白质是利用蛋白质表面电荷的性质。同一种蛋白质的不同构型的表面电荷分布有所不同,所以可以被离子交换柱分开。只有同一种构型的蛋白质才可以形成结晶,两种或者更多种构型的同一蛋白很难结晶,从这点可以看出离子交换柱的这个功能非常有用。前文介绍的 DEAE 纤维素是一种比较粗糙的离子交换基质。现在已经有非常好的离子交换柱,比如 Mono Q、Mono S、Source Q、Source S 等。这些离子交换柱纯化蛋白质的效果非常好,对氯化钠浓度的变化非常灵敏,非常适合用于精细纯化蛋白。

五、凝胶过滤层析

大部分经典的生物化学书上都对凝胶过滤有详细的叙述。凝胶过滤可以根据蛋白质分子量的大小对蛋白质进行分离纯化。分子量大的蛋白质不能进入凝胶过滤柱的基质中,会比较快地从凝胶过滤柱中流出;而分子量小的蛋白或者离子能进入凝胶过滤柱的基质中,比较慢地从凝胶过滤柱中流出。凝胶过滤可以鉴定或者纯化几种蛋白形成的复合体。这是因为多种蛋白聚合在一起分子量变大,那么流出凝胶过滤柱的速度就会比单个蛋白质要快很多,从凝胶过滤柱收集的样品可以进行 SDS-PAGE 检测,判断是否是这些蛋白质形成的复合体。

凝胶过滤不光可以对蛋白质进行纯化,还可以起到脱盐、换缓冲液的作用。目前有很多小型的凝胶过滤柱,不能用于进行蛋白质纯化,但是可用于快速脱盐。在利用凝胶过滤的方法对蛋白质进行纯化时,需要保证缓冲液中有 150 mmol·L^{-1}以上的氯化钠,否则蛋白质会和凝胶过滤柱的基质发生非特异性结合,影响分离纯化效果。主要有两个因素影响凝胶过滤分离效果,一个是样品的体积,一个是柱中缓冲液的流速。简单地说,样品的体积越小,分离效果越好;凝胶过滤的流速需要找一个比较合适的速度,不能太快也不能太慢。

六、超滤和透析

超滤膜上有一些孔,这些孔只能允许小于额定分子量(比如 10 kDa)的物质穿过,而大于额定分子量(10 kDa)的物质不能够穿过,这就是超滤的原理。超滤的过程需要给溶液一个压力,产生压力的方式可来自离心或者由真空泵产生。超滤可以用于蛋白质浓缩、纯化或更换缓冲液。利用超滤做得最多的事情是进行蛋白质浓缩。不过,有时在超滤过程中蛋白质会出现沉淀,阻碍继续浓缩下去,如果遇到这种情况,应该马上停止浓缩,因为蛋白质的浓度已经达到了极限。

透析的原理和超滤类似,透析膜上也有一些孔,这些孔也只能允许小于额定分子量的物质自由通过。透析最常应用于更换蛋白质的缓冲液。不过透析也可以有效去除蛋白质缓冲液中小于额定分子量的蛋白质。

超滤所需的时间相对于透析来说要短,但是在超滤的时候蛋白质样品会直接接触空气,有可能会被氧化。而透析是在溶液中进行的,接触氧气的机会少一些。超滤和透析都容易使蛋白质形成沉淀,但是形成沉淀的原理不一样。超滤使蛋白质形成沉淀是因为蛋白质浓度过高,产生蛋白质聚体;而透析使蛋白质沉淀的主要原因是反盐溶作用。

七、特殊蛋白质纯化方法

一些生物可以生活在高温环境中,这说明这些生物的蛋白可以适应高温。用大肠杆菌来表达这些蛋白,可以利用这一特点纯化它们。例如某蛋白适应 65 ℃,那么待裂解完大肠杆菌以后,可以直接把裂解液放在 65 ℃ 的环境中。大部分大肠杆菌蛋白会由于高温变性沉淀,而目的蛋白不会变性,还保持生物活性。进行简单离心后就可以除去大量的杂蛋白。这种方法简单有效,可以广泛用于纯化来源于热源生物的蛋白。

另外有些蛋白质来源于生活在高盐环境中的生物,这些蛋白很有可能适应高盐环境。当经过大肠杆菌过表达以后,可以往细菌裂解液中加入高浓度盐溶液,比如 5 mol·L⁻¹ 氯化钠溶液或者 3 mol·L⁻¹ 硫酸铵溶液,把所有其他的蛋白质都通过盐析的方式沉淀下来,只有目的蛋白还保存在溶液之中。这时,我们可以经过简单离心去除杂蛋白,这大大加速了蛋白质的纯化。

膜蛋白质是比较难纯化的蛋白质。为什么难纯化?这是因为这些蛋白质往往插入生物膜中。生物膜一般是由磷脂双分子层构成的,其中间部分是疏水的。膜蛋白为了能够在这些疏水的位置保持正常构象,插入细胞膜的部分也是疏水的。正是由于这些疏水的部分使得膜蛋白质非常不容易纯化。有些去污剂和细胞膜的性质类似,有疏水的部分也有亲水的部分。所以,可以使用这些去污剂纯化蛋白质,以保持蛋白质的正常结构。纯化膜蛋白质的时候,需要从多种去污剂中筛选出一种能够保证蛋白质结构和活性的去污剂。

八、纯化过程中的缓冲液问题

一般情况下,蛋白质对缓冲液中稳定 pH 的物质是比较敏感的。比如,有的蛋白质在 Tris 缓冲液中稳定,但是如果换成 PBS 缓冲液就会形成沉淀。因此,在蛋白质纯化过程中尽量只选用一种稳定 pH 的物质,最好不要更换。Tris 是一种好的稳定 pH 的物质,它在 pH 7.0~8.0 之间都比较稳定,可以用于镍离子亲和层析、阴离子交换层析和凝胶过滤中。

蛋白质对缓冲液中盐的浓度也比较敏感,常用的盐是氯化钠。我们已经知道蛋白质会由于盐析的作用而沉淀,所以纯化所用到的缓冲液要认真考虑氯化钠的浓度。有时盐浓度升高反而使有些蛋白质溶解。例如在大肠杆菌裂解液中,某一蛋白在含有 100 mmol·L⁻¹ 氯化钠的缓冲液中不溶解,而在含有 500 mmol·L⁻¹ 氯化钠的缓冲液中完全溶解。这一点也是要注意的地方。后边章节会介绍如何寻找使蛋白质稳定的缓冲液。

有时,缓冲液中要加入一定量的还原剂(β-巯基乙醇、DTT、TCEP 等)。其目的是使蛋白质保存在一个还原性的环境中,避免蛋白质由于形成二硫键而聚集沉淀。加入的还原剂的量要考虑各种纯化基质的要求,比如用镍离子亲和柱纯化带有组氨酸标签的蛋白时,不能加入过多的还原剂,否则镍离子会被还原,影响镍离子与组氨酸的络合作用。

九、蛋白质产率和纯度问题

在纯化过程中,蛋白质的产率和纯度往往是一对矛盾。要想获得高纯度的蛋白质,需要使用多种纯化方法,但是每种纯化方法都会造成蛋白质的损失。所以获得大量的高纯度蛋白往往是比较困难的。如果目的蛋白在大肠杆菌中表达量非常高,那么获得的高纯度蛋白的量会提高很多。但是经常遇到的情况是,蛋白质表达量非常的少,唯一的解决途径就是增加大肠杆菌的培养量,有时甚至需要培养 100 L 的大肠杆菌用于纯化蛋白。

对于蛋白质结晶来说,蛋白质的纯度越高越好。但是往往由于一些条件的限制,蛋白质很难达到高纯度。这时可以尝试使用低纯度蛋白质进行结晶。

十、如何避免蛋白质降解

经过一步或者几步纯化以后,使用 SDS-PAGE 观察纯化效果时,发现目的蛋白完全降解了或者部分降解了,这种现象在蛋白质纯化过程中经常会遇到。为了避免蛋白质降解,在大肠杆菌裂解液中要加入合适的蛋白酶抑制剂,同时在低温下进行纯化操作。尽管如此,有的蛋白质依然会发生降解,原因可能是该蛋白会水解自身。另外一个原因可能是该蛋白本身结构不稳定,缓冲液的氢离子或者氢氧根离子会攻击该蛋白使其发生水解。

当蛋白质水解无法避免时,水解后的片段并不是完全没有用处的,尤其是大的片段。可以继续对这些片段进行纯化,这些片段理论上比较稳定,不易再水解。获得高纯度的片段以后,可以进行结晶条件筛选。这些水解后的片段其实比原始蛋白更容易结晶,因为它们身上不再带有冗余序列而且结构稳定。如果水解后的片段太小,那么进行结晶的意义就不大了。

第四节　蛋白质不表达和包涵体问题

蛋白质表达并不是简单地把质粒转入到大肠杆菌中,加入诱导剂后摇一下菌,就可以把蛋白表达出来的。蛋白质表达往往会遇到很多问题,比如蛋白质完全不表达或形成包涵体等。能拿到可溶的、具有生物活性并可用于结晶的蛋白是一件比较幸运的事情。在遇到蛋白质表达方面的困难时,可以尝试做一些实验条件的调整和优化,寻找可以让蛋白质表达的条件。在大肠杆菌中进行蛋白质表达主要会遇到两种困难——蛋白质完全不表达和蛋白质形成包涵体。下面来尝试讨论如何解决这两种困难。

一、蛋白质不表达的解决方案

有时所需的蛋白质完全不能表达出来,尤其在用大肠杆菌表达真核生物蛋白时,往往会遇到这种情况。这并不代表不能用大肠杆菌来表达该蛋白,这时首先要做的就是优化表达条件。蛋白质表达的方法并不是一成不变的,很多实验条件都是可以调整的。

普通大肠杆菌[比如 *E. coli* BL21(DE3)]缺少一些必要的用于识别真核生物 cDNA 的密码子的 tRNA。如果发现目的 cDNA 含有太多的大肠杆菌难以识别的密码子,需要考虑更换用于表达的大肠杆菌菌株,比如 Rosetta 2 等。这些大肠杆菌都含有额外的质粒,这些质粒带有能够识别真核生物稀有密码子的 tRNA。另外,基因合成技术的发展已经非常成熟,如果某一真核基因中含有过多的稀有密码子,那么完全可以用基因合成的方法,优化合成一段适合在大肠杆菌中表达的 cDNA 序列。*E. coli* BL21(DE3)pLysS 也是一个非常好用的菌株,该菌株可以有效地降低异源蛋白的表达量,对于表达对大肠杆菌有毒性的蛋白非常有帮助作用。目前有许多大肠杆菌菌株可供选择,可以仔细研究菌株的基因型,尽量选择最合适的菌株用于表达。

大肠杆菌的培养基对蛋白质的表达也是有影响的。大肠杆菌液体培养基不光只有 LB 一种,还有 2YT、SB、TB 等。可以尝试更换不同的培养基来表达蛋白。有时所表达的蛋白需要某种配体,比如金属离子,配体的加入能够显著提高目的蛋白表达。在用大肠杆菌表达这种蛋白时可以考虑加入配体。

大肠杆菌培养温度及诱导温度对蛋白质的表达也有影响。有的蛋白喜欢高温,有的蛋白喜欢低温。在表达某一蛋白前,关于它对温度的喜好是不清楚的,因此就需要尝试不同的温度来培养大肠杆菌和诱导蛋白。

诱导剂(IPTG、乳糖等)的浓度对蛋白是否表达也有影响。一般情况下诱导剂的浓度在 mmol 级别。但是有些蛋白的表达需要浓度很高或很低的诱导剂,这也需要摸索。另外,大肠杆菌的培养瓶的类型及摇床的转速也对蛋白的表达有一定的影响。

如果对表达条件进行优化后,还是难以把目的蛋白表达出来,那么可以考虑尝试把目的基因放在带有其他标签的质粒中。这只需要把目的基因从原质粒上切下来,然后连接到另外一个带有相同酶切位点的质粒上。另外,还可以设计目的蛋白的截短蛋白,把冗余序列删掉。或者,根据二级和三级结构的预测结果,把要研究的结构域克隆到质粒中进行蛋白质表达。

有时蛋白质可以微量表达。虽然蛋白质表达量少,但是如果能够通过纯化得到有生物活性的蛋白,那么这并不是一件坏的事情,这比蛋白质完全不表达要好很多。如果蛋白质表达量少,为了获得大量的该蛋白,唯一的途径就是扩大培养。如果条件允许,可以利用大型发酵罐进行菌体培养。

二、蛋白质形成包涵体的解决方案

利用大肠杆菌表达蛋白质遇到的另外一个棘手的问题就是蛋白质形成包涵体。包涵体有一个好处,那就是包涵体中蛋白质的纯度一般都很高,所以经过纯化就可以获得纯度很高的目的蛋白。蛋白质形成包涵体比蛋白质完全不表达好很多,尤其对于膜蛋白来说,能获得包涵体可以说是一个不小的成功。蛋白质形成包涵体的原因大概有以下几个方面:大肠杆菌没有正确的酶共价修饰蛋白质;大肠杆菌缺少合适的分子伴侣帮助蛋白质正确折叠;蛋白质缺少合适的配体;蛋白质暴露一些不合适的疏水氨基酸,致使蛋白质利用疏水作用聚集在一起形成包涵体;大肠杆菌"不喜欢"所表达出来的蛋白,于是把蛋白质转运到一个部位,这促进了包涵体的形成。

最常用的使包涵体蛋白变性的试剂是盐酸胍和尿素。两种试剂的效果都差不多,都可以打开稳定蛋白质结构的非共价键,还可以提高疏水氨基酸的溶解性,同时也促进蛋白质的溶解。使蛋白质变性、复性的方法有很多,这里简单介绍几种。第一种是用高浓度($6\sim8\ \mathrm{mol\cdot L^{-1}}$)的盐酸胍或尿素溶解包涵体,然后利用透析的方式慢慢降低盐酸胍或尿素的浓度,最后在不含盐酸胍或尿素的缓冲液中透析。第二种是用高浓度的盐酸胍或尿素溶解包涵体,然后把含有变性蛋白的溶液缓慢地滴入一个不含变性剂的缓冲液中。第三种是用高浓度的盐酸胍或尿素溶解包涵体,然后用凝胶过滤柱对含有变性蛋白的溶液进行纯化和脱盐,或者应用亲和层析的方法把复性的蛋白质提取出来。提取的方法和一般亲和层析是类似的。在纯化过程中,逐步降低盐酸胍或尿素的浓度,洗脱时所使用的洗脱液中不含变性剂,最终使蛋白质保存于不含有变性剂的溶液中。第四种是用高浓度的盐酸胍或尿素溶解包涵体,然后加入高浓度的硫酸铵或者氯化钠,利用盐析的作用使蛋白质沉淀下来,然后利用不含变性剂的缓冲液重新溶解蛋白质。利用以上四种方法获得的蛋白质样品都需要进行高速离心,还需要检测目的蛋白的生物活性。如果最后获得的目的蛋白具有生物活性,那么证明复性成功,并且该蛋白可以用于结晶。

在蛋白质变性、复性过程中,需要加入一定比例的还原型谷胱甘肽和氧化型谷胱甘肽或者β-巯基乙醇。蛋白质配体也是必不可少的。一些去污剂(比如 CHAPS、Triton X-100)等也可以帮助蛋白质溶解和复性,提高蛋白质的活性。

第五节　蛋白质活性鉴定

能结晶的蛋白质都是具有生物活性的,所以在进行蛋白质结晶以前,最好先判断蛋白质是否具有正常的生物活性。蛋白质具有正确的二级结构和三级结构时才具备生物活性,如果结构不稳定或者遭到破坏,那么这个蛋白质就失去生物活性,失去活性的蛋白质的结构不适合进行结晶。不过,有些蛋白质自身有生物活性,比如含 coiled-coil 结构域的蛋白,但是这些蛋白的结构不稳定,所以也难于结晶。因此,蛋白质具有生物活性只是结晶的前提条件。需要强调的是没有生物活性的蛋白质一定不会结晶。

蛋白质的生物功能包括具有正确的催化活性、可以与配体正确结合、可以被正确修饰等。特别要注意的是经过变性、复性获得的蛋白质。有些蛋白质复性以后溶解性很好,但是实际上这些蛋白形成了可溶的无活性多聚体,以这种形式存在的蛋白是不结晶的,因此在结晶以前一定要鉴定蛋白质的生物活性。下面介绍几种鉴定蛋白质生物活性的方法。

一、鉴定酶的活性

如果所要纯化的蛋白质是酶,那么可以较方便地鉴定其生物活性,且可在纯化的每一步都加以鉴定。如果发现蛋白的活性在某一步纯化后丢失了,则需考虑改变此步纯化条件或方法。酶活测试可以用酶的自然底物,如果自然底物获取困难,可以考虑人工合成底物。当合成底物时,可以加上一些显色基团或荧光基团,例如对硝基苯酚和香豆素类等。酶作用于合成底物后可使反应液发生颜色或荧光改变,这样可以很方便地判断蛋白是否还具有活性。一些酶的小分子底物不会产生颜色或者荧光,那么可以利用其他手段来监测酶的活性。HPLC、NMR、质谱是可以考虑应用的技术,用这些技术可以获得小分子底物的信息。

二、蛋白质与配体结合鉴定

如果已经知道目的蛋白可以和某一分子结合,那么可以通过检测纯化出来的目的蛋白是否结合该分子来判断目的蛋白是否有生物活性,以及目的蛋白是否拥有正确的三级结构。很多时候,目的蛋白单独存在时并不稳定,结晶比较困难。加入配体以后,目的蛋白的结构稳定下来,从而便于结晶。

如果目的蛋白可以和一种大分子(蛋白质、多糖、DNA、RNA 等)结合,那么有很多鉴定的方法,比如免疫共沉淀、pull-down、凝胶过滤技术、SPR 技术、ITC 技术等。

如果目的蛋白可以和一种小分子(单糖、氨基酸、ATP、脂类等)结合,那么也有很多鉴定的方法,比如 SPR 技术、ITC 技术、DSF 技术等。

三、在机体或者细胞水平鉴定活性

目的蛋白不是酶,就不能用测酶活性的方法检测其生物活性。这时如果知道目的蛋白在细胞或者机体水平的功能,也是一件不错的事情。以胰岛素为例,从大肠杆菌中纯化后需要鉴定活性。这时可以把纯化后的胰岛素打入到已有的高血糖动物模型中,检测胰岛素降血糖的效果,从而判定所纯化的胰岛素是否有生物活性。同理,当纯化获得目的蛋白以后,也可以使用类似的方法检测目的蛋白在机体水平的生物活性。再比如,半乳糖凝集素是一种可以结合生物大分子上半乳糖残基的蛋白。这类蛋白可以引起红细胞的凝集。当半乳糖凝集素纯化以后,可以使用红细胞凝集的实验来检测其生物活性。

第六节　蛋白质结晶前分析

蛋白质结晶并不是简单地进行结晶条件筛选,如果这样做的话,往往会失败。在进行蛋白质结晶条件筛选以前,需要对蛋白质进行一系列的分析:蛋白质需要什么配体;在什么缓冲液中最稳定;蛋白质是以单体还是多聚体形式存在;蛋白质的精确分子量;蛋白质的折叠情况;等等。只有掌握目的蛋白所有信息以后,才能进行目的蛋白结晶实验。

一、蛋白质配体和缓冲液探索

蛋白质配体和保存蛋白质的缓冲液对于蛋白质正常的结构和活性是至关重要的。蛋白质只有在结合必要配体时或者在合适的缓冲液中才能够结晶。人们曾经只能根据经验或者文献报道来选择配体或者使用某一缓冲液保存蛋白质。最近,出现了一种比较好的技术,可以用于探索蛋白质的配体和缓冲液。这种方法叫作差异扫描荧光法。

利用差异扫描荧光法选择缓冲液的原理是:蛋白质在正常情况下不会暴露其三维结构内部的疏水氨基酸,但是当加热使其变性时,蛋白会去折叠并暴露内部的疏水氨基酸。这时与蛋白质共存的染料(比如 SYPRO Orange)会与疏水氨基酸结合,并产生荧光。利用荧光 PCR 仪进行监测,可绘制一条曲线。该曲线的峰值显示该缓冲液中蛋白质保持稳定的最高温度,由此选择最合适的缓冲液。比如,某一蛋白在某一缓冲液中的峰值出现在 51 ℃,就耐热性考虑,这种缓冲液就比峰值出现在 49 ℃ 的缓冲液好。利用这个方法还可以判断蛋白质在何种 pH、何种盐离子等条件下稳定。

另外,也可以用同样的方法来判断哪种配体能够让蛋白质稳定。总的来说,合适的配体结合蛋白质以后,会在一定程度上稳定蛋白,使蛋白变性温度的峰值提高。每种蛋白需要的配体是不一样的,配体稳定蛋白的方式也是不一样的。

差异扫描荧光法的操作方法大致如下:准备 30 μL 的一系列溶液,把所有溶液都放置于 RT-PCR 96 孔板中,并用膜封好。所有溶液中含有 30 μg 目的蛋白、体积比 1∶5000 的 SYPRO Orange 及多种缓冲液。利用荧光 PCR 仪(CFX96 Touch™,Biorad)对以上溶液梯度加热,加热的范围为 10~95 ℃,每增加 1 ℃,用荧光 PCR 仪监测一次溶液中的荧光强度。利用荧光 PCR 仪自带软件绘制蛋白质随温度升高变性的曲线,判断各缓冲液中蛋白质变性所要求的温度,那么蛋白质变性温度最高的缓冲液就是最好的保存蛋白的缓冲液。

二、蛋白质是以单体还是多聚体形式存在

判断蛋白质的聚体形式最简单的方法就是 Native PAGE。Native PAGE 和 SDS-PAGE 的区别在于,前者聚丙烯酰胺凝胶中不含有去污剂,可以保留蛋白质的自然状态。在进行电泳时,Native PAGE 会根据蛋白质的分子量、形状和电荷把蛋白质分开。如果蛋白质存在的聚合形式有多种,那么不同形式的蛋白质会在 Native PAGE 中形成很多条带。如果一种蛋白质可以以单体、二聚体和三聚体形式存在,那么该蛋白在 Native PAGE 上会显示三条带,分别是单体、二聚体和三聚体。Native PAGE 还可以判断蛋白质的共价修饰情况,比如某一蛋白可以磷酸化也可以不磷酸化,用 Native PAGE 就可以把磷酸化和非磷酸化的蛋白分开。

除了 Native PAGE 外,还可以利用凝胶过滤来判断目的蛋白是否有多种聚合形式。在蛋白纯化阶段,已经用凝胶过滤来纯化蛋白,一般情况下不同聚合形式的蛋白已经分开。但是有的蛋白比较特殊,在保存一段时间以后,会发生聚合从而产生不同形式的聚合体。

　　离子交换柱也可以把带不同电荷或者不同构型的蛋白分开。有时蛋白会发生共价修饰,离子交换柱也可将其与未发生共价修饰的蛋白分开。

　　有时目的蛋白会以两种构型存在,这两种构型的蛋白质表面所带的电荷会有所不同,离子交换柱同样也能将它们分开。不同形式的蛋白质在一起对于结晶是不利的,如果发现目的蛋白有不同形式,必须将其分开。

三、凝胶过滤与静态光散射连用精确测定蛋白质分子量

　　测定蛋白质分子量的传统方法是利用凝胶过滤估算蛋白质分子量。一般情况下先用几种不同分子量的蛋白质标准品过凝胶过滤柱,获得各个标准品的出峰位置,根据出峰位置建立一个指数线性回归曲线。然后再将目的蛋白过凝胶过滤柱,观测目的蛋白的出峰位置,取其对数值,利用标准品的曲线找到对应点,获得目的蛋白的分子量。这种方法有一定的局限性,因为蛋白质在凝胶过滤柱中的涌动不完全是根据分子量,有时蛋白质会与凝胶过滤柱的介质发生相互作用,或者由于蛋白质构型、构象的问题,蛋白质出峰的位置并不精确,从而产生误差。

　　目前最精确的测量蛋白质分子量的方法是凝胶过滤与静态光散射连用。凝胶过滤可以根据分子量的不同而把蛋白质分开。不同的蛋白质进入静态光散射仪器中,该仪器会依据蛋白质的涌动而把蛋白质的精确分子量计算出来。使用这种方法获得的蛋白质分子量与理论蛋白质分子量的误差在 1 kDa 以下。应用这种方法可以精确地计算蛋白质在液态下的多聚体形式。

第二章 蛋白质结晶与衍射数据收集

第一节 蛋白质结晶

蛋白质结晶是蛋白质晶体结构学中最难的一步。蛋白质晶体是处于沉淀和溶液之间的一种状态，其形成是由于蛋白质分子之间通过规律地排列而形成规则固体。

蛋白质具有离子的性质，所以从理论上讲蛋白质在合适的条件下是可以结晶的。蛋白质又具有离子不具有的特点，比如，蛋白质分子量大，不像 NaCl 那样，把水去掉就可以自动结晶；剧烈的条件改变会引起蛋白的变性，使蛋白失去稳定结构而不再可能结晶。因此，蛋白质结晶需要筛选非常多的条件来寻找最优条件。对于一个没有进行过结晶的蛋白来说，这个过程比较繁琐，可能需要尝试上万种不同的条件。最不幸的是目的蛋白永远不会结晶。

一、蛋白质晶体结晶试剂盒的使用

不同的蛋白质结晶试剂盒各有特点，有的试剂盒适合初筛，有的适合做进一步筛选，有的适合结晶普通蛋白，有的适合结晶膜蛋白或者蛋白复合体。在挑选蛋白质结晶试剂盒的时候需做好调研工作，找到最适合的试剂盒。市场上有很多好用的试剂盒，包含的条件的差异性很大，适于做初筛。Hampton Research 公司（https://hamptonresearch.com）、Jena Bioscience 公司（https://www.jenabioscience.com）和 Qiagen 公司（https://www.qiagen.com）等的试剂盒都是比较好的初筛试剂盒。一般情况下，初筛选取 300 个左右的条件就足够了。有人做过统计，增加筛选条件并不会显著提高蛋白质结晶的概率。读者在选择试剂盒的时候，要注意有的试剂盒只针对某一试剂（比如 PEG 或 $(NH_4)_2SO_4$）进行各种条件优化，这些试剂盒非常适于蛋白质结晶的进一步优化。

二、坐滴板与悬滴板

坐滴板一般用于初筛。常用的坐滴板含有 96 个大孔，每个孔的旁边含有 1～3 个小的副孔。图 2-1 是坐滴板的一个孔的示意。大孔用来放 20～100 μL 槽液，小孔用来放置 1 μL 蛋白质溶液和 1 μL 槽液的混合液。蛋白质溶液和槽液的混合液在副孔中是"坐着"的，所以这种板子叫作坐滴板。待把蛋白质溶液和槽液混合好以后，需要迅速用封口膜把板子封好。然后把板子放置于室温或者特定温度下，静止一段时间，晶体就会从副孔中生长出来。体式显微镜可用于观察晶体。

悬滴板一般用于后期的晶体优化。悬滴板中的孔的体积一般较大，可放置 1～

3 mL 的槽液。图 2-2 是悬滴板的一个孔的示意。建立悬滴板的结晶条件需要硅化盖玻片。在硅化盖玻片上,蛋白质溶液和槽液的混合液会形成一个非常规则的圆形。而在普通盖玻片上,则难以形成规则的圆形,会发生弥散。放置蛋白质和槽液混合液的盖玻片倒置盖在悬滴板的孔上。孔的周围可以涂抹凡士林或者机油,这样盖玻片和槽液形成一个封闭的体系。由于蛋白质和槽液的混合液是悬在硅化盖玻片上的,所以这种板子叫作悬滴板。

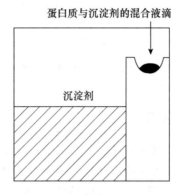

图 2-1 蛋白质结晶坐滴法示意

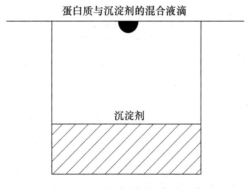

图 2-2 蛋白质结晶悬滴法示意

建立好坐滴板或者悬滴板以后,蛋白质和槽液的混合液就会与槽液慢慢建立一种平衡。由于蛋白质和槽液的混合液中的沉淀剂浓度比单纯的槽液中的沉淀剂浓度低,所以混合液在经过一段时间放置以后,其中的水分会被下边的槽液慢慢地吸走,蛋白质浓度相对提高了,蛋白质晶体就有机会生长出来。

蛋白质晶体是处于沉淀与溶液之间的一种状态,如图 2-3。当蛋白质浓度高,沉淀剂浓度高的时候,如果两者混合,蛋白质一定会沉淀。如果蛋白质浓度低,沉淀剂浓度也低,两者混合,蛋白质还是保持溶解状态。如果非常幸运地找到一个区域,蛋白质浓度和沉淀剂浓度正合适,蛋白质就会长出晶体,就如图 2-3 中画线的区域。pH、盐离子浓度、温度等条件选择同理。

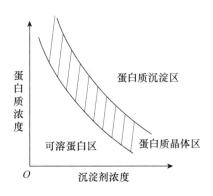

图 2-3　蛋白质结晶条件范围示意

三、点晶仪的使用及人为点样

目前市场上有很好的蛋白质点晶仪。这类仪器非常高效,可以节省大量的时间和蛋白质样品。蛋白质点晶仪其实就是精准地转移微量液体。它可以在很短的时间内把槽液放置到坐滴板的大孔中,并可以在很短的时间内把蛋白质样品和槽液混合在小的副孔中。点晶仪可以混合少至 100 nL 的样品,这对于难以纯化的蛋白质来说,非常有帮助作用。

当然如果没有自动化点晶仪,也可以人工点样,只不过需要的蛋白质的量要大一些,操作的时间长一些,每次利用移液枪吸取的样品的量不能太少,最少 500 nL。机器点样和人工点样的最终效果没有大的区别,都可以使蛋白质结晶。

四、蛋白质沉淀的信息

蛋白质晶体初筛条件建立以后,就可以在不同的时间点对结晶条件进行观察。由于蛋白质晶体是处于溶解和沉淀之间的一种状态,当观察结晶板时,经常会看到沉淀和澄清蛋白质。蛋白质沉淀的形成是由于蛋白质分子之间通过无规则的接触而形成固体。沉淀分为两种,一种沉淀是由具有生物活性的蛋白形成的,比如硫酸铵沉淀法能使蛋白形成具有活性的沉淀,这种沉淀在合适的条件下可以重新溶解恢复活性,一般是白色的并且闪亮;另外一种沉淀是由变性或者降解的蛋白形成的,这种沉淀一般不能重新溶解,除非利用非常剧烈的溶解条件,一般是棕色或者深黄色,或者呈膏状。

通过观察蛋白质沉淀的状态,可为实验者提供许多信息;综合判断蛋白质沉淀的状态,可以为后续点晶提供参考。比如,含有蛋白质沉淀的孔的数量超过了 50%,可以考虑降低蛋白质浓度。根据笔者的经验,含有蛋白质沉淀的孔的数量处于 30%~50%,蛋白质最有可能结晶。如果蛋白质沉淀孔中棕色或者深黄色的数量过多,说明蛋白质已经变性,这时需要考虑改变缓冲液条件或者加入配体等。总之,初筛板中蛋白质沉淀的状态可为蛋白质结晶提供许多必要的信息。

五、蛋白质的分相

我们已知,油会形成规则的液滴悬浮在液面上。在观察蛋白质坐滴板或者悬滴板时,经常会看到规则的油状液滴出现在蛋白质和槽液的混合液中,这就是蛋白质的分相,如图 2-4。

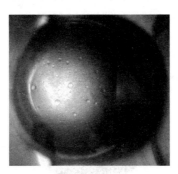

图 2-4 蛋白质的分相。油状物就是蛋白质形成的一种相

蛋白质在结晶条件中分相暗示着蛋白质处于一个稳定的状态。蛋白质分相的球体中,蛋白质浓度相对比较高,有时蛋白质晶体会从分相的蛋白质球体中生长出来。总之,分相说明结晶条件比较好,可以稳定蛋白质结构。

六、蛋白质晶体

当第一次观察蛋白质晶体时,人们不由得惊叹于它们如此的规则漂亮。晶体一定会生长在一个最利于蛋白质稳定的条件下。这和养花有一些类似。植物需要营养、光照、水分等,蛋白质结晶也是一样的。如果想让蛋白质结晶,必须给予其合适的配体、pH、沉淀剂、还原剂、金属离子等。缺了某一个条件,蛋白质就不会结晶。当辛苦地筛选了 1000 个条件以后,第二天发现有 1 个条件中长出了蛋白质晶体,你会非常兴奋,并且有成就感。

有时蛋白质虽然结晶了,但是晶体的状态并不是很好。比如晶体太小或形状不太好。并不能说这些不良的晶体衍射数据会不好,而是在收集数据的时候往往会为操作者带来困难。晶体的形状太小的话,比如长度小于 0.1 mm,那么收集数据就比较困难,因为上海光源发出的 X 射线的直径大小设置为 0.1 mm。晶体的形状也会影响蛋白质晶体结构的一些参数。多晶会直接影响蛋白质数据收集。当用 X 射线照射多晶时,不同晶体的衍射信号会相互干扰,影响后期的结构解析。

七、结晶条件优化

如上所述,当蛋白质晶体太小或形状不好时,需要对晶体进行优化。影响蛋白质结晶的条件有蛋白质纯度、浓度及配体、沉淀剂的浓度,还有温度、湿度、pH、盐离子浓度、酶的底物、氧化还原剂等。可以通过改变这些条件优化晶体状态。

优化蛋白质晶体时,首先考虑改变蛋白质浓度和沉淀剂浓度。降低蛋白质浓度和沉淀剂浓度,可以降低蛋白质结晶点的数量,从而降低蛋白质晶体在结晶条件中的数目。晶体数目降低,结晶条件中有足够的蛋白,就可形成大晶体。一般情况下,大晶体对于提高蛋白质晶体的分辨率有帮助。例如,如果想看到 1 Å(1 Å$=10^{-10}$ m)以下的分辨率,那么一定需要足够大的晶体。做中离子射线衍射的时候,必须要直径大于 1 mm 的晶体,图 2-5 就是一个直径超过 1 mm 的蛋白质晶体,里面还有圆形的分相蛋白质存在。

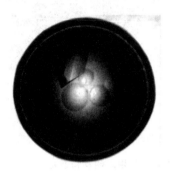

图 2-5　蛋白质晶体。图中的块状物就是一个蛋白质晶体

接下来可优化改变其他条件。例如还原剂的有无决定晶体的生长与否。结晶条件中加入还原剂,可以打开蛋白质的二硫键,避免蛋白质之间形成多聚体或者沉淀,使之能够保持构型的单一性。有时蛋白质配体在蛋白质结晶与否中起到关键作用,加入配体还可以提高蛋白质晶体的分辨率。所以,当知道蛋白质可以结合某种配体时,可以在结晶条件中加入相应配体。总之,当得到一个能够生长蛋白质晶体的条件以后,需要对其进行优化,最终提高蛋白质结构的分辨率。

八、促进蛋白质结晶的方法——限制性酶切

限制性酶切是一种比较经典的鉴定蛋白质构型的方法。这种方法可以鉴定出蛋白质是否有坚固的结构域。蛋白质溶液中低浓度的蛋白酶可以把蛋白质上柔软的、不规则的地方切掉,剩下比较结实的结构域。后来人们发现这种结实的结构域非常容易结晶。

质谱技术可与限制性酶切联用。首先用蛋白酶在一定程度上消化蛋白质,然后用质谱技术鉴定酶切以后的蛋白质结构域的 N 端和 C 端序列,再重新构建一个表达质粒,表达这个结构域,从而获得大量易于结晶的蛋白质。限制性酶切也可以提高蛋白质晶体的分辨率。这是因为蛋白质中的不规则部分去掉以后,X 射线照射这种晶体,可以获得更好的信号,最终达到提高蛋白质分辨率的目的。

做限制性酶切有两种方式。一种是先用蛋白酶酶切目的蛋白,然后用常规的蛋白质纯化技术把酶切后的结构域纯化出来,最后做蛋白质结晶条件的初筛。第二种是直接把蛋白酶与蛋白质按一定比例混合,然后直接进行蛋白质结晶条件的初筛。这两种方式都可以成功获得蛋白质晶体。

限制性酶切技术的局限性在于不可控性。用蛋白酶消化目的蛋白以后,结晶的部

分往往比原始蛋白要小,解析结构后可能会发现所获结构并没有什么意义。另外,蛋白酶酶切目的蛋白后,由于不知道剩余蛋白质的起始位点,有时用质谱鉴定会遇到困难,这会给解析蛋白质结构带来不小的困难。最后,重复限制性酶切的蛋白质结晶过程也比较困难,因为蛋白酶浓度微小的变化就会影响蛋白质的结晶。

九、促进蛋白质结晶的方法——极端条件

有些蛋白质在溶液中会以多种构型存在。虽然蛋白质是一样的,但是不同构型的形状不一样,会相互影响结晶,所以有必要把不同构型的蛋白质分开。凝胶过滤或者离子交换柱可以把不同构型的蛋白质分开。除了这两种方法以外,这里再介绍一种方法,可以去除具有不稳定构型的蛋白质。

一般情况下,具有稳定构型的蛋白质比较耐受极端条件。我们可以利用这一特点把具有稳定构型的蛋白质分离出来。极端条件包括:变性和复性、极低 pH、极高 pH、极高盐离子浓度、极高温度等。以变性和复性为例介绍一个蛋白质结晶的过程。有许多蛋白非常容易纯化出来,也可以正常浓缩,反复冻融也没有任何问题。但是在做凝胶过滤或者离子交换的时候,会出现两个以上的峰,这说明蛋白质以不同的聚体或者构型存在。这种状态的蛋白质不太容易结晶。这时可以考虑在蛋白质纯化过程中加入变性和复性的步骤。比如在细菌裂解液中可以加入高浓度的尿素或者盐酸胍,也可以加入极高浓度的还原剂(100 mmol·L^{-1} DTT),使蛋白质完全变性,然后再使蛋白质复性。虽然这一过程看起来复杂,但是变性和复性的过程可以有效去除具有不稳定构型的蛋白质,只保留最"坚强"的蛋白质。余下的蛋白质往往会结晶。具体原因可能是蛋白质在正常纯化时,没有正确地折叠,而变性和复性的条件比较剧烈,只保证具有正常活性的蛋白质能留下来。另外,复性后变性剂可能不能完全去除,余下的变性剂可能在一定程度上作为配体起到稳定蛋白质结构的作用,从而达到促进蛋白质结晶的目的。同变性和复性一样,其他极端条件也可通过类似的方式促进蛋白质结晶。

十、促进蛋白质结晶的方法——截短蛋白

有些蛋白质很大,含有上千个氨基酸和多个结构域。结构域和结构域之间往往会连接有柔软的序列。如果直接进行表达、纯化,会有一定的难度,结晶也可能失败。遇到这种蛋白,可以考虑先解析各个结构域的结构。现在有多个免费的预测结构域的网站。拿到蛋白质序列以后,可以直接把氨基酸序列输入网站中,点击运行就会得到关于结构域的信息。根据这些信息重新设计引物并制备表达质粒,进行蛋白质表达。纯化的单一结构域往往比完整蛋白质容易结晶。最终所获得的结构域的结构一般能够用来解释原始蛋白的结构及其功能。对于连接各个结构域之间的柔软序列,目前结晶还有一定难度。这些序列没有稳定、坚固的结构,所以难以形成晶体。如果研究这些序列对于研究蛋白质的功能是必需的,可以考虑使用核磁共振的方法。

十一、蛋白质晶体还是离子盐晶体

在进行蛋白质结晶条件筛选过程时,有时会形成离子盐晶体。盐晶毫无用途,在后期衍射数据收集时会浪费机时。因此,在样品送去同步辐射光源之前,需要判断所获得的晶体是否为盐晶。蛋白质保存液中的各种成分也许会与结晶条件中的成分形成盐晶。比如,蛋白质保存液应避免使用磷酸盐缓冲液。因为在蛋白质结晶试剂盒中,有很多种试剂含有二价阳离子,磷酸盐和二价阳离子(比如钙离子和镁离子)会形成盐晶。蛋白质保存液中的其他成分也应该谨慎对待。

由于蛋白质的分子量相对于离子来说大很多,所以蛋白质形成的晶体中会产生许多大的缝隙通道。这就造成蛋白质晶体质地并不是很坚固,一般情况下比较柔软,可使用工具轻易地打碎。相反,离子盐晶体往往比较坚硬。通过感受晶体的硬度可以大致判断出晶体是否为蛋白质晶体。

蛋白质晶体中有许多大的缝隙通道,这些通道允许小分子自由通过。相反盐晶中就不会有大的缝隙通道。利用这个特点,可以使用小分子染料对蛋白质晶体进行染色。能够上色的就是蛋白质晶体,不能上色的一般就是盐晶。

还有一种手段是应用紫外诱导荧光的方法区别蛋白质晶体和盐晶。蛋白质晶体可以吸收紫外线而放出荧光(色氨酸、酪氨酸和苯丙氨酸可以吸收紫外线),盐晶没有这一特性。根据这一区别也可以判断出所获晶体是否为蛋白质晶体。有些体式显微镜可进行这样的检测。

第二节　蛋白质晶体衍射数据收集

蛋白质晶体的质量决定衍射数据的好坏,蛋白质晶体衍射数据的好坏又反映了蛋白质晶体结构的质量。所以,蛋白质晶体衍射数据收集是解析蛋白质结构的一个重要环节。好的数据给后期结晶解析工作带来极大的便利。相反,如果收集的数据质量不好,那么使用软件解析结构时会比较麻烦,而且会影响晶体结构参数的质量。在条件允许的情况下,要想方设法获得质量好的数据。

那么什么样的数据才是好数据呢?好的数据就像我们平时好的照片一样,分辨率高,亮度适中。数据收集者在收集数据时可凭肉眼感知衍射数据的好坏,进而调节曝光参数。收集完数据后,在解析蛋白质结构时,所用到的软件会给出一些评判参数。根据这些参数可以评判晶体结构的好坏。

一、蛋白质晶体的运输

目前上海光源是我国唯一的可提供高质量 X 射线光源的单位。外地用户需要把晶体运输到上海光源。有两种方法可运输晶体。一种是用户在出发前把晶体冻存好,放在液氮罐里,然后再运输到上海光源进行数据收集。另外一种是把蛋白质结晶板,包括坐滴板和悬滴板等,直接运输到上海光源,抵达目的地后再用体式显微镜和液氮把晶体冻存起来,然后进行数据收集。上海光源提供体式显微镜和液氮等实验设备和材料。

　　两种运输晶体的方法有各自的优缺点。在用户实验室冻存晶体,可以不用考虑晶体生长时间,当发现有质量好的晶体以后,可以直接冻在液氮罐里进行长期保存。用户还可以利用足够多的时间,把蛋白质晶体浸泡在底物或者配体溶液中,获得蛋白质的共结晶。不过,晶体在液氮中保存,有时会出现晶体脱落等现象。另外液氮也应该及时补充,否则对于晶体来说是一场灾难。

　　如果把结晶板直接带到上海光源进行实验,在运输结晶板的时候,需要用户平稳地固定住包裹,不能产生倾斜或者倒置的行为,否则晶体会发生掉落。抵达上海光源以后,再利用上海光源的设备把晶体挑出来,用液氮冻存好。由于蛋白质用液氮冻存后马上进行数据收集,一般情况下数据质量良好。

二、蛋白质晶体挑取

　　实验者在挑取晶体之前,最好需要经过一定的训练。首先要训练手不能发抖。手的抖动很容易把晶体弄碎。其次,挑晶体时要迅速敏捷,时间不能太长。如果时间过长,含有晶体的液滴在空气中会蒸发、变干,使晶体受损。再次,有些蛋白质结晶液滴中含有高浓度的盐,这时挑晶体的速度需要更快,因为液滴蒸发盐离子会快速形成盐晶,覆盖在蛋白质晶体上面,严重影响蛋白质晶体衍射数据收集。总之,挑晶体时要快、要准。

　　挑晶体的 loop(小环)最好选择形状笔直的,形状不好的 loop 最好抛弃不用。否则在数据处理后期会发现,弯曲的 loop 会影响晶体衍射数据,并使蛋白质晶体结构质量降低。挑取晶体时,一定要让晶体尽量地放在 loop 的中央,并且冷冻保护剂只把晶体包裹完全。不要使用过多的冷冻保护剂,多余的保护剂会形成一个臃肿的冷冻液滴。如果晶体非常小,在做衍射的时候,非常不容易找到晶体。冷冻保护剂也不能太少,否则晶体暴露过度,容易碎裂,产生多晶,影响衍射数据信号的收集。总之,冷冻保护剂的用量要适中,以完全裹住晶体为宜。

　　形状规则、大小适中的晶体比较容易获得好的衍射数据。如果晶体形状不好,或者是多晶,不太容易获得好的结果,但依然有方法可以收集到好的衍射数据。① 在挑取晶体时,调节 loop,再根据 X 射线的角度判断,把晶体挑取在一个合适的位置和角度。② 当用 X 射线照射时,仅仅照射晶体的好的部分,而不照射不好的部分,这样做也能获得好的衍射数据。比如,对于针状晶体,衍射信号一般都很弱。这时可把它们放在 loop 的中间,并使晶体的两头与 loop 垂直相交。这样可以使晶体长的方向受到 X 射线的照射。在 loop 旋转时,可以尽可能多地收集到强衍射信号,最终能够获得足够好的衍射数据用于结构解析。

　　在挑取晶体时,首先可挑取形状规则、单晶结构、个头尽量大的晶体。形状规则表明晶体已经长得比较成熟;单晶会使衍射信号比较单纯;晶体尽量大,大的晶体能极大地促进蛋白质晶体结构解析。如果大的晶体的衍射点太粗太黑,可以更换小一点的晶体进行 X 射线照射。把挑取的晶体及 loop 一起冻在 puck(定位盘)里面,如图2-6。将 puck 放在一个可以盛液氮的容器里面,用液氮冻存。每个 puck 可以保存 16 个 loop,最好按照 1~16 的顺序把晶体冻存好。

图 2-6

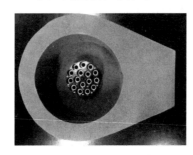

图 2-6　冻存晶体时所用到的容器(紫色)和 puck(黑色)

三、冻存晶体及冷冻保护剂

在收集衍射数据前,需使用液氮迅速冷冻蛋白质晶体。这样做有两个目的。一是低温可降低 X 射线对晶体带来的伤害,增加晶体耐受 X 射线照射的时间。二是低温也可以使蛋白质在晶体状态下保持构型的一致,进而提高数据的质量。有时需要收集室温下的衍射数据,这时仅仅用凡士林或者其他物质把蛋白质晶体包裹起来,然后放在 X 射线衍射仪上,进行 X 射线照射和数据收集。

保护剂可以保护晶体免于液氮的低温伤害。冷冻保护剂也可以避免水形成冰晶体。如果冻存晶体时形成了冰晶体,当用 X 射线照射时,会看到有明显的冰的衍射环。这大大降低了衍射数据的质量。

(1)甘油是最主要的液氮冷冻保护剂。把体积分数为 10%~20% 的甘油充分溶解在结晶条件中,然后把晶体从结晶的液滴转移到含有甘油的结晶条件中。含有 10%~20% 的甘油结晶条件较原始的结晶条件改变并不是很大,晶体一般不会发生碎裂。当然也不排除某些蛋白质晶体比较敏感,会发生碎裂或者溶解。如果发生碎裂或者溶解,可以考虑更换冷冻保护剂。

(2)乙二醇和低分子量的 PEG 也可以作为冷冻保护剂。有时甘油会进入酶或者蛋白质的关键位点,影响结构的生物学意义。这时需要更换冷冻保护剂。乙二醇和低分子量的 PEG,比如 PEG200、PEG400 等,和甘油类似,都含有丰富的羟基,都可以替代甘油作为冷冻保护剂,用于冷冻保护蛋白质。

如果蛋白质晶体生长在含有 10%~30% 聚乙二醇的条件下,比如结晶条件含有 20% 的 PEG3350,那么可以把晶体从结晶液滴中挑取出来并直接放置于液氮中进行冷冻,并不需要添加冷冻保护剂。当使用冷冻保护剂时,即使体积分数为 10%~20%,还是有一些条件改变,影响数据收集。

(3)高浓度的糖类,比如蔗糖和乳糖,也可以作为冷冻保护剂。和以上几种冷冻保护剂类似,糖类也富含羟基,可以模拟水分子的作用,与蛋白质建立非共价键相互作用,起到稳定蛋白质晶体的作用。

(4)有些蛋白质晶体生长在高盐的环境中,比如 3 mol·L^{-1}氯化钠和 2 mol·L^{-1}硫酸铵。对于这些蛋白质晶体来说,可以考虑使用丙二酸钠作为这类晶体的冷冻保护剂。丙二酸钠与其他盐离子的性质更加接近，它作为保护剂利于稳定晶体的整体结构。如果用甘油作为保护剂，条件改变太剧烈，影响晶体的稳定性。

四、晶体上机操作及软件使用

上海光源推荐使用机械手将含有晶体的 loop 上到 X 射线衍射仪上。机械手上样的速度快，极大地加快了上样的进程。另外一种上样的方法是手动上样，用一个镊子把 loop 上到 X 射线衍射仪上。手动上样时避免触碰 X 射线衍射仪上的所有部件。在实验操作时，应在上海光源工作人员的建议和指导下，严格按照要求使用 X 射线衍射仪，保护好机器。下面以上海光源 18U1 线站为例，介绍如何使用收集软件进行蛋白质晶体的衍射数据的收集，主要介绍如何使用机械手进行上样。

打开 Blu-ice 软件，点击主菜单栏第二个按钮"Sample"，弹出一个操作页面（图 2-7）。这个页面就是使用机械手上样的界面。在界面的左下方，可以看到有 5 个 puck（A—E），每个 puck 可以保存 16 个蛋白质晶体。

首先在左上方找到"Close Lid"，点击并确认两次。这时观察机械手的动作，当其动作完成以后，可以点击 puck A 的第一个样品"1"，然后点击"Mount"。机械手会自动把蛋白质晶体上到 X 射线衍射仪上。

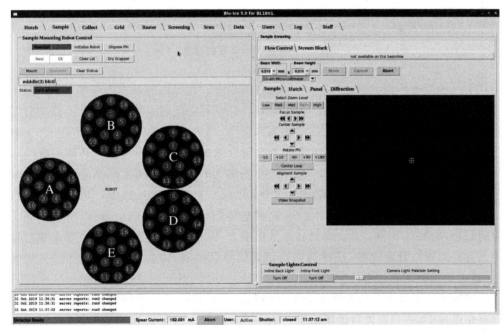

图 2-7

图 2-7　上样操作界面

上完样以后，在界面的右边会出现捞晶体的 loop（图 2-8）。这时需要使用鼠标左键点击 loop 的中央，X 射线衍射仪上的四脚仪将调节 loop 的位置，需要连续地使用鼠标左键点击 loop 的中央，当发现 loop 基本处于小屏幕的靶心以后，点击小屏幕左边的"Med＋"按钮，这时镜头就会放大，充分显示 loop。如果仔细观察，会看到晶体。点击鼠标左键,调整屏幕的靶心,使靶心瞄准晶体的合适部位。红色的靶心就是 X 射线照射晶体的方向。当 360°都可以瞄准晶体以后,启动 X 射线照射晶体。

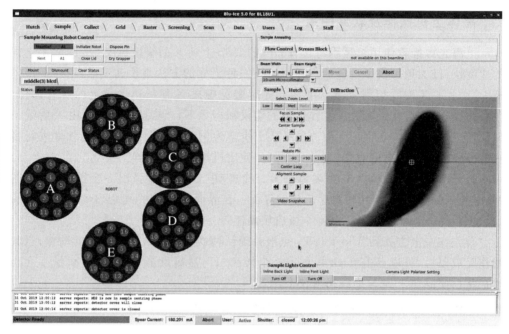

图 2-8 调整 loop 位置的界面

下一步点击界面上方的"Collect"按钮(图 2-9)。在界面的最右方有"0"和"1"两个按钮。"0"代表预扫描的意思,先对晶体照射一次,看看衍射点能够达到什么样的分辨率。比如图 2-9 中,在"Time"的右边的输入框中,输入了"0.50",对其进行了 0.5 s 的照射。通过人工分析,发现 0.5 s 是一个比较合适的曝光时间。注意,晶体的曝光时间并不是固定的。一般情况下,小晶体需要的曝光时间较长,而大晶体需要的曝光时间比小晶体少。曝光时间一般在 0.1~10 s 之间。有些晶体虽然小,但是晶群合适,而且每个非对称单元只含有一个蛋白,这种晶体的衍射信号一般会很强,需要的曝光时间较短,比如 0.2~0.5 s。有的晶体虽然很大,但是晶群比较特殊,而且每个非对称单元含有的蛋白数量较多,这种晶体的衍射信号会很弱,需要较长的曝光时间,比如 5 s 或者更长时间。

另外还需要调节晶体与曝光仪之间的距离。其目的是使晶体的衍射点能够基本分布在屏幕中,并且在边缘地区留有一定空白。这是因为有些衍射点的亮度难以用肉眼分辨出来,而计算机软件可以侦测到,在后期解析晶体的时候,这些处于高分辨率区的衍射点能够提高晶体结构的分辨率。如图 2-9 中,最终选择了 160 mm 作为晶体和曝光仪之间的距离。界面的右下方可以看到一个小的示意图,说明 160 mm 的距离最高可以接受分辨率达到 1.10 Å 的衍射点,曝光仪可以接受分辨率高达 0.95 Å 的衍射点。

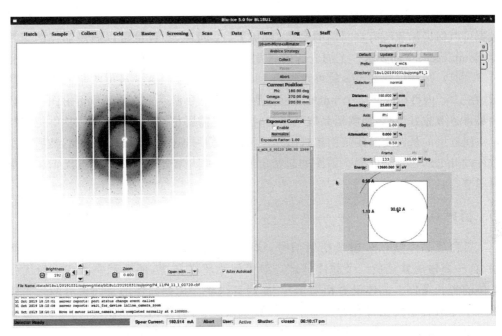

图 2-9

图 2-9　操作 X 射线预扫射晶体的界面。寻找合适参数

点击界面右边的"1"按钮，来到收集衍射数据的界面（图 2-10）。根据刚才预扫描的结果，把晶体与曝光仪之间的距离设为 160 mm，曝光时间设为 0.5 s。在这个界面还可以设置收集的角度，及其每两帧衍射图之间的夹角。笔者习惯把收集的角度设为

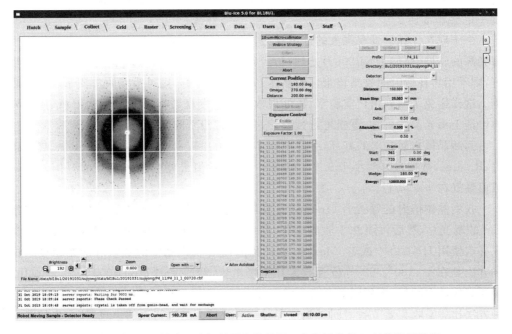

图 2-10

图 2-10　操作 X 射线正式扫射晶体的界面。收集晶体的 X 射线衍射数据

180°，每两帧衍射图之间的夹角设为 0.5°，最终收集 360 张衍射图。收集 180°的衍射数据可以保证涵盖所有空间群的要求，包括 $P1$ 空间群，并且也可以满足晶体的完整度 Completeness 的要求。上海光源的 X 射线足够强，如果每帧衍射图的曝光时间是 0.5 s 的话，那么仅花 3 min 就可以收集 180°的数据。按照这个进度收集晶体数据的话，在 12 h 内可以收集 7 个 puck 内所有晶体的衍射数据。蛋白质晶体衍射图的帧数收集得越多越好，在后期解析晶体结构的时候可能需要足够多的衍射图才能够把在特定空间群里的蛋白质晶体结构解析出来。以前人们习惯先收集几张衍射图，然后使用软件做 index，再计算收集衍射图的起始角度。笔者认为这样不如直接收集 180°的衍射图节省时间。

五、衍射点问题

蛋白质晶体没有 X 射线衍射信号，这是经常会遇到的问题。一般遇到这种问题，首先要做的就是换一个晶体试试。如果问题还存在着，那么就要考虑重新优化晶体的生长条件。晶体没有衍射信号，原因有很多。比如晶体的空间群有问题。如果一个非对称单元里含有的蛋白质单体数量太多，或者蛋白质晶体内的蛋白质组成过于复杂，根据倒易空间的原理，晶体的晶格里含有的蛋白质越多，那么衍射点越会集中在曝光器的中间，而且衍射点的强度越弱。另外，晶体有衍射信号的前提是蛋白质在晶体中规则排列，X 射线才会发生重叠并产生强的衍射信号。如果蛋白质含有太多的不稳定的无规则卷曲，X 射线难以发生规律的重叠，这会降低衍射点的强度，可能会降低晶体结构的分辨率或者直接造成收集不到任何衍射点。相反，比如盐晶，每个非对称单元只含有几个原子或者分子，那么这类晶体的衍射点的强度一定会非常强。

由于现在计算机具有强大的处理能力，所以在数据收集过程中，可以直接使用上海光源的软件（例如 HKL3000）处理，初步判断所收集的数据质量的好坏。如果质量好，则不用再耗费时间收集该蛋白的晶体；如果质量不好，则可重新收集质量较好的数据。这样避免了回到用户实验室，再处理数据时才发现数据不利于结构解析，还需要再申请上海光源的机时，重新进行试验。这样非常浪费时间。

判断晶体衍射数据的好坏，有几个标准。其中比较重要的是：Resolution，越高越好；Rmerge，数值最好要小于 0.1；Completeness，数值最好在 95% 以上；Multiplicity，数值最好在 4.0 以上。

收集晶体衍射的曝光片（frame）的数量，笔者认为是越多越好。最好能够收集 180°的曝光片，然后每隔 0.5°收集 1 张，所以一共需要收集 360 张曝光片。有的科学家喜欢使用 HKL3000 或者 iMosflm 软件预测需要收集晶体的数量和起始角度。这种方法是在 1°、180°、360°等位置收集几张曝光片，然后使用 HKL3000 或者 iMosflm 预测晶体的空间群，再预测需要收集的起始位点，最后根据预测结果收集曝光片。这种方法比凭空收集要节省时间。不过有时预测软件会给出错误的信息，使收集的曝光片的数量不够，最终不能解出晶体结构。曝光片数量多可以使晶体的一些参数达标，比如由于收集的片子多，Resolution、Completeness 和 Multiplicity 都可以提高。相反,Rmerge 有时会由于片子数量太多而数值上升。不管怎么说,在时间允许的条件下,可以尽可能地多收集片子。有些晶体的空间群是 $P1$ 或者 $P2$,由于这些空间群的对称性不高,在这种情况下最好能够收集 360°也就是 720 张曝光片。这样才有利于晶体结构解析。

第三章 蛋白质晶体结构解析软件安装

第一节 Linux 系统安装

当今世界最流行的三大计算机系统是 Windows、Macintosh 和 Linux。Windows 由美国微软公司开发,市场占有率高,简单易用,软件安装方便快捷。Macintosh 是苹果公司基于 Unix 开发出来的产品。该系统对苹果电脑进行了独有的优化,操作界面美观,系统比较流畅,软件安装也较为方便。Linux 系统是一种开源的操作系统,人人都可以对其修改。正是"人人拾柴火焰高",每个人都可为 Linux 添砖加瓦,因此 Linux 的发展非常迅猛。谷歌公司的 Android 是基于 Linux 建立起来的一种操作系统,只不过里面内置了一个 java 虚拟机作为软件运行的平台。目前各大软硬件公司越来越重视 Linux 的发展。微软公司都已开始为 Linux 写软件代码。

Linux 系统安全稳定,因为其独特的系统构架,对多线程计算有很大的优势,常用于科学计算,或作为服务器系统。目前世界上有许多免费的 Linux 发行版本,比如 Fedora、CentOS、SUSE、Debian、Ubuntu 等。每个版本都以相同的 Linux 内核开发出来,不过操作界面和部分软件等稍有不同。

笔者推荐初学者使用 Ubuntu 系统。Ubuntu 是 Canonical 旗下的一款 Linux 操作系统。该系统安装方便,与 Windows 或者 Macintosh 可以共存于计算机之中。用户使用 Ubuntu 的体验和 Windows 系统差不多。另外,Ubuntu 有一个软件商店,里面的科学计算软件都是免费开源的,便于初学者学习。本书主要以 Ubuntu 为例,介绍如何使用软件解析蛋白质结构。使用其他版本 Linux 的用户,安装相关软件和操作是类似的。

一、Ubuntu 系统下载

从 Ubuntu 官方网站上可以直接下载正版的 Ubuntu 系统,系统下载是完全免费的。

下载页面有两种版本可以选择,对于蛋白质晶体解析来说,我们使用 Desktop 版本就足够了。Server 版本一般用在服务器上面。另外,本书用的 Ubuntu 版本是 16.04 LTS。Ubuntu 更新速度很快,每过一段时间会发布一个新的版本。现在,Ubuntu 已经发布了更新的版本,比如 18.04 LTS、19.04 等。另外,LTS 是 long time support 的意思。推荐读者下载 LTS 的版本,没有 LTS 标志的版本,官方支持维护的时间都较短。支持时间比较长的是 16.04 LTS 和 18.04 LTS 两种版本。

Ubuntu 的下载地址是:https://ubuntu.com/download/desktop。

如果希望下载 16.04,可以直接在 Ubuntu 官方网站搜索 16.04,就会得到该版本的下载地址。

下载时请选择 64 位操作系统,因为有的晶体结构解析软件只能在 64 位系统下运行。相应的 Ubuntu 系统的文件名字为 ubuntu-16.04.6-desktop-amd64. ISO。虽然文件名特指了 AMD CPU,但是该系统也支持 Intel CPU,可以正常地安装在含有Intel CPU 的电脑里面。

二、计算机的选择

作为晶体结构解析的计算机,当然配置越高越好,速度越快越好。当预算有一定限制时,那么就需要考虑配置了。对于 CPU 来说,Intel 公司和 AMD 公司近期出品的 CPU(Intel 的 i5、i7 和 AMD 的 R5、R7)都可以运行晶体结构解析软件。不过,同价位的两个公司的 CPU 有一些区别。Intel CPU 单核计算能力强,但是核心数少。AMD CPU 单核计算能力稍弱,但是核心数多。在做分子置换和结构优化的时候,考验 CPU 的单核能力,这时 Intel CPU 有一定的优势。在使用软件进行 index 的时候,需要的核心数比较多,AMD CPU 有一定的优势。总之,两个公司的 CPU 都可以解析蛋白质晶体结构,使用哪种 CPU 都可以。

晶体结构解析软件运行时需要较多的内存。建议内存最低配置为 16 GB,解析蛋白质晶体结构有时还需要 128 GB 的内存。这是因为有的蛋白质氨基酸序列比较长,在晶体的非对称单元里的蛋白质数目又多,如果内存不够大,晶体结构解析软件难以运行,并且会使计算机死机。

运行晶体结构解析软件时,需要有足够多的硬盘空间。建议安装 Ubuntu 之前留有 100 GB 以上的空间。这是因为有些蛋白质结构解析软件比较大,解析过程也会产生较大的数据,如果空间太小,不利于软件安装和重要文件保存。

另外,晶体结构解析软件是从网络上下载下来的,所以要求网络一定要稳定。否则下载过程会连续中断,导致要重新下载。有的软件的下载地址支持迅雷等下载软件,这些下载软件可以大大提高下载速度并降低下载过程中的中断率。

总之,作为晶体结构解析的计算机的配置要足够高,才能够提高晶体结构解析的速度。从同步光源中会收集很多套晶体衍射数据,并且每套数据的大小都在 GB 数量级。读者需要在短时间内把所有数据都处理完,并且需要把初始结构解析出来,根据数据参数评判哪套数据最好,最后决定使用哪套数据解析最终的蛋白质晶体结构。一台或者几台较快的计算机作为支持,可以极大地提高蛋白质晶体结构解析的速度。

三、Ubuntu 系统安装

Ubuntu 的系统安装按照官方说明来进行。

四、Ubuntu 系统简易实用介绍

本书主要以 Ubuntu 16.04 LTS 为例简单介绍 Ubuntu 如何使用,其他 Ubuntu 版本的操作方式和 16.04 版本大同小异。大部分晶体结构软件都是在 Linux 基础上

编译或者开发出来的。只有知道如何使用 Ubuntu，才会知道如何安装使用晶体结构解析软件。因此，有必要学习使用 Ubuntu。

Ubuntu 操作系统是比较简单易用的。不过，Ubuntu 和 Windows 有一些区别，比如 Ubuntu 的快速启动栏在桌面的左侧，而 Windows 的快速启动栏在桌面的下方等。另外，操作习惯上也有一些差别。只要认真练习使用 Ubuntu，一定会掌握这个操作系统。使用的时间久了，习惯了以后，自然而然就会使用了。

Ubuntu 里面没有 Windows 的"我的电脑"。不过有一个 Files。比如，图 3-1 中 Files 的快捷方式在快速启动栏 Firefox 浏览器的上面。点击 Files 按钮，就会进入 Home。这个 Home 相当于 Windows 系统里面的"我的电脑"。打开 Home 以后，可以看到一些子文件夹，包括 Downloads、Music 等。这些文件夹和 Windows 里面的文件夹一样，可以直接点击进入。文件夹的使用与 Windows 系统相似。鼠标右键点击一个文件或者文件夹，会有一些快捷方式出现，比如复制、粘贴等。

图 3-1

图 3-1 Ubuntu 的 Home

Home 的左边有一些链接，比如 Computer 和硬盘符号。Computer 文件夹保存有 Ubuntu 的系统文件（图 3-2）。当具有管理员的权限时，可以自由对它们进行修改。不过修改以后可能会引起系统故障、启动异常、软件难以运行等问题。所以，如果对 Ubuntu 系统不是很精通的话，请不要随意修改系统文件。

桌面左边的快速启动栏里面，还有一些其他软件的快捷方式，比如 Firefox 浏览器（图 3-3）、Libre Office（Microsoft Office 的替代品）（图 3-4）等。这些软件的用法和 Windows 中的软件差不多。

图 3-2

图 3-2　Ubuntu 的系统文件夹

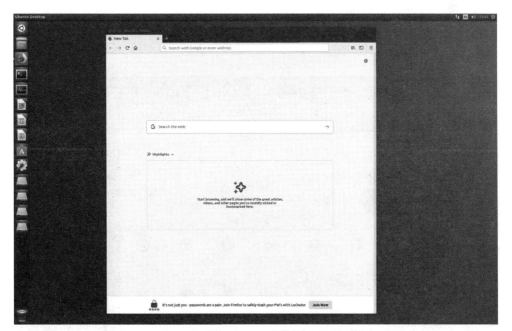

图 3-3

图 3-3　运行在 Ubuntu 里面的 Firefox 浏览器

图 3-4

图 3-4 运行在 Ubuntu 里面的 Libre Office

Ubuntu 还带有一个软件商店(图 3-5)。其中有许多好用的科学计算软件。比如,在搜索栏搜索 PyMOL,就可以找到在晶体结构解析过程中经常使用到的 PyMOL 软件。

图 3-5

图 3-5 Ubuntu 的商店

Ubuntu 有一个系统设置"System Settings"(图 3-6)。点开以后,可以对屏幕亮度、鼠标移动速度等进行调节。这些设置都和在 Windows 里面类似。

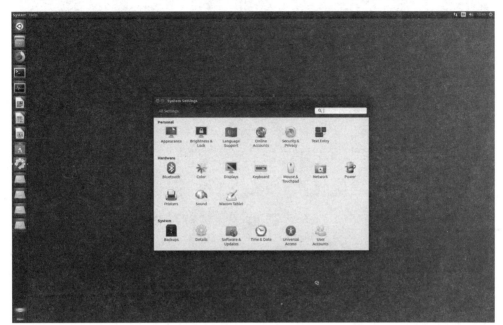

图 3-6

图 3-6　Ubuntu 的系统设置界面

　　Ubuntu 操作系统上手并不难,使用者可以很快地适应里面的操作。以上介绍仅仅是 Ubuntu 入门级别的操作。使用者可以多多练习。每个 Linux 都有自己的社区,社区面向全部有网络的人开放。使用者可以从社区获得一些使用方案,也可以为社区贡献自己的力量。Ubuntu 也有自己的社区(https://ubuntu.com/community),里面有许多解决方案。当然,使用者也可以借助搜索引擎去寻找答案。本书介绍的安装和使用晶体结构解析软件的方法,一般情况下不会遇到问题。

五、Ubuntu 的终端

　　Linux 的终端(terminal)起源于 Unix 的终端。终端是连接系统内核与交互界面的一个桥梁。用户可以通过终端对文件进行操作,包括读写、删除、复制等;也可以通过终端对计算机的硬件进行操作,比如控制内存大小、控制运行软件的 CPU 个数等;也可以通过终端运行程序,比如运行晶体结构解析软件 Coot、Phenix 等。终端看似简单,其实功能十分强大。有些程序根本没有 GUI(Graphical User Interface,图形用户界面),完全依赖终端来运行。本书中很多操作都是通过终端来实现的。为了读者能够明白如何使用晶体结构解析软件,在这里简单介绍一下终端的使用方法。点击Ubuntu 的快速启动栏最上方的搜索按钮,然后输入 terminal,就可以搜索到终端(图3-7)。

图 3-7

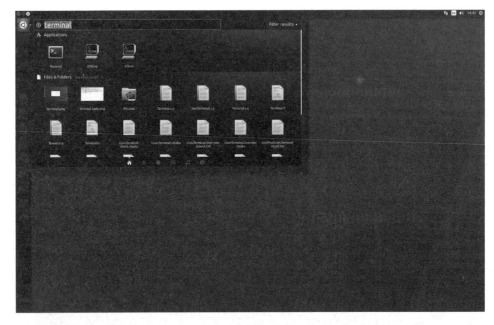

图 3-7 搜索终端

因为本书所介绍的方法里面经常使用终端,所以可以在快速启动栏里建立一个终端的快捷方式。建立的方式很简单,用鼠标左键按住搜索栏里找到的终端图标,然后将图标拉到快速启动栏的位置,这样终端在快速启动栏的快捷方式就建立好了(图 3-8)。

图 3-8

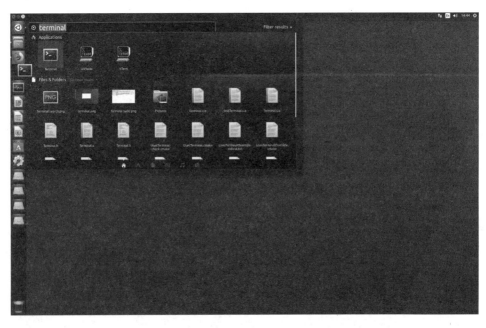

图 3-8 在快速启动栏上建立终端的快捷方式

点击快速启动栏里的终端,就可以运行。另外还有一个好用的技巧,那就是在任意文件夹,右键点击空白的地方,会弹出一个对话框,然后选择"Open in Terminal",这时终端的默认路径就是那个文件夹(图 3-9),这个功能非常的方便,可以快速通过终端对文件夹里的内容进行操作。

图 3-9

图 3-9　启动终端

六、sudo 命令

在 Ubuntu 终端有两种执行命令,一种是普通命令,不需要高级权限就可以执行;另外一种是高级权限命令。当希望执行高级权限命令时,需要在命令的前面加入 sudo(其他版本的 Linux 的高级权限命令可能不一样,比如 Fedora 需要输入 su,而不是 sudo)。Linux 系统是开源的,任何人都可以对系统文件进行修改。试想如果不加一个限制,随便一个错误的操作就会使系统崩溃,这样就非常危险。所以,Ubuntu 下的系统文件,想要修改时一般都需要在命令前面加 sudo。这样做的好处就是避免用户出现滥操作而破坏系统。举一个例子,重启命令 reboot,就需要在它前面加 sudo,否则系统不会重启。

最后,加了 sudo 的命令,回车以后需要管理员密码,否则命令不会被执行。比如上面说的 reboot 命令,输入 sudo reboot 后,终端就会提示输入管理员密码。当输入密码以后,终端就会提示系统在未来一定时间内重启系统。

七、在终端中对文件进行查询和操作

在终端里可以查询当前路径下的文件,命令是 ls,在终端输入 ls,会查询到当前文件夹下的文件。如果是用 ls -all 命令的话(图 3-10),还会显示当前文件夹下的所有隐藏命令。

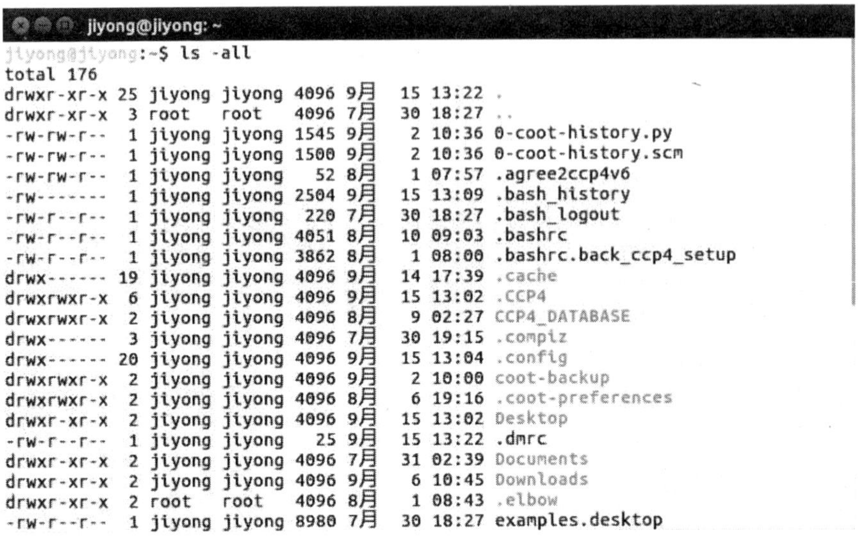

```
jiyong@jiyong: ~
jiyong@jiyong:~$ ls -all
total 176
drwxr-xr-x 25 jiyong jiyong 4096 9月  15 13:22 .
drwxr-xr-x  3 root   root   4096 7月  30 18:27 ..
-rw-rw-r--  1 jiyong jiyong 1545 9月   2 10:36 0-coot-history.py
-rw-rw-r--  1 jiyong jiyong 1500 9月   2 10:36 0-coot-history.scm
-rw-rw-r--  1 jiyong jiyong   52 8月   1 07:57 .agree2ccp4v6
-rw-------  1 jiyong jiyong 2504 9月  15 13:09 .bash_history
-rw-r--r--  1 jiyong jiyong  220 7月  30 18:27 .bash_logout
-rw-r--r--  1 jiyong jiyong 4051 8月  10 09:03 .bashrc
-rw-r--r--  1 jiyong jiyong 3862 8月   1 08:00 .bashrc.back_ccp4_setup
drwx------ 19 jiyong jiyong 4096 9月  14 17:39 .cache
drwxrwxr-x  6 jiyong jiyong 4096 9月  15 13:02 .CCP4
drwxrwxr-x  2 jiyong jiyong 4096 8月   9 02:27 CCP4_DATABASE
drwx------  3 jiyong jiyong 4096 7月  30 19:15 .compiz
drwx------ 20 jiyong jiyong 4096 9月  15 13:04 .config
drwxrwxr-x  2 jiyong jiyong 4096 9月   2 10:00 coot-backup
drwxrwxr-x  2 jiyong jiyong 4096 8月   6 19:16 .coot-preferences
drwxr-xr-x  2 jiyong jiyong 4096 9月  15 13:02 Desktop
-rw-r--r--  1 jiyong jiyong   25 9月  15 13:22 .dmrc
drwxr-xr-x  2 jiyong jiyong 4096 7月  31 02:39 Documents
drwxr-xr-x  2 jiyong jiyong 4096 9月   6 10:45 Downloads
drwxr-xr-x  2 root   root   4096 8月   1 08:43 .elbow
-rw-r--r--  1 jiyong jiyong 8980 7月  30 18:27 examples.desktop
```

图 3-10 ls -all 命令可以查询并显示当前文件夹中的文件的属性

如果想对当前路径下的某个文件进行查询和编辑,可以使用 sudo gedit 命令进行操作,当然 vi 程序也可以实现类似的功能,使用 vi 程序和使用 gedit 类似,也需要在 vi 前面加 sudo。本书中以 gedit 程序对文件进行操作。举一个例子,在安装晶体结构解析软件时,经常要对. bashrc 文件进行修改。. bashrc 前面的"."代表隐藏文件的意思。想查询隐藏文件,如前所述必须使用 ls -all 命令。. bashrc 文件里面的内容是对终端功能与属性的设置,修改. bashrc 文件还可以改变环境变量 PATH、别名 alias 和提示符等。

如果想要修改. bashrc 文件的内容,可以在终端输入"sudo gedit . bashrc",然后根据终端提示输入管理员密码,回车,以 gedit 程序打开. bashrc 文件,可以对其进行修改和补充设置,对. bashrc 文件修改完以后记得要点击 gedit 的"Save"按钮保存修改(图3-11)。

在终端也可以通过改变路径,进入其他文件夹。改变路径用 cd 命令。举一个例子,如果想进入桌面 Desktop,在当前路径下在终端敲入"cd Desktop",就会进入桌面 Desktop。需要强调的是,Linux 的命令是分大小写的。所以在输入 cd desktop 时就会报错,因为 Desktop 的第一个字母是大写,而不是小写。

当想退回上一级路径时,输入 cd .. 命令,就会从桌面 Desktop 退回到上一级路径 Home。请注意 cd 后边有一个空格,然后接两个"."。另外,还可以使用 cd 命令直接进入一个文件夹。在任意目录下输入另外一个完整的路径,就可以直接进入目的路径中。比如 cd home/jiyong/Pictures 就可以直接进入 Pictures 文件夹,使用 ls 命令就可以看到 Pictures 文件夹下面的图片。

最后介绍一个小技巧,那就是当不知道某个文件、某个文件夹或者某个硬盘的具体路径时,可以直接把文件、文件夹或者硬盘拉到终端里,终端会自动把其路径弹出来,这一操作非常有用,在安装软件时就可以用到。

```
# ~/.bashrc: executed by bash(1) for non-login shells.
# see /usr/share/doc/bash/examples/startup-files (in the package bash-doc)
# for examples

# If not running interactively, don't do anything
case $- in
    *i*) ;;
      *) return;;
esac

# don't put duplicate lines or lines starting with space in the history.
# See bash(1) for more options
HISTCONTROL=ignoreboth

# append to the history file, don't overwrite it
shopt -s histappend

# for setting history length see HISTSIZE and HISTFILESIZE in bash(1)
HISTSIZE=1000
HISTFILESIZE=2000

# check the window size after each command and, if necessary,
# update the values of LINES and COLUMNS.
shopt -s checkwinsize

# If set, the pattern "**" used in a pathname expansion context will
# match all files and zero or more directories and subdirectories.
#shopt -s globstar

# make less more friendly for non-text input files, see lesspipe(1)
[ -x /usr/bin/lesspipe ] && eval "$(SHELL=/bin/sh lesspipe)"

# set variable identifying the chroot you work in (used in the prompt below)
if [ -z "${debian_chroot:-}" ] && [ -r /etc/debian_chroot ]; then
    debian_chroot=$(cat /etc/debian_chroot)
fi

# set a fancy prompt (non-color, unless we know we "want" color)
case "$TERM" in
    xterm-color|*-256color) color_prompt=yes;;
esac

# uncomment for a colored prompt, if the terminal has the capability; turned
# off by default to not distract the user: the focus in a terminal window
# should be on the output of commands, not on the prompt
#force_color_prompt=yes

if [ -n "$force_color_prompt" ]; then
    if [ -x /usr/bin/tput ] && tput setaf 1 >&/dev/null; then
        # We have color support; assume it's compliant with Ecma-48
        # (ISO/IEC-6429). (Lack of such support is extremely rare, and such
        # a case would tend to support setf rather than setaf.)
        color_prompt=yes
    else
        color_prompt=
    fi
fi

if [ "$color_prompt" = yes ]; then
```

图 3-11　使用 gedit 程序打开 .bashrc 文件

第二节　蛋白质晶体结构解析软件安装

　　晶体结构解析软件有许多种。在解析蛋白质晶体结构时，这些软件几乎都用得到。有部分软件可以安装在 Windows 和 Macintosh 里面，但是建议大家把这些软件安装在 Linux 系统里面。由于 Linux 建立在 GNU 协议框架下，所以运行在 Linux 系统里面的软件都是开源的。本书使用的软件都是开源的，都可以顺利地安装在 Ubuntu 系统里面。而其中有些软件不支持 Windows 系统，或者安装在 Windows 里面的版本是收费的。

　　前面已经介绍了 Ubuntu 的安装和一些与软件安装相关的简单的命令。这里将介绍与晶体结构解析相关的软件的安装。最主要的晶体结构解析软件包括 CCP4 套件、Phenix 套件、XDS、Adxv 和 PyMOL，使用这几款软件，基本上可以把大部分晶体结构解析出来。另外，HKL2000 是一款很好用的软件，但是这款软件有使用时间限制，官方只允许该软件在同一台电脑上使用一定的时间。在上海光源线站的计算机上有同一公司的 HKL3000 可供使用。

另外，需要强调的是以上软件对学术用户（包括高校、政府、科研院所）免费。企业用户需要购买软件的使用权限，违规使用需承担相应的法律责任。

一、CCP4 套件的安装

CCP4 起源于英国，是 Collaborative Computational Project Number 4 项目的简写。目前的 CCP4 的版本已经发展到 7。CCP4 包含有一系列好用的晶体结构解析软件，例如：Mosflm、SCALA、Phaser、Refmac5 等。后面章节会介绍如何使用这些软件。CCP4i 是 CCP4 的图形用户界面，该界面方便用户进行操作，就不需使用终端对软件进行操作了。当然，有些操作也需要利用终端使用 CCP4 里面的软件。CCP4 的官网是 https://www.ccp4.ac.uk（图 3-12）。官网上有许多资源和教程，可以自由浏览查阅。

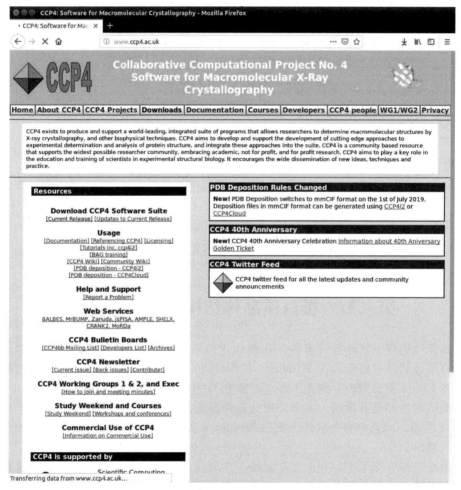

图 3-12 CCP4 的官方主页

CCP4 安装软件的下载地址是 http://www.ccp4.ac.uk/download/index.php
（图 3-13）。可以下载在线安装软件 Package Manager，也可以下载二进制源代码进行
编译安装。两种方式都可以安装 CCP4。这里介绍在线安装的方式，这种方式较为简
单，设置的内容较少。请选择对应操作系统 Ubuntu 16.04 LTS 的版本 Package Manager（64 bit）。下载 ccp4-7.0-setup-linux64 文件，该文件的大小在 6 MB 左右。默认
下载路径在 Home 里面的 Downloads 文件夹里。除了 Linux 版本以外，CCP4 还可以
在 Windows 和 Macintosh 系统里运行。

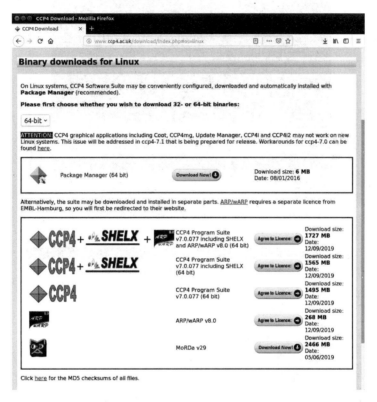

图 3-13　CCP4 的下载页面

在 Ubuntu 里面自带有 bash shell，没有 tcsh shell。CCP4 的安装需要 tcsh，所以
在运行 Package Manager（64 bit）之前需要安装 tcsh。可以在 https://pkgs.org/
download/tcsh（图 3-14）找到对应 Ubuntu 16.04 LTS 的 tcsh 安装文件 tcsh_6.18.
01-5_amd64.deb。下载 tcsh_6.18.01-5_amd64.deb，然后直接运行该文件。Ubuntu
直接运行 deb 类型的安装文件时，双击运行可能需要管理员密码，输入密码后直接安
装 tcsh，安装完毕后，才可以安装 CCP4。

安装 tcsh 完毕后，双击 ccp4-7.0-setup-linux64 文件，就会运行 CCP4 的在线安装
程序，稍等一会，直接点击"Next"（图 3-15）。

如果硬盘容量够大，请勾选下载所有六个选项；如果硬盘空间有限，可以勾选下载
默认的三个选项（图 3-16）。

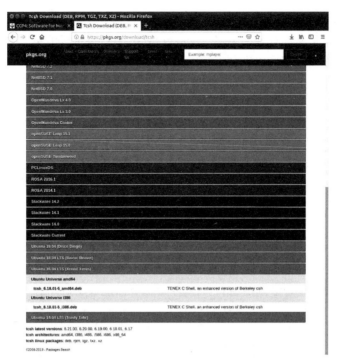

图 3-14　适用于 Ubuntu 的 tcsh shell 的下载页面

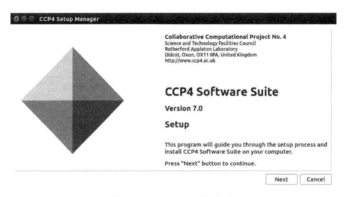

图 3-15　CCP4 安装界面

图 3-16　CCP4 安装选项

以下图 3-17 和 3-18 的界面都需要点击"I agree"的选项进行确认,否则安装难以进行下去。

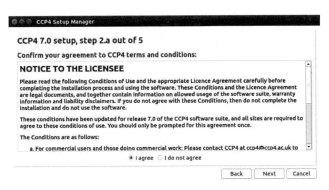

图 3-17　CCP4 安装选项

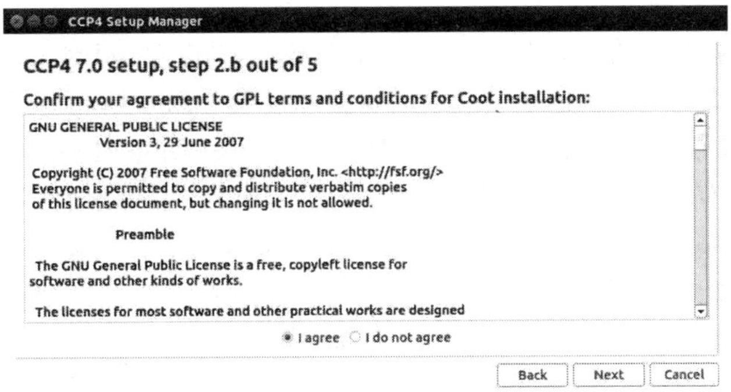

图 3-18　CCP4 安装选项

图 3-19 显示的这个对话框中,需要把用户的姓名、邮箱及许可证类型填好,还需要点击"I agree",并点击"Next"进行下一步。

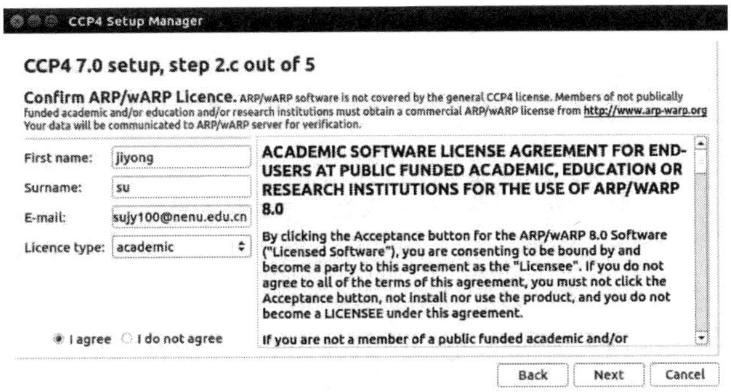

图 3-19　CCP4 安装选项

图 3-20 显示的界面依然点击"I agree"。

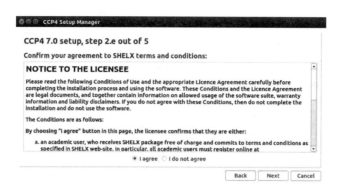

图 3-20　CCP4 安装选项

　　到这一步,需要选择安装 CCP4 软件的位置。由于笔者计算机的 F 盘够大,所以把软件安装路径和存放临时文件路径都放在了 F 盘。用户可以自由选择 CCP4 的安装位置,安装在习惯的位置就好。

　　需要强调的一点是,该对话框中需要勾选"modify global environment(shell starts scripts)"(图 3-21)。这个功能可以直接在安装 CCP4 期间对. bashrc 文件进行修改,利于 CCP4 快速启动。. bashrc 文件是一个隐藏文件,在 Home 文件夹下,右键点击 Home 文件夹任何一个空白地方,然后选择"Open in Terminal",打开一个终端,这个终端的默认路径就是 Home 文件夹,然后使用 ls -all 可以看到. bashrc 文件。另外还有一种方法可以看到. bashrc 文件。当打开 Home 文件夹后,使用 Ctrl＋H 的组合键,也可以显示隐藏文件。

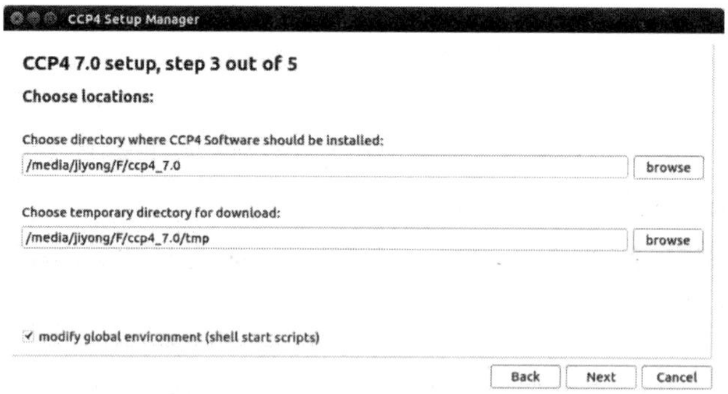

图 3-21　允许 CCP4 安装程序修改全局环境

　　图 3-21 中,F 盘的具体路径是/media/jiyong/F,这和 Windows 不一样,在两个框里要填入文件夹的具体路径。如果不知道具体路径,可以直接把文件夹拉进一个终端里面,终端会自动弹出文件夹的路径。例如,要想获得放在桌面上的 CCP4 文件夹的路径,可以直接用鼠标左键点住 CCP4 文件夹,然后拉到终端里面(图 3-22),终端就会弹出'/home/jiyong/Desktop/CCP4'的具体路径(图 3-23)。

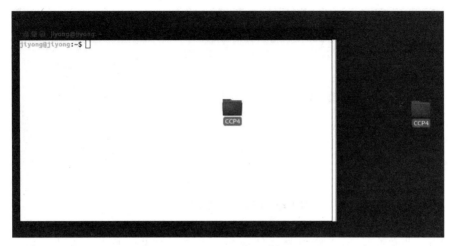

图 3-22

图 3-22　使用终端显示安装路径的方法

图 3-23　终端显示 CCP4 文件夹的具体路径

　　确认了安装路径以后，直接点击"Next"，就会进入下载页面。这需要大概几个小时的时间（图 3-24）。等下载完以后，就可以安装 CCP4 以及图形用户界面 CCP4i。

图 3-24　CCP4 安装进程显示

　　待软件安装完毕以后，最好进行系统重启。重启之后，任意打开一个终端，在终端输入 ccp4i，CCP4i 程序就会运行，出现如图 3-25 所示界面，这证明 CCP4 安装成功了。

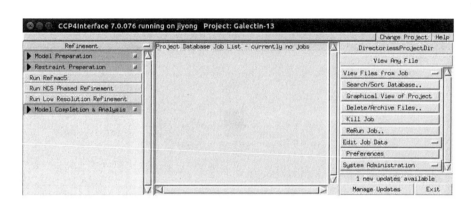

图 3-25　CCP4i 的初始启动界面

　　CCP4 非常重要,对于解析晶体结构是必需的。如果按照以上方法不能成功安装,还可以使用安装文件来安装。首先在 CCP4 官方网站下载对应于 Linux 版本的 CCP4 安装文件,在这里我们下载 64 位的版本(图 3-26)。下载之前,需要通过一系列的许可,都选择同意并且确认。

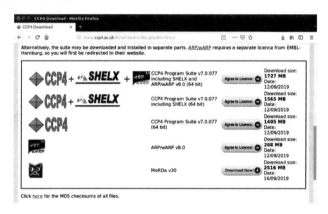

图 3-26　下载 CCP4 安装文件的网页

　　文件可以下载到任何位置。这里我们使用了一个旧一点的版本进行安装,版本号是 6.5(图 3-27)。

图 3-27　CCP4 的安装文件

把下载的文件解压缩，然后进入文件夹，找到 README 文件，并打开。README 文件提示先运行"BINARY.setup"，然后会提示需要确认许可（图 3-28）。

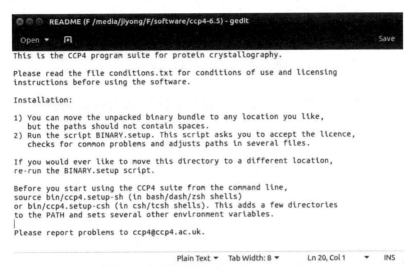

图 3-28　README 文件提示的安装内容

回到文件夹找到 BINARY.setup 文件（图 3-29）。

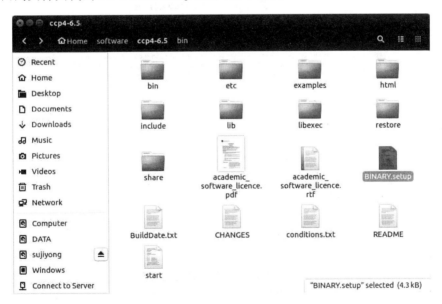

图 3-29　BINARY.setup 文件的位置

右键点击文件夹空白的地方，选择"Open in Terminal"运行终端，在终端里输入"./BINARY.setup"并回车（图 3-30）。这时出现提示需要确认许可，输入"y"，并回车（图 3-31），完成安装（图 3-32）。

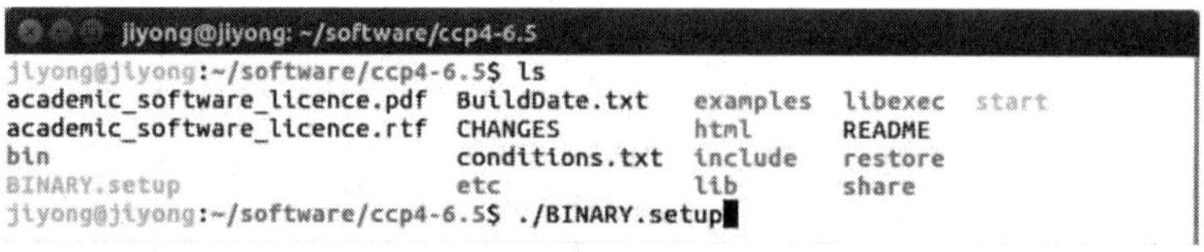

图 3-30 运行 BINARY.setup

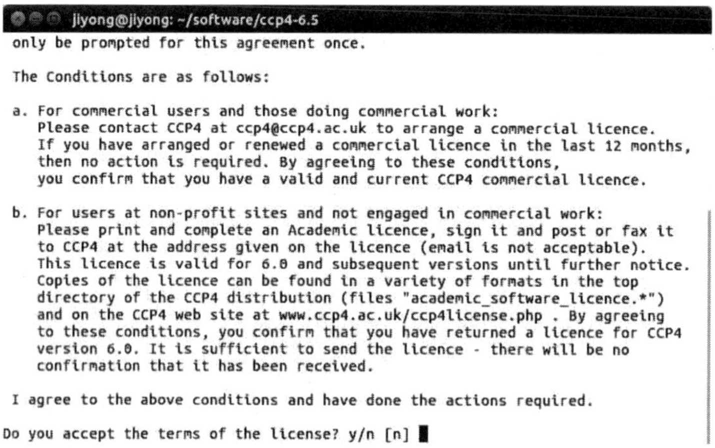

图 3-31 运行 BINARY.setup 的进程

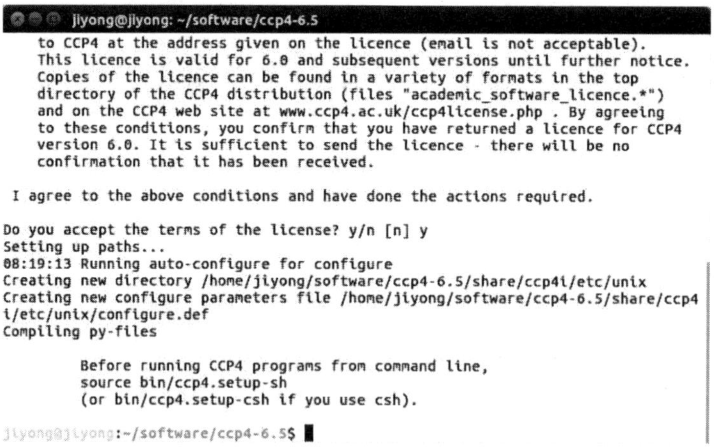

图 3-32 CCP4 安装完成

    终端里提示如何在.bashrc 文件里设置路径,并使 CCP4i 运行生效。这时可以使用两个文件,一个是 ccp4.setup-sh,一个是 ccp4.setup-csh,它们可以在 bin 文件夹里找到(图 3-33)。我们使用 ccp4.setup-sh 文件。

    回到 Home 主文件夹,使用 Ctrl+H 组合键显示所有隐藏文件,找到.bashrc 文件并双击,使用 gedit 软件打开该文件(图 3-34)。

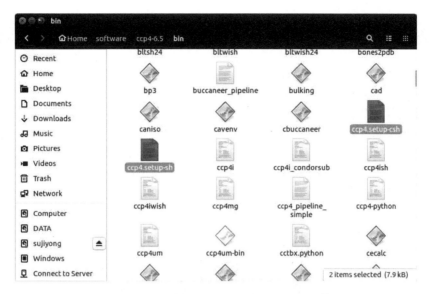

图 3-33　ccp4.setup-sh 和 ccp4.setup-csh 文件

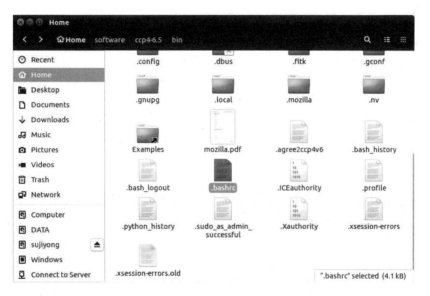

图 3-34　.bashrc 文件

在.bashrc 文件的末端，把 ccp4.setup-sh 的保存路径设置好，命令行为"source/home/jiyong/software/ccp4-6.5/bin/ccp4.setup-sh"，如图 3-35。点击保存并退出。

完成这一步，设置就完成了。在任意终端里面，输入"ccp4i"回车，CCP4i 就会运行（图 3-36）。

```
.bashrc (~/) - gedit
Open ▼  🖺                                                                                Save

*)
    ;;
esac

# enable color support of ls and also add handy aliases
if [ -x /usr/bin/dircolors ]; then
    test -r ~/.dircolors && eval "$(dircolors -b ~/.dircolors)" || eval "$(dircolors -b)"
    alias ls='ls --color=auto'
    #alias dir='dir --color=auto'
    #alias vdir='vdir --color=auto'

    alias grep='grep --color=auto'
    alias fgrep='fgrep --color=auto'
    alias egrep='egrep --color=auto'
fi

# colored GCC warnings and errors
#export GCC_COLORS='error=01;31:warning=01;35:note=01;36:caret=01;32:locus=01:quote=01'

# some more ls aliases
alias ll='ls -alF'
alias la='ls -A'
alias l='ls -CF'

# Add an "alert" alias for long running commands.  Use like so:
#   sleep 10; alert
alias alert='notify-send --urgency=low -i "$([ $? = 0 ] && echo terminal || echo error)" "$(history|tail -n1|sed -e
'\''s/^\s*[0-9]\+\s*//;s/[;&|]\s*alert$//'\''')"'

# Alias definitions.
# You may want to put all your additions into a separate file like
# ~/.bash_aliases, instead of adding them here directly.
# See /usr/share/doc/bash-doc/examples in the bash-doc package.

if [ -f ~/.bash_aliases ]; then
    . ~/.bash_aliases
fi

# enable programmable completion features (you don't need to enable
# this, if it's already enabled in /etc/bash.bashrc and /etc/profile
# sources /etc/bash.bashrc).
if ! shopt -oq posix; then
  if [ -f /usr/share/bash-completion/bash_completion ]; then
    . /usr/share/bash-completion/bash_completion
  elif [ -f /etc/bash_completion ]; then
    . /etc/bash_completion
  fi
fi

source /home/jiyong/software/ccp4-6.5/bin/ccp4.setup-sh

                                            sh ▼  Tab Width: 8 ▼     Ln 120, Col 1    ▼    INS
```

图 3-35　使用 gedit 软件打开 .bashrc 文件,并在文件末端加入命令行

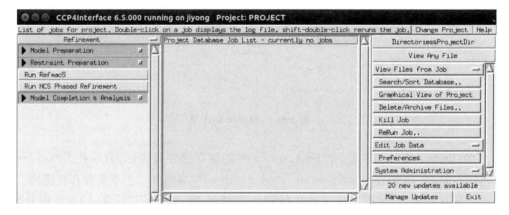

图 3-36　CCP4i 的初始运行界面

二、Phenix 套件的安装

Phenix 和 CCP4 类似,是一个含有多个软件程序的套件。Phenix 套件的主要开发者是 Paul Adams。Phenix 里面有 AutoSol、AutoBuild、phenix. refine、eLBOW 等好用的程序。在晶体结构解析后期,需要大量使用 Phenix 里面的程序。所以,Phenix 是一个和 CCP4 一样重要的套件。Phenix 有一个方便的 GUI,用户使用起来非常简单。这里仅介绍如何对 Phenix 进行安装,后面章节会介绍如何使用 Phenix。

Phenix 的官方网址是 http://www. phenix-online. org(图 3-37),页面里有丰富的信息,读者可自由浏览。Phenix 的最新版本是 1. 16,建议用户升级到最新版本。Phenix 的升级都是与 protein data bank(PDB)对晶体结构的要求相对应,如果使用旧

图 3-37 Phenix 主页

版的 Phenix 解析晶体结构,虽然能够把蛋白质晶体结构解析出来,但是可能在向 PDB 提交晶体结构时会出现一些问题。比如,C—C 之间共价键的长度约为 1.5 Å,旧版的 Phenix 里的 refine 程序有时会对共价键的优化有疏漏,造成共价键太长或者太短。当把蛋白质晶体结构提交到 PDB 时,PDB 的编辑会发现这样的错误,要求用户重新优化晶体结构的共价键,这就造成了提交结构的延迟,也可能造成文章发表的延迟。Phenix 每次升级都会解决一些这样的问题,使用户向 PDB 提交晶体结构时更加的顺畅。总之,用户十分有必要将 Phenix 升级到最新版。

　　Phenix 官网的主页面最右边有"Download Phenix",点击后进入下一个页面(图 3-38)。

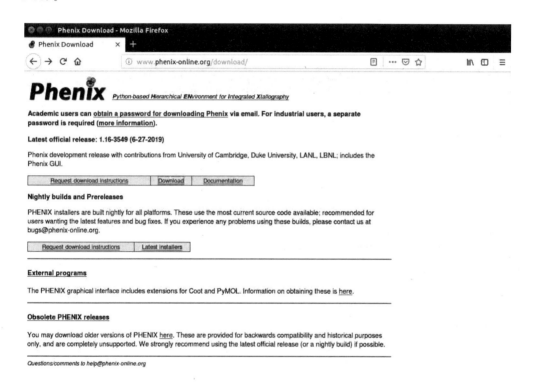

图 3-38　Phenix 的下载页面

　　读者需要注册获得密码,请点击"obtain a password for downloading Phenix",点击以后会出现如图 3-39 所示页面。

　　在这里要强调的是,学术用户是免费使用的,根据注册要求,请提供 E-mail 地址、姓名等信息,并在下方的两个选项上打钩。过几分钟,邮箱就会收到一封来自 Phenix 的邮件,里面有下载的账户和密码信息。当收到账号和密码以后,点击刚才页面上的 Download,并在弹出窗口中输入账号和密码,就会进入图 3-40 所示页面。

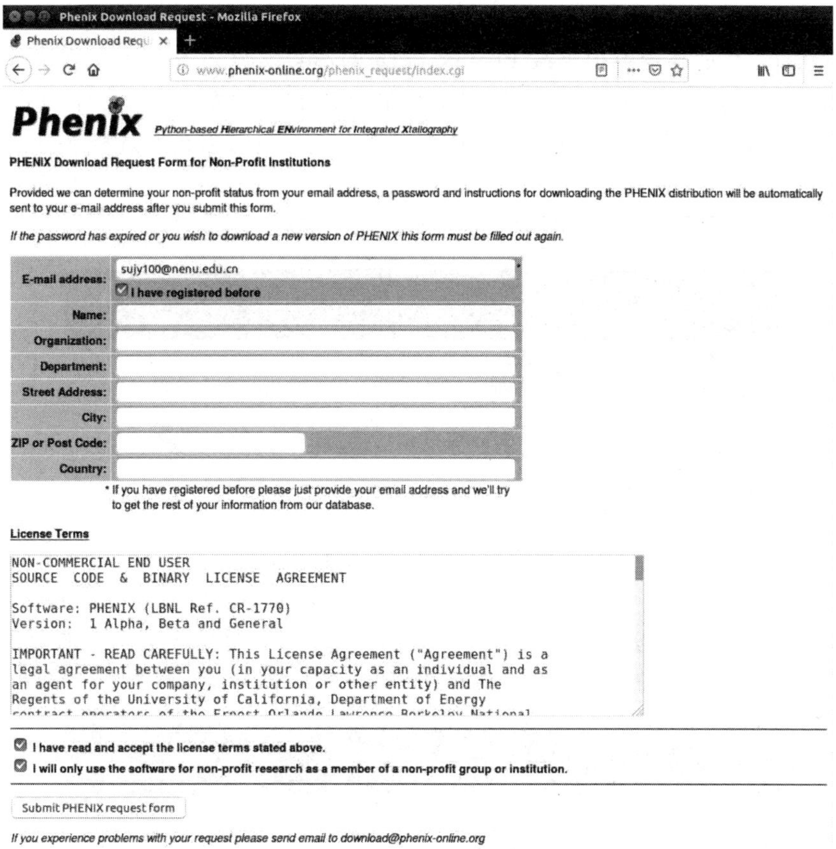

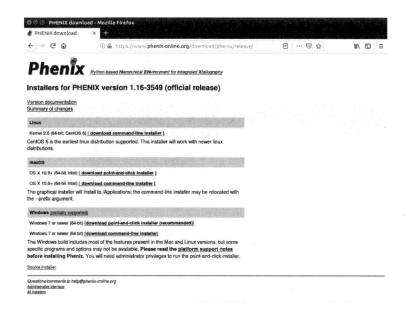

图 3-39 Phenix 用户注册页面

图 3-40 Phenix 下载页面

进入该页面以后，直接点击对应于 Linux 版本的下载链接"download command-line installer"，页面就会弹出下载 Phenix 1.16 的信息。该版本的大小在 1.4 GB 左右，请读者提前准备好硬盘空间，下载时间可能要几个小时或者过夜。下载页面中还有对应于 Macintosh 和 Windows 版本的 Phenix。读者也可以自由选择下载。由于这里介绍的是在 Ubuntu 系统里安装 Phenix，所以需要下载 Linux 版本。下载完成后会获得一个后缀名为 tar.gz 的压缩文件（图 3-41）。

图 3-41　Phenix 安装文件

右键点击该文件，选择"extract here"，也就是解压缩到当前文件夹的意思，即可获得一个含有 Phenix 安装文件的文件夹（图 3-42）。

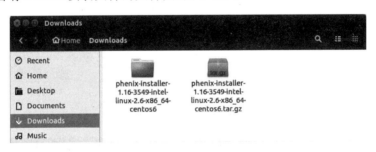

图 3-42　解压缩 Phenix 安装文件

鼠标左键双击进入该文件夹，看到图 3-43 所示文件。

图 3-43　解压缩后的 Phenix 安装文件

双击打开 README 文件,文件中介绍了如何在指定路径下安装 Phenix 的方法(图 3-44)。

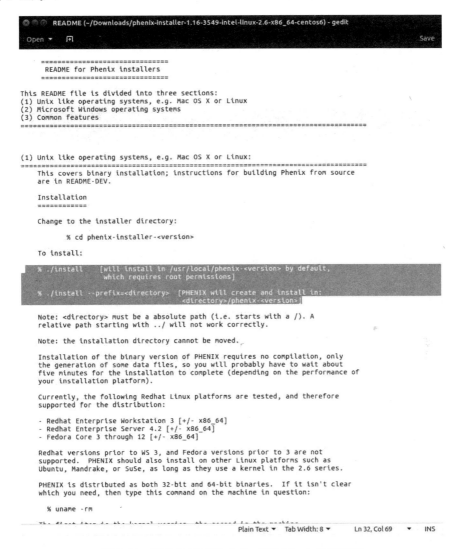

图 3-44　打开 README 文件,阅读 Phenix 安装方法

刚才打开的文件夹里有一个绿色的 install 文件,它其实是一个可执行文件。右键点击该文件夹任何一个空白地方,然后选择"Open in Terminal"。在终端直接执行"./install",". /"是执行程序命令的意思。这时就会把 Phenix 安装在"usr/local/phe-nix-<version>"下面。

Phenix 还可以不安装在默认的文件夹下,而是安装在任何地方。如,执行"./install-prefix=/media/jiyong/F/phenix_1.6"(图 3-45),回车,Phenix 就被安装在笔者电脑 F 盘的 phenix_1.6 文件夹下。安装可能会需要一段时间,终端会显示安装进程。

　　到这里安装就完成了。最后一步需要在 bash 里面配置 Phenix 的启动。首先打开 Home 文件夹,然后使用组合键 Ctrl+H,就会看到隐藏文件.bashrc(图 3-46)。

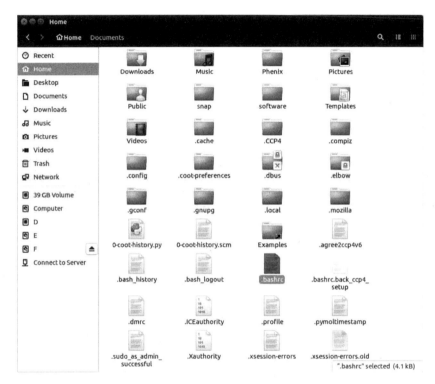

图 3-45　Phenix 安装在/media/jiyong/F/phenix_1.6 文件夹中

图 3-46　显示.bashrc 文件

　　双击打开.bashrc 文件,gedit 程序会自动加载里面的内容。在该文件的最后一行加入一段语句显示 source 路径,由于刚才笔者把 Phenix 安装在了 F 盘的 phenix_1.6 文件里面,所以 source 的路径是"source /media/jiyong/F/phenix_1.6/phenix-1.16-3549/phenix_env.sh";如果 Phenix 安装在了别的位置,那么 source 路径就需要更改(图3-47)。该内容加入.bashrc 文件以后,每次启动终端时,Phenix 的启动配置就会被自动设置好,可以在任何终端里启动 Phenix。退出 gedit 程序时,记得点击"Save"保存再退出。这时 Phenix 就安装完成了,需要重新启动计算机。

　　重启后,打开一个终端。在终端输入 phenix,回车,启动 Phenix。第一次启动时,需要先设置一个任务信息(图 3-48)。在"Project ID"里可以填入蛋白的名字。在"Project directory"填入保存该项目的路径,在解析该蛋白质晶体结构时,产生的数据都会保存在该路径下。在"Sequence file"一栏可以填入该蛋白质的氨基酸序列信息。氨基酸序列信息必须是 seq,fasta,qir 等格式。

图 3-47　在 . bashrc 文件的最后加入 source /media/jiyong/F/phenix_1. 6/phenix-1. 16-3549/phenix_env. sh 语句，完成 Phenix 安装设置

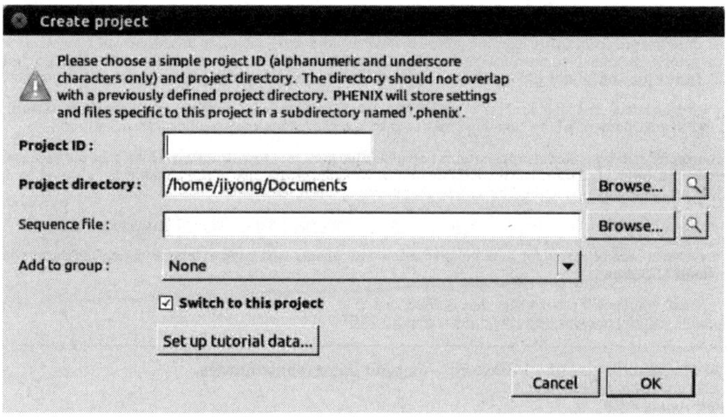

图 3-48　Phenix 第一次运行时的项目信息的设置

当完成项目设置以后,就可以正常启动 Phenix,进入如图 3-49 所示界面。

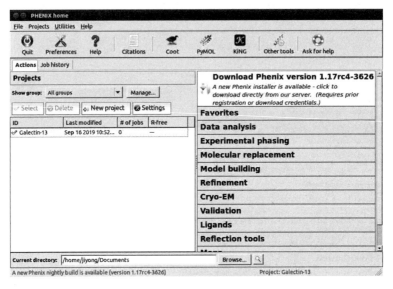

图 3-49　Phenix 的运行界面

三、XDS 软件的安装

XDS 是一款由 Wolfgang Kabsch 博士编写的软件。该软件占内存小、功能全面,能够处理多种类型数据,支持 CBF、OSC 等图片格式。XDS 只能在 Linux 或者 Macintosh 系统内运行。XDS 的安装十分简单。其官方网站如图 3-50。

XDS Program Package

Version: Mar 15, 2019　Release_Notes

X-ray **D**etector **S**oftware for processing single-crystal monochromatic diffraction data recorded by the rotation method. For a description of the package, including references, visit **xds_doc**. Additional information can be found in ˋ **XDSwiki**.

XDS can process data images from CCD-, imaging-plate-, multiwire-, and pixel-detectors in a variety of formats as well as from multi-segment detectors assembled from several rectangular components in arbitrary arrangement (see **Supported detectors**). Detector specific **Input file templates** greatly simplify the use of XDS; they are provided as part of the documentation.

XDS runs under Unix or Linux on a single server or automatically splits its task for concurrent execution by several remote hosts in a networked (NFS) environment where each host may comprise a shared memory multiprocessor system.

XDS is free of charge for non-commercial applications and available here for **downloading**. Note, that the executables of the package will **expire on Mar 31, 2020.** The availability of new versions or updates of the package is indicated by date changes in the last line of this url (page last updated:). This can be monitored by using 'urlwatch'.

For industrial usage of XDS a license is required (e-mail enquiry : Wolfgang.Kabsch@mpimf-heidelberg.mpg.de).

XDS-Viewer is an open source program for looking at rotation data images and control images generated during data processing by XDS (ˋ **download** XDS-Viewer).

XDSGUI is a graphical interface for using XDS that is documented at, and is linked to ˋ http://strucbio.biologie.uni-konstanz.de/xdswiki/index.php/XDSGUI .

© 2005-2019, MPI for Medical Research, Heidelberg　**Imprint Datenschutzhinweis**.
Wolfgang.Kabsch@mpimf-heidelberg.mpg.de
page last updated: Aug 6, 2019

图 3-50　XDS 的官方网页

如果想下载 XDS，可以直接点击"downloading"，会出现图 3-51 所示页面。点击"XDS-INTEL64_Linux_x86_64. tar. gz"进行下载。该文件可以安装在 Linux 系统中。另外，官方网站还提供 Macintosh 版本的 XDS。如果读者有兴趣可以点击"XDS-OSX_64. tar. gz"下载。

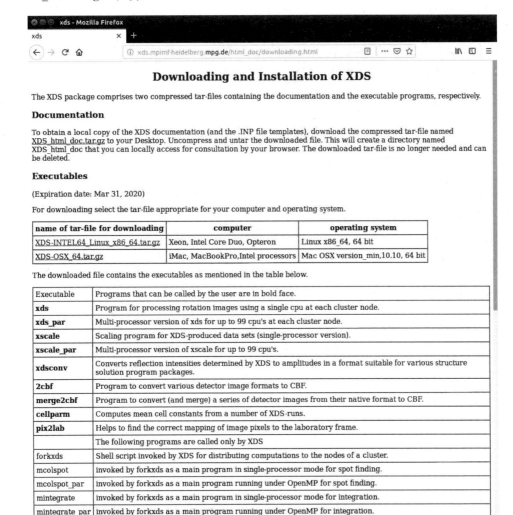

图 3-51　XDS 的下载页面

XDS 的网站提供了很多 INP 文件，也就是 XDS 运行的脚本文件，见图 3-52。上海光源使用的是 Pilatus 6M 系列 X 射线探测器，所以需要下载相应的 INP 文件，后边章节会介绍如何修改该文件，作为 XDS 的运行脚本。除了支持 Pilatus 6M 以外，XDS 还支持 Rigaku、Bruker 等机型。

XDS 对于学术用户来说依然是免费的，可能会对企业用户收取一些费用。XDS 每一次安装后都有一定的使用期限，当发现过期不能用了以后，可以重新从官方网站下载最新版的 XDS，解压缩把旧版的运行程序覆盖就可以了。

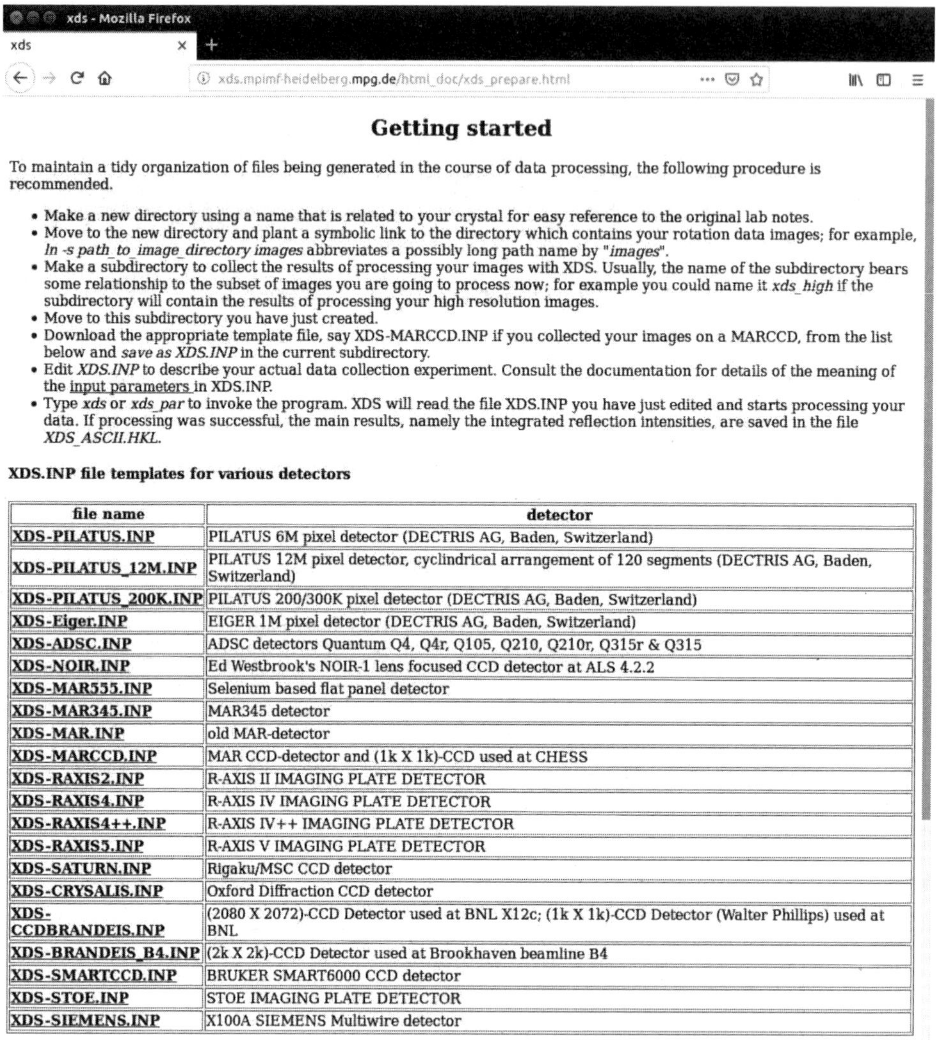

Getting started

To maintain a tidy organization of files being generated in the course of data processing, the following procedure is recommended.

- Make a new directory using a name that is related to your crystal for easy reference to the original lab notes.
- Move to the new directory and plant a symbolic link to the directory which contains your rotation data images; for example, *ln -s path_to_image_directory images* abbreviates a possibly long path name by "*images*".
- Make a subdirectory to collect the results of processing your images with XDS. Usually, the name of the subdirectory bears some relationship to the subset of images you are going to process now; for example you could name it *xds_high* if the subdirectory will contain the results of processing your high resolution images.
- Move to this subdirectory you have just created.
- Download the appropriate template file, say XDS-MARCCD.INP if you collected your images on a MARCCD, from the list below and *save as XDS.INP* in the current subdirectory.
- Edit *XDS.INP* to describe your actual data collection experiment. Consult the documentation for details of the meaning of the input parameters in XDS.INP.
- Type *xds* or *xds_par* to invoke the program. XDS will read the file XDS.INP you have just edited and starts processing your data. If processing was successful, the main results, namely the integrated reflection intensities, are saved in the file *XDS_ASCII.HKL*.

XDS.INP file templates for various detectors

file name	detector
XDS-PILATUS.INP	PILATUS 6M pixel detector (DECTRIS AG, Baden, Switzerland)
XDS-PILATUS_12M.INP	PILATUS 12M pixel detector, cyclindrical arrangement of 120 segments (DECTRIS AG, Baden, Switzerland)
XDS-PILATUS_200K.INP	PILATUS 200/300K pixel detector (DECTRIS AG, Baden, Switzerland)
XDS-Eiger.INP	EIGER 1M pixel detector (DECTRIS AG, Baden, Switzerland)
XDS-ADSC.INP	ADSC detectors Quantum Q4, Q4r, Q105, Q210, Q210r, Q315r & Q315
XDS-NOIR.INP	Ed Westbrook's NOIR-1 lens focused CCD detector at ALS 4.2.2
XDS-MAR555.INP	Selenium based flat panel detector
XDS-MAR345.INP	MAR345 detector
XDS-MAR.INP	old MAR-detector
XDS-MARCCD.INP	MAR CCD-detector and (1k X 1k)-CCD used at CHESS
XDS-RAXIS2.INP	R-AXIS II IMAGING PLATE DETECTOR
XDS-RAXIS4.INP	R-AXIS IV IMAGING PLATE DETECTOR
XDS-RAXIS4++.INP	R-AXIS IV++ IMAGING PLATE DETECTOR
XDS-RAXIS5.INP	R-AXIS V IMAGING PLATE DETECTOR
XDS-SATURN.INP	Rigaku/MSC CCD detector
XDS-CRYSALIS.INP	Oxford Diffraction CCD detector
XDS-CCDBRANDEIS.INP	(2080 X 2072)-CCD Detector used at BNL X12c; (1k X 1k)-CCD Detector (Walter Phillips) used at BNL
XDS-BRANDEIS_B4.INP	(2k X 2k)-CCD Detector used at Brookhaven beamline B4
XDS-SMARTCCD.INP	BRUKER SMART6000 CCD detector
XDS-STOE.INP	STOE IMAGING PLATE DETECTOR
XDS-SIEMENS.INP	X100A SIEMENS Multiwire detector

图 3-52　XDS 支持的探测器型号及其运行脚本文件

XDS 压缩包下载以后，直接解压缩，获得一个含有 XDS 所有运行程序的文件夹 XDS_INTEL64_Linux_x86_64(图 3-53)。这个文件夹的名字也包含了一些必要的信息。这个名字提示 XDS 只能运行在 64 位 Linux 系统里面，不支持 32 位系统。虽然名字含有“INTEL”，但是该程序也可以运行在装有 AMD CPU 的计算机系统里，不过这里推荐使用装有 Intel CPU 的计算机运行 XDS。可以把 XDS_INTEL64_Linux_x86_64 文件夹放到任何地方。比如把它在直接放在 Home 文件夹里。

打开 XDS_INTEL64_Linux_x86_64 文件夹，就可以看到该文件夹里有许多可执行程序。比如 XDS、xscale 等(图 3-54)。

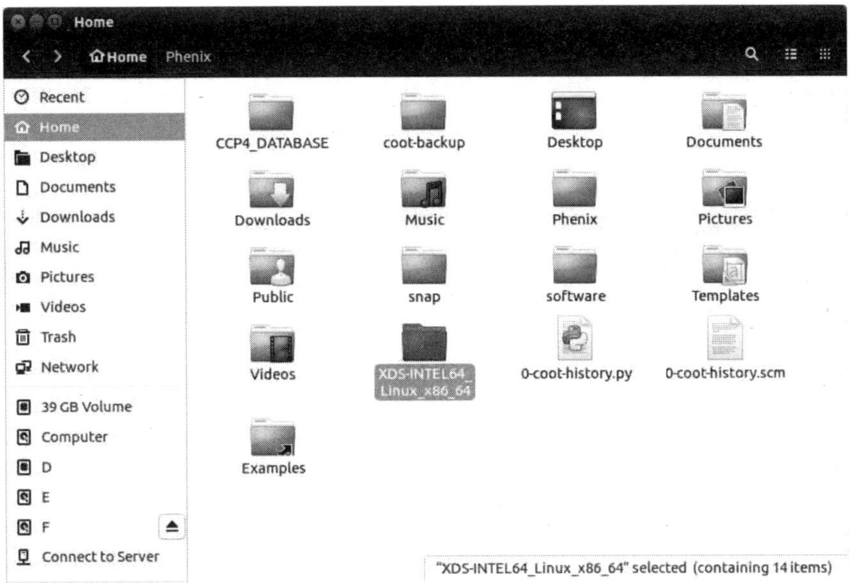

图 3-53　获得 XDS 安装文件

图 3-54　XDS 文件夹的所有可运行程序

　　获得 XDS_INTEL64_Linux_x86_64 文件夹后，还需要配置 XDS 的启动路径。根据官方网站的提示，需要对. bashrc 文件进行补充修改。首先要找到. bashrc 文件。切换到 Home 文件夹，然后使用组合键 Ctrl＋H 显示隐藏文件，这时. bashrc 文件就显现出来了，双击打开它。把

export PATH＝/home/jiyong/XDS-INTEL64_Linux_x86_64：$ PATH

export KMP_STACKSIZE＝8m

两个语句放到. bashrc 文件的最后，然后点"Save"保存退出（图 3-55）。

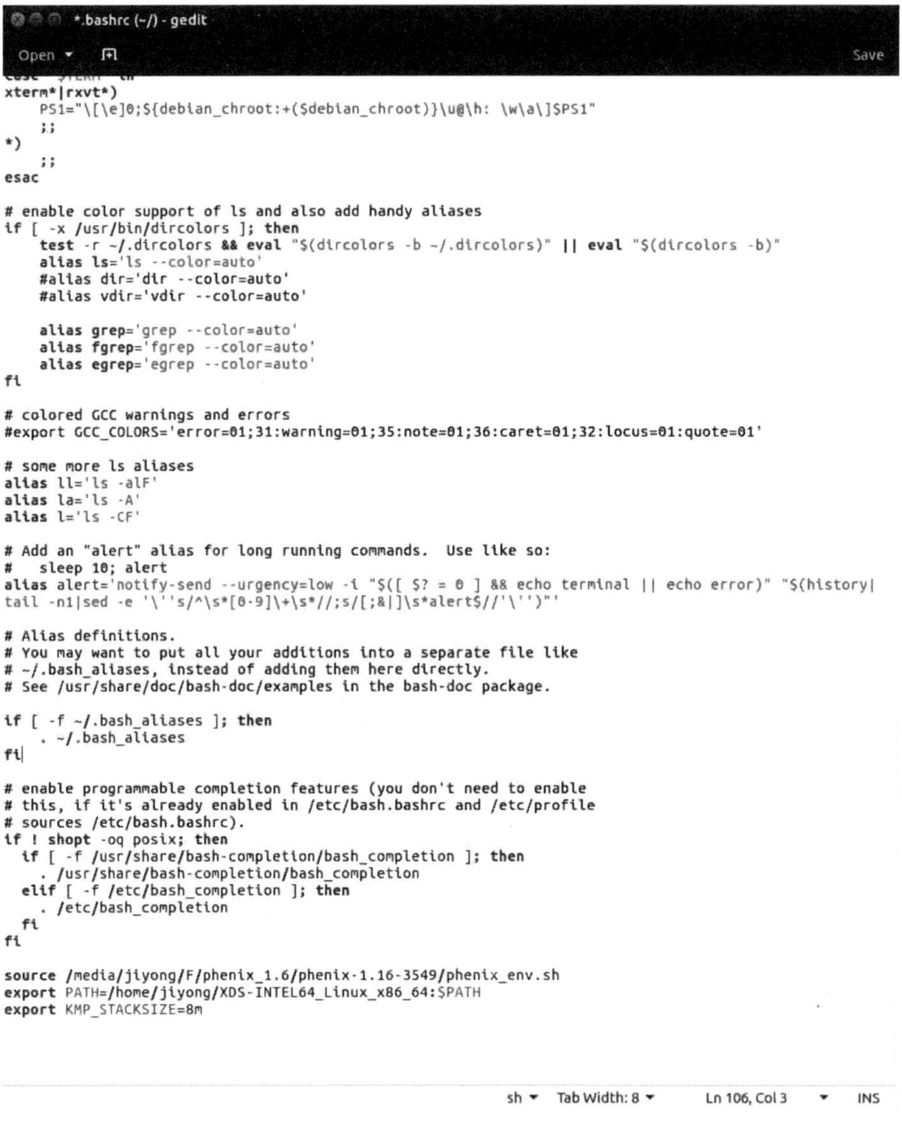

```
⊘ ⊝ ⊗  *.bashrc (~/) - gedit
Open  ▾   ⊞                                                                    Save

xterm*|rxvt*)
    PS1="\[\e]0;${debian_chroot:+($debian_chroot)}\u@\h: \w\a\]$PS1"
    ;;
*)
    ;;
esac

# enable color support of ls and also add handy aliases
if [ -x /usr/bin/dircolors ]; then
    test -r ~/.dircolors && eval "$(dircolors -b ~/.dircolors)" || eval "$(dircolors -b)"
    alias ls='ls --color=auto'
    #alias dir='dir --color=auto'
    #alias vdir='vdir --color=auto'

    alias grep='grep --color=auto'
    alias fgrep='fgrep --color=auto'
    alias egrep='egrep --color=auto'
fi

# colored GCC warnings and errors
#export GCC_COLORS='error=01;31:warning=01;35:note=01;36:caret=01;32:locus=01:quote=01'

# some more ls aliases
alias ll='ls -alF'
alias la='ls -A'
alias l='ls -CF'

# Add an "alert" alias for long running commands.  Use like so:
#   sleep 10; alert
alias alert='notify-send --urgency=low -i "$([ $? = 0 ] && echo terminal || echo error)" "$(history|
tail -n1|sed -e '\''s/^\s*[0-9]\+\s*//;s/[;&|]\s*alert$//'\''')"'

# Alias definitions.
# You may want to put all your additions into a separate file like
# ~/.bash_aliases, instead of adding them here directly.
# See /usr/share/doc/bash-doc/examples in the bash-doc package.

if [ -f ~/.bash_aliases ]; then
    . ~/.bash_aliases
fi

# enable programmable completion features (you don't need to enable
# this, if it's already enabled in /etc/bash.bashrc and /etc/profile
# sources /etc/bash.bashrc).
if ! shopt -oq posix; then
  if [ -f /usr/share/bash-completion/bash_completion ]; then
    . /usr/share/bash-completion/bash_completion
  elif [ -f /etc/bash_completion ]; then
    . /etc/bash_completion
  fi
fi

source /media/jiyong/F/phenix_1.6/phenix-1.16-3549/phenix_env.sh
export PATH=/home/jiyong/XDS-INTEL64_Linux_x86_64:$PATH
export KMP_STACKSIZE=8m

                                    sh ▾   Tab Width: 8 ▾      Ln 106, Col 3      ▾    INS
```

图 3-55　在 . bashrc 文件中完成对 XDS 的设置

到这里 XDS 就安装完成了。重启系统后,打开任意一个终端,输入"XDS"或者"XDS_par",如果出现如图 3-56 的提示就证明安装成功。"XDS"指的是 XDS 运行在

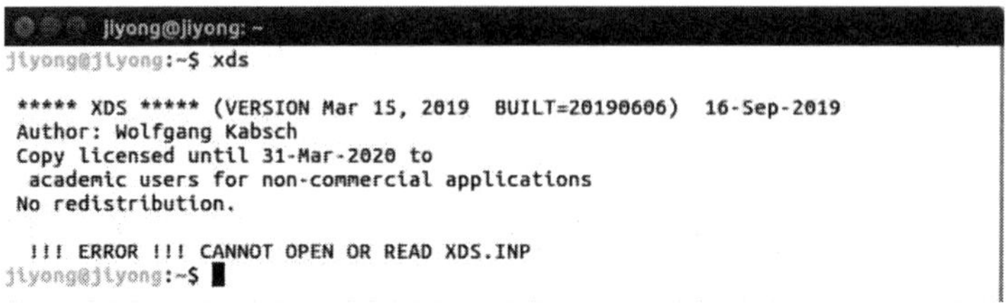

```
⊘ ⊝ ⊗  jiyong@jiyong: ~
jiyong@jiyong:~$ xds

***** XDS ***** (VERSION Mar 15, 2019  BUILT=20190606)  16-Sep-2019
Author: Wolfgang Kabsch
Copy licensed until 31-Mar-2020 to
 academic users for non-commercial applications
No redistribution.

  !!! ERROR !!! CANNOT OPEN OR READ XDS.INP
jiyong@jiyong:~$ ▮
```

图 3-56　XDS 初次运行

CPU的一个单核心上面；“XDS_par”支持 CPU 里的多核心运行 XDS 程序，这提高了速度，节省了时间。图 3-56 中出现的 ERROR 报错是因为没有数据可以处理，在这里可以先不用理会。

四、HKL2000 的安装

HKL2000 是 HKL Research 公司的产品。和 XDS 一样，HKL2000 支持世界上大多数同步辐射光源的线站里的 X 射线探测器。HKL2000 是一个能非常高效、快速地进行 index 的软件，在很多情况下使用该软件做 index 比 XDS 和 iMosflm 都准确。对于一些不好的衍射数据，笔者在使用 XDS 和 iMosflm 进行 index 和 integrate 失败以后，往往可以使用 HKL2000 成功处理。

学术用户、政府用户和非营利机构都可以免费使用 HKL2000。获得和安装 HKL2000 的方法，请按照官方说明来做。HKL 目前有 Macintosh 和 Linux 版本，不过建议把 HKL2000 安装在 Linux 系统里面，本书使用的是 Ubuntu Linux 系统。

首次安装 HKL2000 需要 HKL2000 的主程序、许可文件(cr_info 文件)和线站文件(def. site 文件)。HKL2000 和许可文件需要从 HKL 官方主页获得。学术用户可以下载一个申请表，并在申请表里填写需要的信息，邮件的模板如图 3-57，可以把模板放在一个 word 文档里面，同时把其他要求信息也放在同一文档，打印出来，实验室负责人签字后，按照要求发到 HKL 官方传真号码 1-434-979-6381，等待几天后，HKL 官方会发过来邮件，告知下载 HKL2000 的账户和密码。按照 HKL 官方提供的账户和密码，把 HKL2000 下载到任意文件夹。然后解压缩。进入里面的 bin 文件夹，找到 HKL2000，这就是 HKL2000 的运行程序(图 3-58)。

解压缩以后，需修改. bashrc 文件，在. bashrc 文件中加入“source/home/jiyong/software/HKL2000_v718-Linux-x86_64/hkl_setup. sh”，如图 3-59。这样设置就完成了。

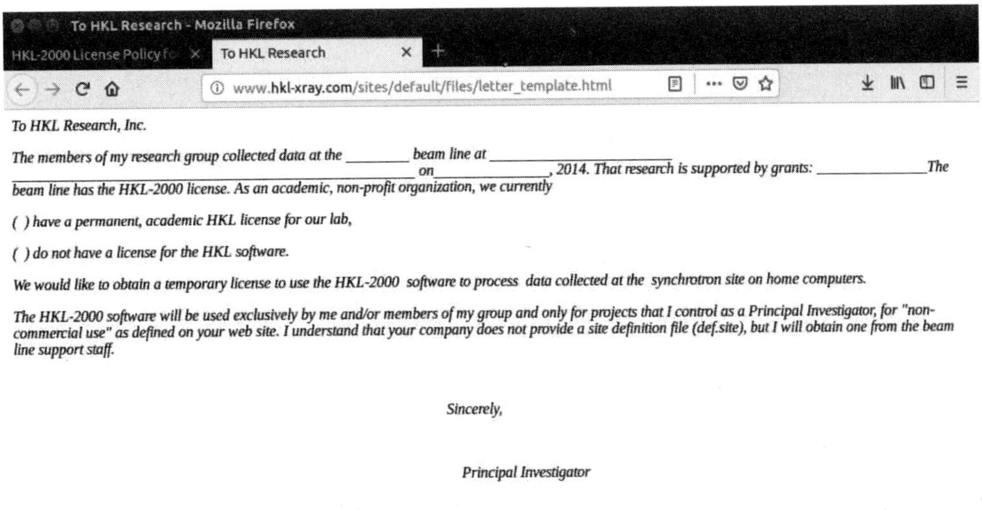

To HKL Research, Inc.

The members of my research group collected data at the ________ beam line at ________________________ on ______________, 2014. That research is supported by grants: ______________ The beam line has the HKL-2000 license. As an academic, non-profit organization, we currently

( ) have a permanent, academic HKL license for our lab,

( ) do not have a license for the HKL software.

We would like to obtain a temporary license to use the HKL-2000 software to process data collected at the synchrotron site on home computers.

The HKL-2000 software will be used exclusively by me and/or members of my group and only for projects that I control as a Principal Investigator, for "non-commercial use" as defined on your web site. I understand that your company does not provide a site definition file (def.site), but I will obtain one from the beam line support staff.

Sincerely,

Principal Investigator

图 3-57　邮件模板

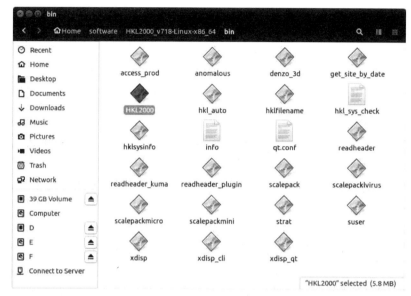

图 3-58 HKL2000 的运行程序

```
# enable color support of ls and also add handy aliases
if [ -x /usr/bin/dircolors ]; then
    test -r ~/.dircolors && eval "$(dircolors -b ~/.dircolors)" || eval "$(dircolors -b)"
    alias ls='ls --color=auto'
    #alias dir='dir --color=auto'
    #alias vdir='vdir --color=auto'

    alias grep='grep --color=auto'
    alias fgrep='fgrep --color=auto'
    alias egrep='egrep --color=auto'
fi

# colored GCC warnings and errors
#export GCC_COLORS='error=01;31:warning=01;35:note=01;36:caret=01;32:locus=01:quote=01'

# some more ls aliases
alias ll='ls -alF'
alias la='ls -A'
alias l='ls -CF'

# Add an "alert" alias for long running commands.  Use like so:
#   sleep 10; alert
alias alert='notify-send --urgency=low -i "$([ $? = 0 ] && echo terminal || echo error)"
"$(history|tail -n1|sed -e '\''s/^\s*[0-9]\+\s*//;s/[;&|]\s*alert$//'\'')"'

# Alias definitions.
# You may want to put all your additions into a separate file like
# ~/.bash_aliases, instead of adding them here directly.
# See /usr/share/doc/bash-doc/examples in the bash-doc package.

if [ -f ~/.bash_aliases ]; then
    . ~/.bash_aliases
fi

# enable programmable completion features (you don't need to enable
# this, if it's already enabled in /etc/bash.bashrc and /etc/profile
# sources /etc/bash.bashrc).
if ! shopt -oq posix; then
  if [ -f /usr/share/bash-completion/bash_completion ]; then
    . /usr/share/bash-completion/bash_completion
  elif [ -f /etc/bash_completion ]; then
    . /etc/bash_completion
  fi
fi


source /home/jiyong/software/HKL2000_v718-Linux-x86_64/hkl_setup.sh
```

图 3-59 在 .bashrc 文件中完成对 HKL2000 的设置

除了 HKL2000 主程序以外，按照 HKL 官方要求，运行程序还需要许可文件（cr_info 文件）。可使用 access_prod 生成一个 info 文件。Access_prod 在 HKL2000 文件夹的 bin 子文件夹里，打开终端以后，运行 access_prod 程序。Access_prod 程序如图 3-60。

图 3-60

图 3-60　运行 access_prod 程序

按照提示，access_prod 程序会在 bin 文件夹中生成一个 info 文件（图 3-61），其中含有 HKL 公司需要的信息。

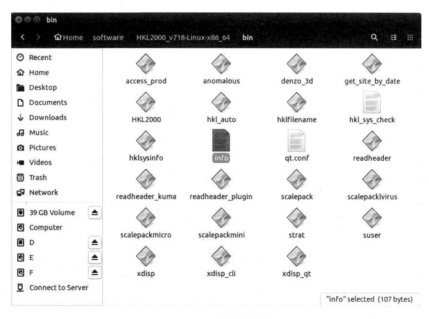

图 3-61　info 文件所在位置

然后把这个 info 文件发给 hkl@hkl-xray.com。HKL 官方根据 info 文件里面的信息，通过邮件发过来一个 cr_info 文件。需要把这个 cr_info 文件放置在/usr/local/

lib/文件夹下面,由于/usr/local/lib/是系统文件夹,所以需要 sudo 命令拷贝,比如:
"sudo cp/your_path/cr_info/usr/local/lib/"。拷贝完成以后,才可以运行 HKL2000
程序。打开任意终端,输入"HKL2000"就可以运行程序,如图 3-62。

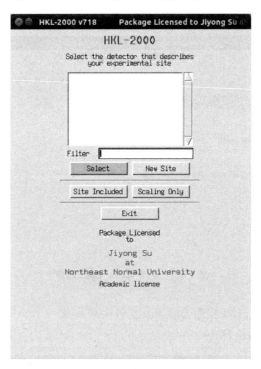

图 3-62　HKL2000 的运行初始界面

点击图 3-62 中的"Site Included"按钮进入 HKL2000 的主界面(图 3-63)。

这时还缺少一个 def. site 文件,在这个文件中包含了 X 射线探测器、四脚仪等相关参数信息。如何获得这个 def. site 文件呢? 如果在同步辐射光源使用线站里的 HKL3000 做过 index、integrate 和 scale,HKL3000 就会在导出的数据文件夹中生成一个 def. site 文件。当回到实验室,使用 HKL2000 处理数据的时候,可以把 def. site 放在要处理的文件夹下面,def. site 含有线站的所有信息。HKL2000 会自动把 def. site 文件载入程序中,用于在本地进行数据处理。

五、PyMOL 的安装

PyMOL 是分析蛋白质晶体结构最常用的软件,并常用于发表文章时的蛋白质晶体结构作图,是目前用得最多的蛋白质晶体结构分析软件。PyMOL 在 Linux 里面是免费开源版本,而在 Windows 和 Macintosh 里面的版本可能要收取一定的费用。PyMOL 的功能十分强大,能够直观地呈现蛋白质晶体结构。当我们解析蛋白质晶体结构时,时常需要观测蛋白质晶体结构的解析进度,所以需要在计算机里安装 PyMOL。PyMOL 有一个好用的图形用户界面,用户可以像用 Office 一样操作 Py-MOL 的下拉菜单。另外,PyMOL 是由 Python 编写出来的,所以也可以用命令行操

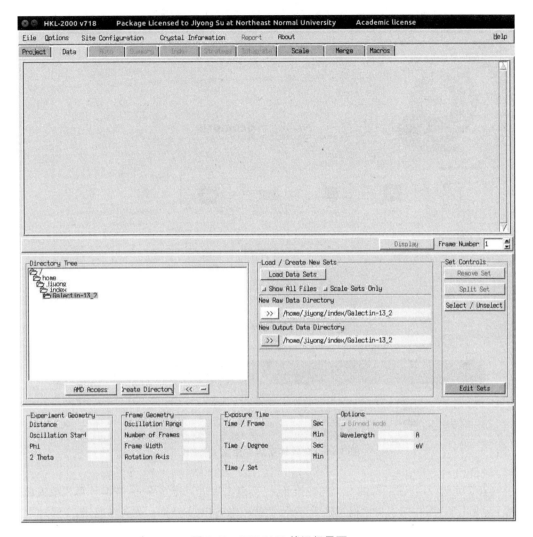

图 3-63 HKL2000 的运行界面

作 PyMOL。PyMOL 还自带一个控制台，这个控制台有些类似于终端。在控制台可以输入一些菜单里没有的命令，从而调节蛋白质晶体结构的呈现状态。后边的章节会详细介绍如何使用 PyMOL，这里先介绍如何安装 PyMOL。

安装 PyMOL 有两种方式，一种是从官方网站下载 PyMOL 的安装文件，然后安装，PyMOL 的最新版本是 2.3 版。另外一种安装方法是从 Ubuntu 的软件商店 Ubuntu Software 在线安装。这里先介绍后一种方法。

首先在桌面左边的快速启动栏找到 Ubuntu Software 并打开（图 3-64）。在搜索栏里搜索 PyMOL（图 3-65），找到 pymol-oss（oss 是 open source software 的简称）以后点击"Install"进行安装。安装需要一段时间。

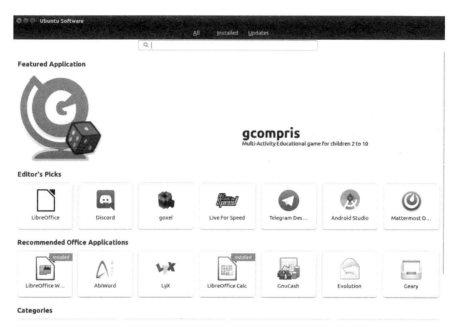

图 3-64　Ubuntu 的软件商店

图 3-65　在软件商店中搜索 PyMOL

　　安装完成以后，在屏幕的左上角找搜索图标，点击后进入搜索界面，查询计算机里安装的 PyMOL 程序，在搜索对话框里输入"pymol"就可以，这时 PyMOL 就会出现(图 3-66)。

图 3-66

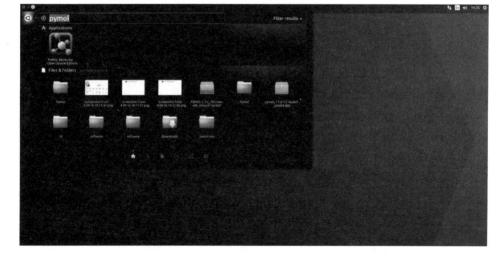

图 3-66　搜索 PyMOL

为了方便，可以把 PyMOL 的快捷方式拉到 Ubuntu 的快速启动栏里（图 3-67），方便使用。

图 3-67

图 3-67　PyMOL 快捷方式的建立

到这一步 PyMOL 就安装完成了，双击 PyMOL 的图标就可以打开 PyMOL（图 3-68）。

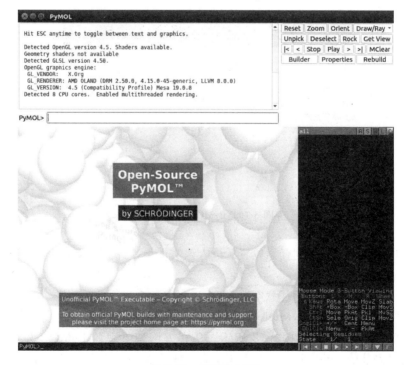

图 3-68

图 3-68　运行 PyMOL

除了可以从 Ubuntu 的软件商店安装 PyMOL 以外,这里再介绍一种从 PyMOL 官方网站下载安装文件进行安装的方法。首先进入 PyMOL 官方网站,找到对应于 Linux 系统的 PyMOL 安装文件,然后点击下载(图 3-69)。

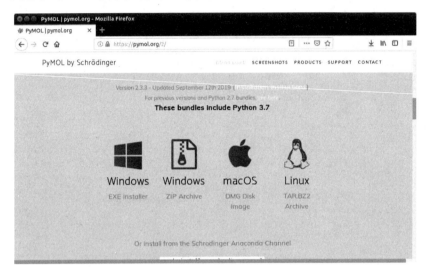

图 3-69　PyMOL 的网页

PyMOL 的安装文件可以下载到任意地方,解压缩 PyMOL 安装文件,产生一个名字为"pymol"的文件夹(图 3-70)。

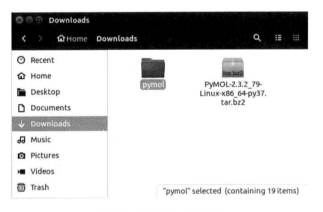

图 3-70　PyMOL 安装文件

可以把该文件夹转移到任意位置。进入该文件夹,可见 PyMOL 运行文件的快捷方式(图 3-71)。

右键点击该文件夹里的任意空白位置,选择"Open in Terminal",运行终端,在终端里输入"./pymol"运行 PyMOL 程序(图 3-72)。

PyMOL 的运行界面如图 3-73 所示。从官方网站下载的 PyMOL 和从 Ubuntu 软件商店里安装的 PyMOL 在外观上稍微有一些差别,不过使用起来功能是一样的。

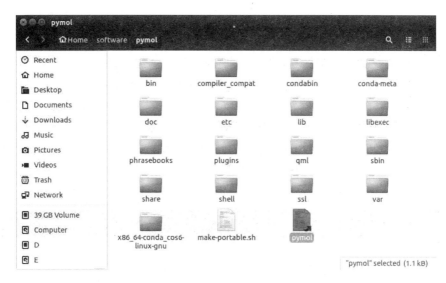

图 3-71　PyMOL 的快捷方式

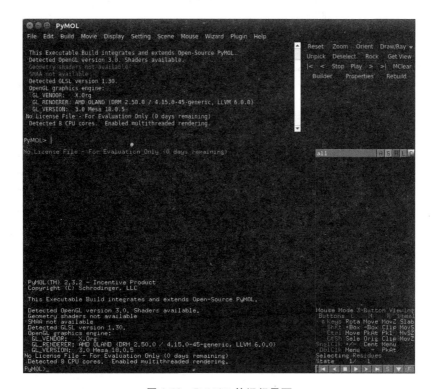

图 3-72　在终端中运行 PyMOL

图 3-73

图 3-73　PyMOL 的运行界面

六、Chimera 的安装

Chimera 是一款由美国加利福尼亚大学的科研人员编写的软件。它可以在多种操作系统中运行,包括 Linux Macintosh 和 Windows。科研人员、政府人员、非营利机构和个人都可以免费使用该软件。Chimera 可以实现一些复杂的功能,也可以用于蛋白质晶体作图。使用 Chimera 作的图和 PyMOL 的风格不一样。越来越多的人开始使用Chimera 来作图,并将图用在论文中。这里我们同样将介绍如何在 Ubuntu 中安装 Chimera。首先在 Chimera 官方下载页面找对应于 64 位 Linux 的版本,然后下载(图 3-74)。在这里 Chimera 安装文件被下载到了 Downloads 文件夹中。

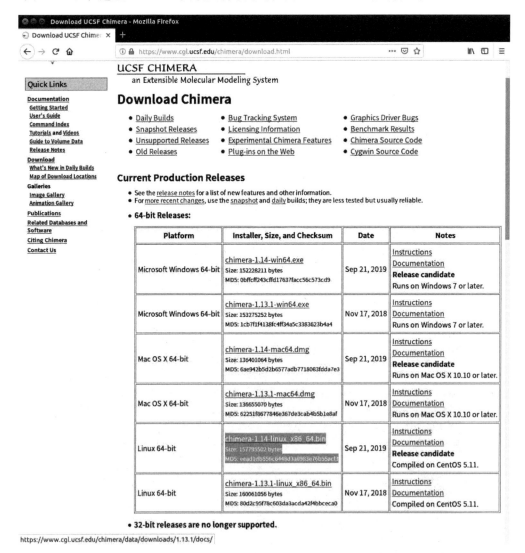

图 3-74　Chimera 的下载页面

在 Downloads 文件夹的任意空白地方,点击右键找到"Open in Terminal"。输入

"ls"命令,查看下载的安装文件。然后使用"chmod ＋x chimera-1.14-linux_x86_64.bin"命令使安装文件变成可执行文件(图 3-75)。

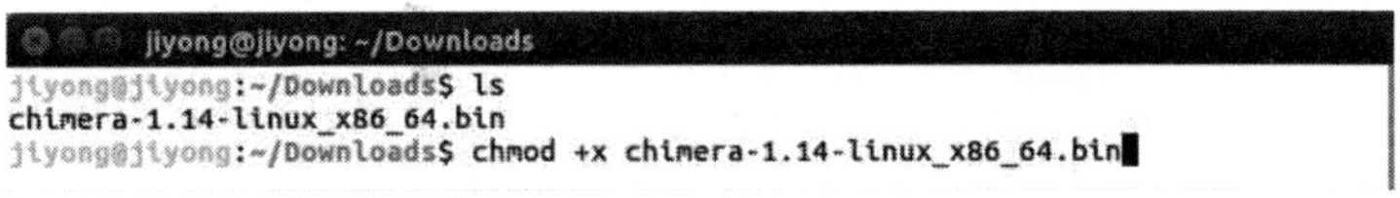

图 3-75　使用 chmod 命令使 Chimera 安装文件可运行

输入"./chimera-1.14-linux_x86_64.bin"命令执行安装。遇到问题,选择"yes",安装路径也可以使用默认路径。程序安装完成,会提示"Installation is done;press return"(图 3-76)。

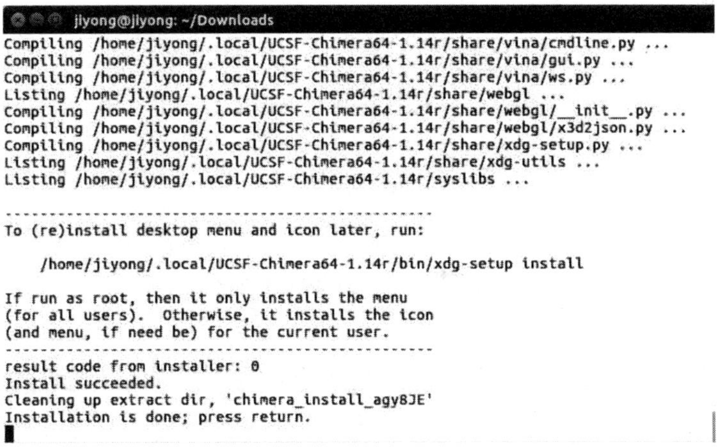

图 3-76　安装 Chimera

Chimera 被安装在.local 文件夹中,前面带"."的文件夹都是隐藏文件夹。使用 Ctrl＋H 的组合键,显示.local 文件夹,找到安装 Chimera 的文件夹,再进入 bin 文件夹,最后看到 chimera 执行文件(图 3-77)。

在 bin 文件夹的任意位置点击右键,找到"Open in Terminal",点击并运行终端,在终端输入"./chimera",回车,运行。就会出现 Chimera 的主页面(图 3-78)。到此 Chimera 安装完毕。

七、Adxv 的安装

检查衍射图中的 X 射线衍射点非常重要,可以用肉眼初步判断数据的质量。常用的图片软件难以打开含有 X 射线衍射点的照片,只有少数几种软件可以打开。而其中,Adxv 是一款非常好用的软件。它是开源软件,可免费使用;可以在 Linux 和 Macintosh 系统中运行;占用内存小,功能强大,可以直接打开 X 射线衍射数据里的照片;支持的图片格式很多,包括 cbf、img 等格式;也支持打开一维、二维和三维图片。Adxv 的官方网站是 https://www.scripps.edu/tainer/arvai/adxv.html(图 3-79)。

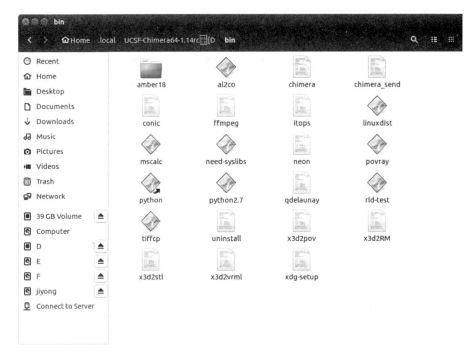

图 3-77 Chimera 的安装位置

图 3-78

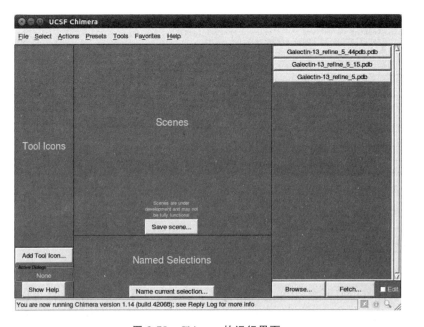

图 3-78 Chimera 的运行界面

图 3-79 Adxv 的主页

向下拉页面，找到下载 Adxv 的页面。我们使用的版本是 adxv. x86_64CentOS5（图 3-80）。

图 3-80 找到合适的 Adxv 版本

把该软件下载到任意位置(图 3-81)。

图 3-81　获得 Adxv 文件

然后右键点击空白处,选择"Open in Terminal",运行终端(图 3-82)。执行 "chmod＋x ./adxv. x86_64Centos5"命令,赋予 Adxv 程序可执行权限。

图 3-82　使用 chmod 命令赋予 Adxv 程序可执行权限

关闭终端,直接双击"adxv. x86_64Centos5"就可以打开 Adxv 的三个界面(图 3-83)。第一个界面可以调节图片的颜色格式等,第二个界面控制打开图片文件的路径,第三个界面显示打开的图片。

图 3-83

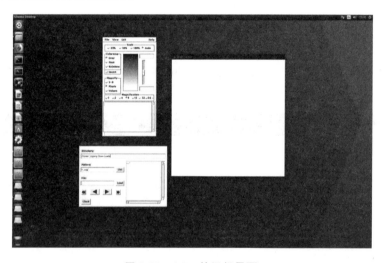

图 3-83　Adxv 的运行界面

第四章　Index、integrate 与 scale

第一节　一些晶体结构学知识

  蛋白质晶体结构解析其实就是一个解方程的过程。如果方程解得好,最后获得的蛋白质晶体结构能够很好地与电子密度匹配。在解析蛋白质结构之前,需要介绍一些数理化的知识。笔者在这里尽量把这些背景知识介绍得通俗易懂一些,尽量不使用公式来说明。读者可以不必完全理解这些原理,因为现在已经有很好的晶体结构解析软件,晶体解析过程不会涉及这些知识,读者只要熟练掌握使用软件,就可以把晶体结构解析出来。这个过程就好像我们平时使用办公软件一样,虽然我们不知道软件怎么编写的,但是它们依然可以满足我们的办公的需要。但是,如果想深入理解蛋白质晶体结构学,那么就需要读者(尤其是只有生物科学背景的科研工作者和学生)掌握这些难懂而陌生的概念、方程和理论。

一、X 射线

  蛋白质晶体结构学所用到最多的射线就是 X 射线,另外用得比较少的是中子射线。X 射线是由德国物理学家伦琴于 1895 年发现的。当 X 射线刚发现的时候,人们认为照 X 射线是一种时髦。后来发现 X 射线致癌,不能经常暴露在 X 射线下。我们平时去医院做透射时所用到的射线就是 X 射线。X 射线的波长可以控制在 1 Å 之内,所以 X 射线非常适用于解析蛋白质晶体结构。

  为什么只有使用 X 射线才能解析蛋白质晶体结构呢? 这和生物教科书上的光学显微镜有类似道理,当然 X 射线晶体结构学的原理和光学显微镜是有区别的,这里仅仅以光学显微镜为例介绍一下分辨率的知识。光学显微物镜的分辨率,是指能探测并分辨出位于两个位置的两个物体之间的最小距离。有一个经典的公式可以用来计算光学显微镜的分辨率:

$$\sigma = 0.61\lambda/NA$$

其中 σ 为光学显微物镜分辨率,λ 为光源波长,NA 为显微物镜的竖直孔径。从这里可以看出,光学显微物镜分辨率与光源的波长成正比。光源的波长越长,显微物镜分辨率 σ 的值越大,分辨率越低。如果想用光学显微镜看清细胞器的话,那么需要光源的波长要小于细胞器。

  使用 X 射线晶体结构学解析蛋白质晶体结构,有和光学显微镜类似的道理,但是不完全一样。如果想"看到"分子或者原子,所使用的光或者射线的波长就需要小于分子或原子之间的距离。氢原子的直径大约在 1 Å,所以如果想看清楚氢原子是什么样子,所用到的射线的波长要小于 1 Å。普通灯光或者激光的波长都为几百纳米,所以不能用于"观察"氢原子。

原子周围有电子云。如果人的肉眼可以"看到"原子的话，那么原子的形状基本上就是电子云的形状。从原子扩展到蛋白质其实是类似的，如果能够"观察"蛋白质分子的话，那么"观察"的其实就是蛋白质分子的电子云的形状。蛋白质上有许多氨基酸，氨基酸与氨基酸之间的距离一般使用 Å 来衡量，如果想分辨出氨基酸与氨基酸，那么使用的光源的波长就要小于氨基酸之间的距离。同步辐射光源的 X 射线的波长可以控制在 1 Å 左右，而一些小型 X 射线衍射仪的波长也可以控制在 1.5 Å 左右。我们最后解析出来的蛋白质晶体结构的分辨率最好要高于 2 Å，所以这些设备产生的 X 射线都可以用于蛋白质晶体结构学。

做蛋白质晶体衍射所用到的 X 射线不光要求波长短，而且要求 X 射线的波长要单一，如果使用多种波长的 X 射线照射晶体，在 X 射线探测器上就会显示出多种衍射点，这会严重影响结构解析。

元素周期表里的原子对 X 射线的衍射能力是不同的，分子量越大的原子对 X 射线衍射能力越强。蛋白质主要是由碳、氢、氧、氮等轻元素构成，它的衍射能力比重元素要低很多。所以，照射蛋白质晶体的 X 射线的强度要足够大。我国上海光源的电子束能量可以达到 3.5 GeV，足以用于蛋白质晶体结构解析。另外，蛋白质的体积比盐离子要大很多，蛋白质晶体的晶格也比盐晶大很多，所以一般情况下，蛋白质晶体衍射的信号强度要比盐晶的信号低很多。当使用 X 射线照射蛋白质晶体时，曝光时间要比盐晶时间长，衍射点才可以被看到。

二、空间群及晶胞

晶体内部结构中全部对称要素的集合称为空间群（space group）。具体地说是晶胞中全部对称要素的集合。所有晶体可以分为七大晶系、14 种布拉菲格子、32 种点群、230 种空间群。其中七大晶系是三斜、单斜、正交、四方、三方、六方、立方晶系。在七种晶系中放置格点，简单、底心、体心、面心，得到 $7 \times 4 = 28$ 种布拉菲格子，但是布拉菲格子存在重复，实际上只有 14 种。布拉菲格子体现了晶体的周期性（平移性）和对称性，所以它与 32 种点群不是同一层次的概念。32 种点群是指以点阵为对象，可能存在的宏观对称操作，区别于微观对称操作，与七大晶系有对应关系。230 种空间群指 32 种点群对称操作与平移操作组合使得空间无限点阵自身重合的点阵分布方式。相对于 32 点群新出现了平移轴、螺旋轴、滑移面 3 种微观操作元素。最后，晶体只能有 230 种空间群。

构成晶体的最基本的单元称为晶胞，其形状、大小与空间格子的平行六面体单位相同。晶胞是能完整反映晶体内部元素在三维空间分布的平行六面体最小单元。能够保持晶体结构的对称性的最基本的晶胞特称"单位晶胞"，但亦常简称晶胞。一般把组成各种晶体构造的最小体积单位称为晶胞。

我们在收集蛋白质晶体衍射点时，总是期待衍射点的信号强一点。衍射点信号强度与倒易空间有关系。晶体的真实晶胞及其倒易点阵之间存在一个傅立叶变换关系。简单地说，就是晶体晶胞体积越大，单位体积内含有的重复越少，那么衍射点的强度越弱;而晶体晶胞体积越小,单位体积内含有的重复越多,那么衍射点的强度越强。

三、布拉格方程

　　首先用布拉格方程解释晶体衍射现象的是布拉格父子(威廉·亨利·布拉格和威廉·劳伦斯·布拉格)。由于这一发现,父子两人同时获得了诺贝尔物理学奖。小布拉格(威廉·劳伦斯·布拉格),英国物理学家,25 岁时就获得诺贝尔奖,是历史上最年轻的诺贝尔物理学奖获得者。父子俩的贡献为后来的蛋白质晶体结构解析奠定了重要的基础。

　　想要理解布拉格方程,首先要想起的就是高中物理波动知识和数学三角函数知识。当两个平行平面的点对两束同等波长的平行光发生反射时,如果反射后的两束光的光程没有发生改变,这两束光就会相互增强。反之,如果其中一束光的光程前移或者后移半个波长,两束发射光就会相互抵消。以上两种情况是两个极端情况,其实晶体对光线进行衍射时,往往会发生介于以上两种情况之间的情况。衍射光线或者稍微增强或者稍微减弱。无论如何,蛋白质晶体会对 X 射线产生相互加强的衍射线,最终在曝光机出现许多衍射点信号。这里要强调的是,曝光机上的每一个衍射点,不是仅仅对蛋白质某一个平面或者点的衍射,而是含有蛋白质分子上所有电子密度信息。

四、倒易空间

　　倒易空间是一个术语,它并不是客观实在的物理空间,而只是对一个物理空间的一种数学变换表达。倒易空间是真实空间的倒数,等于 $\dfrac{1}{真实空间}$。衍射图上的衍射点就处于倒易空间。在真实空间里,若物体的长度单位是 m,那么在倒易空间里就是 m^{-1};在真实空间里的时间单位是 s,那么在倒易空间里就是 s^{-1}。在真实空间里有长宽高的物体,在倒易空间里,也对应一个有长宽高的物体;但由于是倒易,真实空间的"长"在倒易空间里变成了"宽",真实空间的"宽"在倒易空间里变成了"长"。如果蛋白质的晶胞小的话,那么衍射点之间的距离就会大;如果晶胞大的话,那么衍射点之间的距离就会小。总之,真实空间和倒易空间是成倒数关系的。

五、如何"看到"蛋白质结构

　　当人观察物体时,由于物体对光线产生了衍射,衍射光线进入人眼,大脑经过处理得到了物体的影像。类似的,蛋白质分子电子密度(electron density)发生衍射以后,X 射线衍射被探测器检测到,经过电脑的处理,也就是傅里叶变换和其他数学计算,得到了蛋白质电子密度的信息。有了蛋白质的电子密度图,也就得到了蛋白质的轮廓。电脑处理 X 射线衍射信息的过程就相当于人脑处理人眼所观察到的物体对光线的衍射的过程。蛋白质分子的整体电子密度,也可以通过傅里叶变换得到这些衍射。所以蛋白质分子的电子密度和衍射彼此互为傅里叶变换。

　　X 射线衍射和其他电磁波一样,一定可以使用一种周期函数来表示。最简单的周期函数,比如余弦函数,有振幅、频率和相角的信息。比如:

$$f(x) = F\cos2\pi(hx + \alpha)$$

F 是振幅, h 是频率, α 是相角。法国数学家傅里叶发现,任何周期函数都可以用正弦函数和余弦函数构成的无穷级数来表示(若想深入了解,请参阅《高等数学》关于傅里叶级数的知识)。蛋白质晶体经过 X 射线照射以后,就会对 X 射线产生衍射。每个衍射线含有蛋白质分子上所有电子密度对应的所有衍射信息。所以某一个 X 射线衍射的周期函数可以展开成 n 个余弦函数。比如:

$$f(x) = F_0\cos2\pi(0x + \alpha_0) + F_1\cos2\pi(1x + \alpha_1) + F_2\cos2\pi(2x + \alpha_2) + \cdots + F_n\cos2\pi(nx + \alpha_n)$$

或者可以表示成

$$f(x) = \sum_{h=0}^{n} F_h\cos2\pi(hx + \alpha_h)$$

这些余弦函数项就是蛋白质分子上一定体积(这个体积一般非常小)的电子密度对 X 射线衍射而得到的波函数。我们有了这些函数项以后,通过傅里叶变换就能把一定体积的电子密度及其位置求出来。进而把所有的电子密度和位置都求出来,然后连成线,就把电子密度图绘制出来了。

还可以变成虚数的形式:

$$f(x) = \sum_{h=0}^{n} F_h\big[\cos2\pi(hx) + i\sin2\pi(hx)\big]$$

这个式子看起来没有相角 α,其实相角的信息蕴含在了方程里面。根据上式,可以作图 4-1。其中 $a = \cos2\pi(hx)$, $b = \sin2\pi(hx)$。图中实部是 a,虚部是 b。向量与实部的夹角就是相角 α。

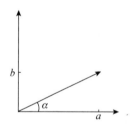

图 4-1　波的虚数形式。虚数与实部的夹角 α 就是相角

总之,解析蛋白质分子电子密度图的过程就是对所有 X 射线衍射进行傅里叶变换的过程,X 射线衍射里需要有完整的信息,包括 X 射线的振幅、频率和相角,缺一不可。

六、相角问题

我们知道任意一个描述波的函数都需要振幅、频率和相角。波函数 $f(x) = \sum_{h=0}^{n} F_h\cos2\pi(hx + \alpha_h)$ 中, F 是振幅, h 是频率, α 是相角。X 射线也是波,如果用方程进行描述,也需要振幅、频率和相角的信息。有了所有相关信息以后,对所有 X 衍射进行傅里叶变换,就可以求出蛋白质的电子密度。但是,我们在收集 X 射线探测器的数据时只能探测到 X 射线强度，不能探测到相角的信息。也就是说相角 α 的信息丢失了，不能通过傅里叶变换得到蛋白质分子的电子密度图，这就产生了著名的相角问题。

我们可以把波函数转换成一个向量函数，如图 4-1。这个向量函数的绝对长度和波的振幅成正比，也与收集到的数据点的数值的平方成正比，而这个具有指向的向量函数与 x 轴的夹角就是相角。获得的晶体衍射点经过积分的方程，仅含有振幅的信息，也就是说仅有向量函数的绝对长度，而没有相角，因为相角的信息在数据收集过程中丢失了。

同晶置换法（isomorphous replacement）是解决相角问题的一种方法。为了解决相角问题，可以把晶体浸泡在含有重金属离子的溶液中，使金属离子络合或者通过共价键结合到蛋白质上，再去收集一套蛋白质晶体的衍射数据。由于重金属离子结合到蛋白质上，所以有些衍射点的明亮程度会发生一些变化，最终会得到一个蛋白质结合重金属离子的向量的绝对值。首先，我们使用 Patterson 图（一种单纯使用 X 射线振幅，不使用相角，经过傅里叶变换得到的图）确定金属离子的位置。金属离子的位置和电子密度都求出来以后，可以解出具有蛋白质衍射的初始相角。有了这个初始相角，可以进行进一步优化，得到更加正确的相角，最后把电子密度图计算出来。

多重反常色散法（multiple anomalous dispersion）是另外一种解决相角问题的方法。目前多重反常色散法用得比较多，是最常用的解决相角的方法。这种方法可以一步到位获得相角，比其他实验方法更加准确。其原理是，当用一定波长的 X 射线照射原子时，原子的内层电子可能会跃迁到外层轨道。这时，电子的轨道和原子的形状就会发生变化，正是由于这种变化，X 射线衍射图中的一些衍射点的明暗程度就会发生变化。

另外，当没有异质信号时，衍射图中的点都会在中心对称的另外一个方向找到明暗程度一样的点。如果发生异质信号，中心对称的那个点的明暗程度就会发生改变，不再遵循 Friedel 法则。正是这种微小的明暗程度的改变，可以用来确定异质信号的来源（一般是重原子）及位置，获得晶体中这个点的相角以后，可以慢慢地拓展开来，获得晶体中其他位置的相角信息，最终把电子密度图解析出来，获得蛋白质结构。

目前还有一种常用的方法，称为分子置换法，即使用已解析的同源蛋白结构的相角，推测待测蛋白质晶体结构的相角。本书后面章节重点讲述如何使用这种方法来解析蛋白质晶体结构。这种方法需要两种蛋白质的同源度大于 25%。由于 PDB 数据库中蛋白质晶体结构的数量快速增长，所以目前比较容易找到一个和待解析蛋白质晶体结构类似的同源蛋白。如果全长同源蛋白难以找到，至少可以找到部分同源结构，同样可以用来作为分子置换的初始结构。另外，现在世界上有很多非常好用的同源建模的线上软件或者数据库。可以直接把蛋白质的一级结构信息提交上去，经过一段时间，会获得一个蛋白质的预测结构，这个结构往往是不准确的，但是提供了一个非常好的蛋白质结构的初始模型。

已解析出来的蛋白质结构是含有相角信息的。对同源蛋白质或者结构类似的蛋白质的电子密度进行傅里叶变换，得到一个近似的相角。使用这个近似的相角去尝试解析未知蛋白质的电子密度图，经过多次相角优化，最终解析出蛋白质的正确电子密度图。本书重点介绍如何使用这种方法进行蛋白质晶体结构解析。

第二节　蛋白质晶体结构解析流程

正常的 X 射线和其他波一样具有一定的振幅、相位和频率。X 射线可以使用三角函数来描述。这个三角函数也可以转换成向量函数。向量有大小也有方向。向量大小的绝对值对应于波的振幅，向量箭头方向与 x 坐标轴的夹角对应于相角。

光的亮度只与振幅成正比，X 射线与之类似。X 射线的强弱与其振幅有关，而与其他特征无关。因此，在收集蛋白质晶体 X 射线衍射数据时，可以看到有的衍射点非常亮，而有的衍射点非常暗。每个衍射点的明暗程度只体现了 X 射线的振幅，而没有体现向量与 x 坐标轴的夹角，也就是相角的信息。这就造成了相角信息的丢失。

根据物理定义，相角与电子的位置有关。所以，只有知道了相角，再利用振幅的信息，才会精确地知道蛋白质晶体中电子密度的位置和形状。有了所有电子密度的位置和形状，也就可以把所有氨基酸"画"到电子密度图里面，从而可以把蛋白质的三维结构勾画出来。

解相角是晶体结构学中最重要的一环。如果相角解错了，最后可能会解错蛋白质的结构。比如，本来真实的蛋白质结构像一只鸭子，如果相角解错了，最后可能会把蛋白质的结构解析成一只鹅。

解相角有两种方法，一种是使用实验的方法，这种方法准确，但是实验操作起来有难度；另外一种方法就是分子置换方法（molecular replacement），本书重点讲解该方法。分子置换法的原理就是找到或者预测一个和目的蛋白晶体结构类似的晶体结构，然后尝试使用该结构作为初始结构，去解析目的蛋白的晶体结构。

分子置换其实也是一种解决相角问题的方法。伴随着同源蛋白晶体结构报道数量快速增加，分子置换越来越方便。另外，蛋白质二级和三级结构预测技术的发展，也极大地促进了分子置换法的发展。分子置换法渐渐地成为主流。关于相角问题及其他深奥的数学、物理、化学等知识，不是本书介绍的重点。本书的目的主要是使读者快速地掌握如何解析蛋白质晶体结构，所以本书重点介绍软件的使用方法及操作流程，而不介绍复杂的背景知识。这其实和看电视是类似的，我们关注的是电视里的内容，而不是电视机的工作原理。我们研究的是蛋白质的晶体结构，有了蛋白质结构，才能进一步研究该蛋白质的功能。当然，如果读者有兴趣，可以参阅其他相关书籍，如结构化学、量子力学等。

解析蛋白质晶体结构的步骤已经规范化。对于每一步，都对应不同的软件。对于每一步的结果，都有参数标准来评判。参数达标以后才能进行下一步的操作，如果不达标，不建议进行下一步的操作。有时需要多种程序联合起来，才能完成一步解析操作。比如在 model refine 的时候，需要两种计算机自动化软件（phenix. refine，Refmac）和人工使用 Coot 反复优化晶体结构，才能使蛋白质晶体结构的参数达标，最终使 PDB 接受蛋白质晶体结构。如果不达标，PDB 会要求重新优化晶体结构。解析蛋白质晶体结构的流程如图 4-2。

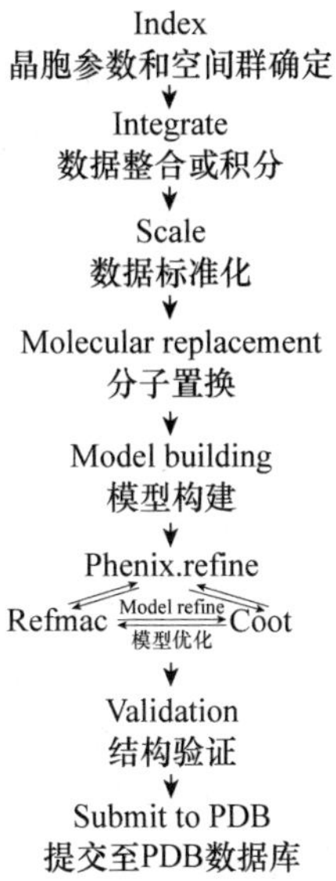

Index
晶胞参数和空间群确定
↓
Integrate
数据整合或积分
↓
Scale
数据标准化
↓
Molecular replacement
分子置换
↓
Model building
模型构建
↓
Phenix.refine
Refmac ← Model refine → Coot
模型优化
↓
Validation
结构验证
↓
Submit to PDB
提交至PDB数据库

图 4-2 解析蛋白质晶体结构的流程

蛋白质晶体结构解析流程、每一步对应的程序以及每一步生成的文件类型都列于表 4-1 中。后边章节要对这些步骤进行详细介绍。

表 4-1 蛋白质晶体结构解析流程及其所对应的程序和所生成的文件类型

	步骤英文名称	所用程序及其出处	文件后缀名
1	Index	XDS,iMosflm(CCP4),HKL2000	—
2	Integrate	XDS,iMosflm(CCP4),HKL2000	＊.HKL,＊.mtz
3	Scale	Aimless(CCP4),Scala(CCP4),Scale(HKL2000),XSCALE(XDS)	＊.mtz,＊.mtz,＊.sca,＊.HKL
4	Molecular replacement	Phaser(CCP4 or Phenix),MolRep(CCP4)	＊.mtz,＊.pdb
5	Model build	AutoBuild(Phenix)	＊.mtz,＊.pdb
6	Model refine	phenix.refine(Phenix),Refmac(CCP4),Coot(manually)	＊.mtz,＊.pdb
7	Validation	MolProbity(Phenix)	—

第三节 Index 和 integrate

Index 是计算衍射数据的空间群及其参数的过程,integrate 是把收集到的所有 X 射线衍射图中的衍射点所代表的数值整合或积分在一起,形成一个文件的过程,文件的后缀名为 HKL 或者 mtz。在 index 的时候,最困难的一步是找到蛋白质晶体正确的空间群。空间群一共有 230 种,从前人们都是依靠自己去估计或者推测晶体的空间群。现在,做 index 的软件已经可以帮助寻找空间群,不过最终需要软件和操作者共同参与去判断哪种空间群是正确的。如果找不到正确的空间群,那么 integrate 就难以进行,晶体结构也就解析不出来。如果实在找不到正确的空间群,可以考虑直接使用 $P1$ 空间群。理论上所有的晶体结构都可使用 $P1$ 空间群进行解析,不过需要对蛋白质晶体进行 360°旋转,并收集相应数量的 X 射线衍射图。

有时 X 射线衍射图的质量非常不好,比如衍射图上有冰或者盐晶的衍射点,这会使衍射图看起来非常乱,这时确认空间群非常困难。所幸现在有三种可以进行 index 和 integrate 的软件,分别是:HKL2000/3000、Mosflm 和 XDS。遇到质量不好的空间群,可以考虑交叉使用三种软件去做 index。

HKL2000/3000、Mosflm 和 XDS 有各自的特点。HKL2000 是开源免费的,可以安装在 Linux 系统中,也可以安装在 Ubuntu 系统中。不过 HKL2000 有使用期限限制,而且一年只能在同一台电脑上安装三次。HKL3000 是商业化的软件,一般安装在同步光源或者家用 X 射线衍射仪上。HKL3000 是一款强大的进行 index 和 integrate 的软件,对蛋白质晶体空间群计算的准确率非常高。在同步光源收集数据时,可以同时对所收集到的数据进行 index,确定空间群,并可以进行 integrate。用 HKL2000/3000 做 integrate,可以形成一个后缀名为 HKL 的文件,该文件可用于后续的 scale 操作。

Mosflm 是集合在 CCP4 里面的一款软件。它可以用来检测衍射图的质量、计算空间群、进行 index 和 integrate,并能计算收集的晶体衍射角度。在使用 Mosflm 做 index 和 integrate 时,要求 X 射线衍射图的质量非常高。很多情况下,衍射图的质量难以达到 Mosflm 的要求,用于估测空间群和进行 integrate 往往会失败。不过,Mosflm 所做的 integrate 的质量是三种软件中最高的。最终解析出来的蛋白质晶体结构的分辨率比使用另外两种软件要高很多。这可能也是 Mosflm 对数据要求比较高的结果。

XDS 是一款非常好用的软件。它对数据的要求比 Mosflm 低很多。一般从同步光源收集来的数据,都可以使用 XDS 做 index 和 integrate。不过前提是,衍射图的质量不能太差。在运行前 XDS 先把蛋白质晶体的空间群默认为 $P1$,到程序运行结束,XDS 会通过 index 和 integrate 的过程,计算出蛋白质晶体最终的空间群。XDS 预测空间群的准确率稍微低于 HKL3000,但是高于 Mosflm。在本书中主要使用 XDS 进行 index 和 integrate。XDS 的使用习惯和 Windows 中软件的使用习惯不一样,需要在终端中运行"XDS"或者"XDS_par"命令。

在使用 XDS 做 index 之前最好使用 Adxv 或者 Mosflm 软件浏览一下所收集的 X 射线衍射图的质量。人的肉眼可以对衍射图的质量有一个感性的判断。这里以解析半乳糖凝集素 13 的结构为例,介绍如何对收集来的数据进行 index。

首先打开 Adxv,弹出三个界面。其中有一个界面是"Adxv load",用该界面打开衍射图所在文件夹。可以在"Directory"一栏直接输入文件夹的路径,或者鼠标左键单击右侧框里的"../",也可以进行文件夹路径的调节。修改"Pattern"一栏为 cbf,因为从上海光源收集来的衍射图的后缀名是 cbf。当然 Adxv 也可以打开其他类型的衍射图(图 4-3)。

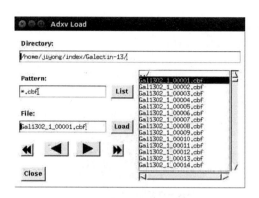

图 4-3 使用 Adxv 查看衍射点

双击第一张衍射图。在另外一个界面"adxv"中就会显示衍射图。图中的黑色点就是衍射点，即为我们将要进行 index 的数据。判断衍射图好坏的主要标准有：点的亮度是否足够高，点和点之间是否分得开，图像是否干净。只有质量好的衍射图才能顺利地完成 index，也能提高最终蛋白质晶体结构的质量。另外，好的衍射图会在最边缘的可见衍射点与衍射图边缘之间留有一定的边缘空白，这样可以把那些肉眼难以看到的细微衍射点也保留在衍射图里面，最终提高晶体结构的分辨率。

衍射点分布越往边缘分散，最终蛋白质晶体结构的分辨率越高；衍射点分布越往中心聚集，最终蛋白质晶体结构的分辨率越低。其实，提高蛋白质晶体结构分辨率就是提高衍射点的边缘分散分布。

用 Adxv 可以初步判断蛋白质晶体结构的分辨率。在 Adxv 中会自动显示鼠标所在衍射点位置所对应的分辨率。比如当把鼠标放在衍射图的边缘时，图的左上方就会出现分辨率为"1.61 Å"。用这种方法可以初步预测所收集的蛋白质晶体结构的分辨率。

另外，还需要说明的是，衍射点的数量也间接地暗示了在一个空间群内原子的数量。衍射点数量越多代表在空间群中的原子数越多，也间接地暗示蛋白质的分子量越大。反之，衍射点数量越少代表在空间群中的原子数越少，也间接地暗示蛋白质的分子量越小。有时仅仅收集到几个亮度非常高的大的衍射点，那就说明空间群里没有几个原子，极有可能是盐。用这种方法来判断晶体是盐晶还是蛋白质晶体是最可靠的。

图 4-4 即为我们解析半乳糖凝集素 13 的第一张衍射图。衍射图比较清晰，点与点之间没有重叠，点的亮度也足够，衍射图在最边缘留有了一点的空白。这说明这套数据适合用 XDS 做 index。

显示了第一张衍射图以后，可以按"Adxv Load"中的快进按钮，快速地浏览所有收集到的衍射图。用这种方法，可以快速地判断这套数据的好坏。

利用 Adxv 还可以初步检测衍射点与周围背景的信噪比。用鼠标左键点住一个衍射点一边的空白处，然后点住左键不放手，往另一个方向拉，最后停止在另一个空白的地方（图 4-5）。

图 4-4

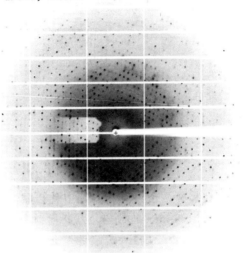

图 4-4 Adxv 显示衍射点

图 4-5

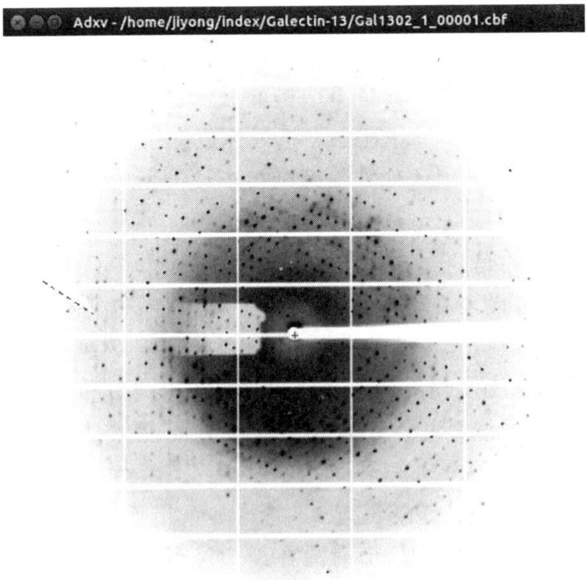

图 4-5 使用 Adxv 初步检测衍射点的强度

这时,会自动弹出一个界面,显示该衍射点与周围背景的信噪比,中间的峰值体现了衍射点的数值。好的衍射点与周围背景的信噪比应该大于 2。图 4-6 中的衍射点的数值明显比背景要高出很多倍，是一个亮度可见的衍射点。

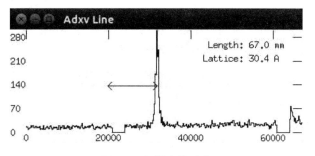

图 4-6　衍射点的峰值

其实，把衍射点放在 Adxv 界面的中间，不停地放大，最后会发现衍射点是由许多像素组成的，每个像素有一个数值。该数值代表衍射点的亮度。当然，周围的背景像素亮度也会有相应的数值。图 4-7 呈现出刚才检测信噪比的衍射点的数值。

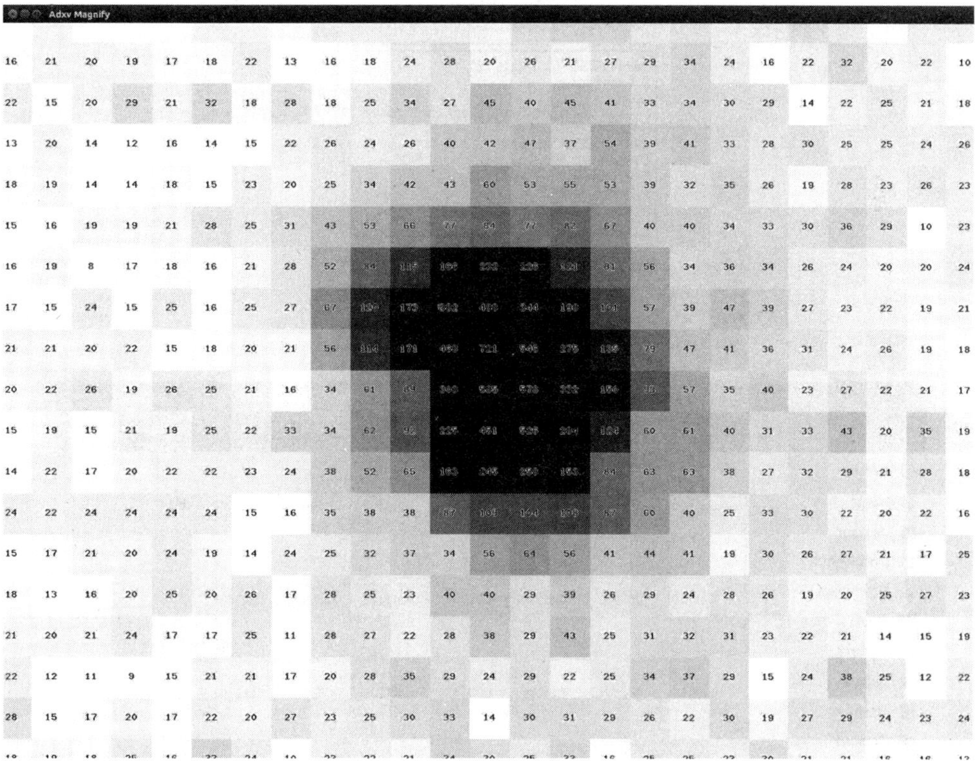

图 4-7

图 4-7　衍射点强度的数值

Adxv 还有另外一个界面，可以调节衍射图的颜色、大小等（图 4-8）。

利用 Adxv 可以非常快速地浏览收集到的衍射图，节约了检查图片的时间。研究者可以根据自己的感性判断，使用 XDS 对数据进行 index。当然，有时感性判断是错误的。使用 Adxv 看起来很糟糕的衍射图，可能能顺利地完成 index；而看起来衍射点非常清晰的衍射图,反而不能顺利地完成 index。具体需要读者尝试使用 XDS 进行实际的 index 操作。

在此以 XDS 进行 index 为例做介绍。进行 index 之前需要把一个 XDS 运行脚本文件"XDS. INP"放入衍射图文件夹中,注意 XDS. INP 的字母都是大写(图 4-9)。

图 4-8

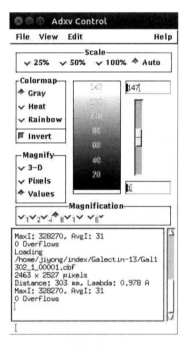

图 4-8　Adxv 可调节衍射点图片颜色

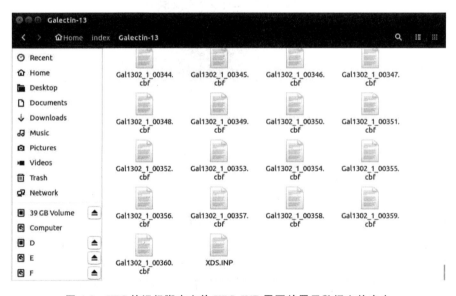

图 4-9　XDS 的运行脚本文件 XDS. INP 需要放置于数据文件夹中

　　XDS. INP 文件中有 XDS 运行所需要的所有参数,比如 X 射线的波长、晶体与 X 射线探测器之间的距离等。如果参数设置有问题,XDS 会报错,并且无法运行。这时需要仔细认真地检查 XDS. INP 文件里是否有错误。

　　XDS. INP 模板文件可以从 XDS 官网下载。上海光源的 X 射线探测器使用的是 Pilatus 6M。读者下载后对其进行相应修改就可以使用。以下为一个笔者做好的 INP 文件,可以直接使用。读者可以使用该文件对上海光源的 18U1 线站和 19U1 线站的数据进行 index。该 INP 文件中,灰色底色的部分是可以修改的。这个 XDS. INP 脚本文件不是通用的,需要读者对应自己的 X 射线衍射数据进行修改。否则 XDS 不能运行。下面将详细地介绍如何修改灰色标注的部分。"!"表示其后语句都是标注,不运行;若将"!"取消,即表示可以运行。

```
!****************************************************************
******************
! Example file XDS.INP for the PILATUS 6M.
! Characters in a line to the right of an exclamation mark are comment.
!****************************************************************
******************
DETECTOR=PILATUS      MINIMUM_VALID_PIXEL_VALUE=0   OVERLOAD=1048500
SENSOR_THICKNESS= 0.32        ! SILICON=-1.0
! AIR= 0.001 ! Air absorption coefficient of x-rays is computed byXDS by default
! NX= number of fast pixels(along X); QX= length of an X-pixel(mm)
! NY= number of slow pixels(along Y); QY= length of a   Y-pixel(mm)
NX= 2463 NY= 2527 QX= 0.172   QY= 0.172   ! PILATUS 6M
! UNTRUSTED_ELLIPSE= 1184 1289      1218 1322   ! ellipse enclosed by X1 X2 Y1 Y2
! UNTRUSTED_RECTANGLE= 487    495     0 2528
! UNTRUSTED_RECTANGLE= 981    989     0 2528
! UNTRUSTED_RECTANGLE= 1475 1483      0 2528
! UNTRUSTED_RECTANGLE= 1969 1977      0 2528
! UNTRUSTED_RECTANGLE=    0 2464    195   213
! UNTRUSTED_RECTANGLE=    0 2464    407   425
! UNTRUSTED_RECTANGLE=    0 2464    619   637
! UNTRUSTED_RECTANGLE=    0 2464    831   849
! UNTRUSTED_RECTANGLE=    0 2464   1043 1061
! UNTRUSTED_RECTANGLE=    0 2464   1255 1273
! UNTRUSTED_RECTANGLE=    0 2464   1467 1485
! UNTRUSTED_RECTANGLE=    0 2464   1679 1697
! UNTRUSTED_RECTANGLE=    0 2464   1891 1909
! UNTRUSTED_RECTANGLE=    0 2464   2103 2121
! UNTRUSTED_RECTANGLE=    0 2464   2315 2333
! UNTRUSTED_QUADRILATERAL= 565 574   1519 1552   1508 1533   566 1536
! MINIMUM_FRACTION_OF_BACKGROUND_REGION=0.01
! X-GEO_CORR=GD_6M_X06SA_SLS_27022007_X.pck CCP4
! Y-GEO_CORR=GD_6M_X06SA_SLS_27022007_Y.pck CCP4

DIRECTION_OF_DETECTOR_X-AXIS= 1.0 0.0 0.0
DIRECTION_OF_DETECTOR_Y-AXIS= 0.0 1.0 0.0 ! 0.0 cos(2theta) sin(2theta)
TRUSTED_REGION= 0.0 0.99 ! Relative radii limiting trusted detector region
```

```
MAXIMUM_NUMBER_OF_JOBS=8   ! Speeds-up COLSPOT & INTEGRATE on a Linux-cluster
MAXIMUM_NUMBER_OF_PROCESSORS=4! <32;ignored by single cpu version of XDS
! SECONDS=0    ! Maximum number of seconds to wait until data image must appear
! TEST=1       ! Test flag. 1,2 additional diagnostics and images


!====================JOB CONTROL PARAMETERS ==================
============
 JOB=XYCORR INIT COLSPOT IDXREF DEFPIX XPLAN INTEGRATE CORRECT
 ! JOB=ALL
 ! JOB=DEFPIX INTEGRATE CORRECT


!====================GEOMETRICAL PARAMETERS =================
============
 ! ORGX and ORGY are often close to the image center, i.e. ORGX=NX/2, ORGY=NY/2
 ORGX=1231.5   ORGY=1263.5    ! Detector origin(pixels).   ORGX=NX/2; ORGY=NY/2
 DETECTOR_DISTANCE=300.0    ! (mm)

 ROTATION_AXIS=-1.0 0.0 0.0

 ! Optimal choice is 0.5*mosaicity(REFLECTING_RANGE_E.S.D.=mosaicity)
 OSCILLATION_RANGE=0.5                ! degrees(>0)

 X-RAY_WAVELENGTH=0.97780                ! Angstrom
 INCIDENT_BEAM_DIRECTION=0.0 0.0 1.0
 FRACTION_OF_POLARIZATION=0.99 ! default=0.5 for unpolarized beam
 POLARIZATION_PLANE_NORMAL=0.0 1.0 0.0


!====================CRYSTAL PARAMETERS ==================
============

 ! SPACE_GROUP_NUMBER=5    ! 0 for unknown crystals; cell constants are ignored.
 ! UNIT_CELL_CONSTANTS=191.97   342.20   208.69       90.00   108.29   90.00


 ! You may specify here the x,y,z components for the unit cell vectors if
 ! known from a previous run using the same crystal in the same orientation
 ! UNIT_CELL_A-AXIS=
 ! UNIT_CELL_B-AXIS=
 ! UNIT_CELL_C-AXIS=

 ! Optional reindexing transformation to apply on reflection indices
 ! REIDX=   0  0 -1  0  0 -1  0  0 -1  0  0  0

 ! FRIEDEL'S_LAW=FALSE ! Default is TRUE.

 ! REFERENCE_DATA_SET=CK.HKL    ! Name of a reference data set(optional)


!====================SELECTION OF DATA IMAGES ==================
===========
 ! Generic file name and format(optional) of data images
```

NAME_TEMPLATE_OF_DATA_FRAMES=/home/jiyong/index/Galectin-13/Gal1302_1_00???.cbf ! CBF

DATA_RANGE=1 360　　　　! Numbers of first and last data image collected
EXCLUDE_DATA_RANGE= 20 30 EXCLUDE_DATA_RANGE= 80
BACKGROUND_RANGE=3 10　! Numbers of first and last data image for background

!=====================DATA COLLECTION STRATEGY(XPLAN) ==============
=========
!　　　　　　　　　　　　! ! ! Warning ! ! !
! If you processed your data for a crystal with unknown cell constants and
! space group symmetry，XPLAN will report the results for space group P1.

! STARTING_ANGLE=　0.0　　　　STARTING_FRAME=1
! used to define the angular origin about the rotation axis.
! Default:　STARTING_ANGLE=　0 at STARTING_FRAME= first data image

! RESOLUTION_SHELLS=10 6 5 4 3 2 1.5 1.3 1.2

! STARTING_ANGLES_OF_SPINDLE_ROTATION=0 180 10

! TOTAL_SPINDLE_ROTATION_RANGES= 30.0 120 15

!=====================INDEXING PARAMETERS ====================
============
! Never forget to check this，since the default 0 0 0 is almost always correct!
! INDEX_ORIGIN=0 0 0　　　　　　! used by "IDXREF" to add an index offset

! Additional parameters for fine tuning that rarely need to be changed
! INDEX_ERROR= 0.05 INDEX_MAGNITUDE= 8 INDEX_QUALITY= 0.8
SEPMIN=4.0　　　　! default is 6 for other detectors
CLUSTER_RADIUS=2 ! default is 3 for other detectors
! MAXIMUM_ERROR_OF_SPOT_POSITION= 3.0
! MAXIMUM_ERROR_OF_SPINDLE_POSITION= 2.0
! MINIMUM_FRACTION_OF_INDEXED_SPOTS= 0.5

!==============DECISION CONSTANTS FOR FINDING CRYSTAL SYMMETRY ======
=======
! Decision constants for detection of lattice symmetry(IDXREF，CORRECT)
MAX_CELL_AXIS_ERROR= 0.03 ! Maximum relative error in cell axes tolerated
MAX_CELL_ANGLE_ERROR= 2.0 ! Maximum cell angle error tolerated

! Decision constants for detection of space group symmetry(CORRECT).
! Resolution range for accepting reflections for space group determination in
! the CORRECT step. It should cover a sufficient number of strong reflections.
TEST_RESOLUTION_RANGE= 8.0 4.5
MIN_RFL_Rmeas= 50 ! Minimum # reflections needed for calculation of Rmeas
MAX_FAC_Rmeas= 2.0 ! Sets an upper limit for acceptable Rmeas

!================PARAMETERS CONTROLLING REFINEMENTS ============
==========
! REFINE(IDXREF)= BEAM AXIS ORIENTATION CELL ! DISTANCE

```
!REFINE(INTEGRATE)=!DISTANCE BEAM ORIENTATION CELL !AXIS
!REFINE(CORRECT)= DISTANCE BEAM ORIENTATION CELL AXIS

!=================CRITERIA FOR ACCEPTING REFLECTIONS ==============
========
VALUE_RANGE_FOR_TRUSTED_DETECTOR_PIXELS= 6000 30000 ! Used by DEFPIX
    ! for excluding shaded parts of the detector.

!INCLUDE_RESOLUTION_RANGE= 20.0 3.0 ! Angstrom; used by DEFPIX,INTEGRATE,CORRECT

! used by CORRECT to exclude ice-reflections
!EXCLUDE_RESOLUTION_RANGE=3.93 3.87 !ice-ring at 3.897 Angstrom
!EXCLUDE_RESOLUTION_RANGE=3.70 3.64 !ice-ring at 3.669 Angstrom
!EXCLUDE_RESOLUTION_RANGE=3.47 3.41 !ice-ring at 3.441 Angstrom
!EXCLUDE_RESOLUTION_RANGE=2.70 2.64 !ice-ring at 2.671 Angstrom
!EXCLUDE_RESOLUTION_RANGE=2.28 2.22 !ice-ring at 2.249 Angstrom
!EXCLUDE_RESOLUTION_RANGE=2.102 2.042 !ice-ring at 2.072 Angstrom-strong
!EXCLUDE_RESOLUTION_RANGE=1.978 1.918 !ice-ring at 1.948 Angstrom-weak
!EXCLUDE_RESOLUTION_RANGE=1.948 1.888 !ice-ring at 1.918 Angstrom-strong
!EXCLUDE_RESOLUTION_RANGE=1.913 1.853 !ice-ring at 1.883 Angstrom-weak
!EXCLUDE_RESOLUTION_RANGE=1.751 1.691 !ice-ring at 1.721 Angstrom-weak

!MINIMUM_ZETA=0.05 !Defines width of 'blind region'(XPLAN,INTEGRATE,CORRECT)

!WFAC1=1.0    !This controls the number of rejected MISFITS in CORRECT;
        ! a larger value leads to fewer rejections.
!REJECT_ALIEN= 20.0 !Automatic rejection of very strong reflections

!==============INTEGRATION AND PEAK PROFILE PARAMETERS ============
=========
!Specification of the peak profile parameters below overrides the automatic
!determination from the images
!Suggested values are listed near the end of INTEGRATE.LP
!BEAM_DIVERGENCE=     0.80              !arctan(spot diameter/DETECTOR_DISTANCE)
!BEAM_DIVERGENCE_E.S.D.=     0.080 !half-width(Sigma) of BEAM_DIVERGENCE
!REFLECTING_RANGE=    0.780 !for crossing the Ewald sphere on shortest route
!REFLECTING_RANGE_E.S.D.=    0.113 !half-width(mosaicity) of REFLECTING_RANGE

NUMBER_OF_PROFILE_GRID_POINTS_ALONG_ALPHA/BETA= 13! used by: INTEGRATE
!NUMBER_OF_PROFILE_GRID_POINTS_ALONG_GAMMA=9      !used by: INTEGRATE

!DELPHI=6.0! controls the number of reference profiles and scaling factors
!CUT=2.0      !defines the integration region for profile fitting
!MINPK=75.0 !minimum required percentage of observed reflection intensity

!=======PARAMETERS CONTROLLING CORRECTION FACTORS(used by: CORRECT) ====
===
!MINIMUM_I/SIGMA=2 !minimum intensity/sigma required for scaling reflections
!NBATCH=-1    !controls the number of correction factors along image numbers
!REFLECTIONS/CORRECTION_FACTOR= 50     !minimum # reflections/correction needed
!PATCH_SHUTTER_PROBLEM=TRUE             !FALSE is default
```

```
! STRICT_ABSORPTION_CORRECTION=TRUE    ! FALSE is default
! CORRECTIONS=DECAY MODMLATION ABSORPTION


!===========PARAMETERS DEFINING BACKGROUND AND PEAK PIXELS =========
========
STRONG_PIXEL=2.0                                    ! used by: COLSPOT
! A 'strong' pixel to be included in a spot must exceed the background
! by more than the given multiple of standard deviations.

! MAXIMUM_NUMBER_OF_STRONG_PIXELS=1500000        ! used by: COLSPOT

! SPOT_MAXIMUM-CENTROID=3.0                       ! used by: COLSPOT

MINIMUM_NUMBER_OF_PIXELS_IN_A_SPOT=3            ! used by: COLSPOT
! This allows to suppress spurious isolated pixels from entering the
! spot list generated by "COLSPOT".

! NBX=3   NBY=3   ! Define a rectangle of size (2*NBX+1)*(2*NBY+1)
! The variation of counts within the rectangle centered at each image pixel
! is used for distinguishing between background and spot pixels.

! BACKGROUND_PIXEL=6.0                          ! used by: COLSPOT,INTEGRATE
! An image pixel does not belong to the background region if the local
! pixel variation exceeds the expected variation by the given number of
! standard deviations.

SIGNAL_PIXEL=2.0                                 ! used by: INTEGRATE
! A pixel above the threshold contributes to the spot centroid

! DATA_RANGE_FIXED_SCALE_FACTOR=1 60 1.0 ! used by : INIT,INTEGRATE

MAXIMUM_NUMBER_OF_PROCESSORS=4 ! <32;ignored by single cpu version of XDS
```

这一语句指的是使用 CPU 里的多少个单核进行 index。运行的数目不能超过 32 个单核，也就是说现在只支持 32 核的 CPU。

```
JOB=XYCORR INIT COLSPOT IDXREF DEFPIX XPLAN INTEGRATE CORRECT
! JOB=ALL
! JOB=DEFPIX INTEGRATE CORRECT
```

这三个语句指的是进行 index 和 integrate 时，需要完成哪些程序。建议运行"JOB="后边的所有程序。也可以用"JOB＝ALL"来完成同样的工作。有时 index 和 integrate 失败了，XDS 就会建议只进行 DEFPIX、INTEGRATE、CORRECT 三项程序。进行这三项程序后，integrate 的质量都比较差，只有在万不得已的时候才只运行这三个程序。如果非要以这种方式运行的话，把"! JOB"前的"!"去掉。在"JOB＝XYCORR INIT COLSPOT IDXREF DEFPIX XPLAN INTEGRATE CORRECT"前则需要加上"!"。

```
DETECTOR_DISTANCE=300.0      !(mm)
X-RAY_WAVELENGTH=0.97780                 ! Angstrom
```

这两个语句分别指的是晶体和 X 射线探测器的距离和 X 射线的波长。收集的数据里面没有明确地显示这两个参数,但是这两个参数写在每个衍射图中。我们可以用 vi 命令打开衍射图,查询这两个参数的信息。右键点击文件夹的任意空白处,选择"Open in Terminal",再用 ls 命令查询文件夹中的文件。看到文件以后,用"vi Gal1302_1_00098.cbf"命令打开该衍射图(图 4-10)。输入命令时注意区分大小写,否则无法打开文件。vi 可以打开任何一张衍射图,得到的信息都是一样的。

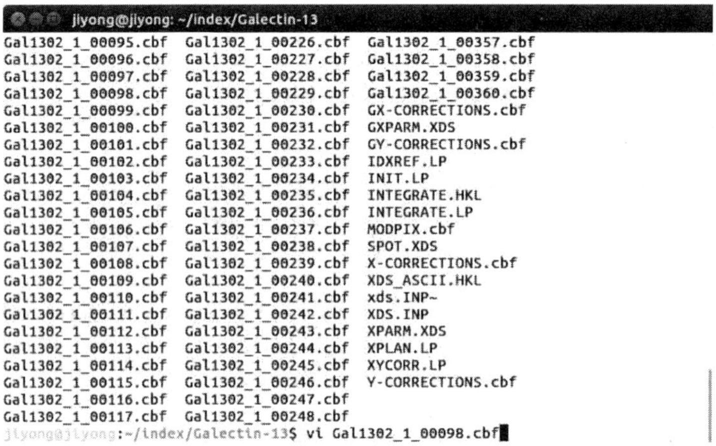

图 4-10　使用 vi 检查衍射参数信息

用 vi 命令打开一张衍射图后,下拉文件,会看到"Wavelength 0.97780 A"和"Detector distance 0.30300 m"(图 4-11)。这两行就是前面所需的距离和波长信息。把数值填到 XDS. INP 文件里面。每一套数据中这两个参数都有可能不一样,一定要注意修改。

图 4-11　vi 显示出 X 射线波长和晶体与 X 射线探测器的距离

!SPACE_GROUP_NUMBER=5　　!0 for unknown crystals; cell constants are ignored.

在这个语句中，"5"代表空间群 C2。目前一共有 230 种空间群(表 4-2)，读者可以按照下表查找这些空间群所对应的序列号。

表 4-2　空间群所对应的序列号

序列号	空间群
1	$P1$
2	$P\bar{1}$
3～5	$P2, P2_1, C2$
6～9	Pm, Pc, Cm, Cc
10～15	$P2/m, P2_1/m, C2/m, P2/c, P2_1/c, C2/c$
16～24	$P222, P222_1, P2_12_12, P2_12_12_1, C222_1, C222, F222, I222, I2_12_12_1$
25～46	$Pmm2, Pmc2_1, Pcc2, Pma2, Pca2_1, Pnc2, Pmn2_1, Pba2, Pna2_1, Pnn2, Cmm2, Cmc2_1,$ $Ccc2, Amm2, Aem2, Ama2, Aea2, Fmm2, Fdd2, Imm2, Iba2, Ima2$
47～74	$Pmmm, Pnnn, Pccm, Pban, Pmma, Pnna, Pmna, Pcca, Pbam, Pccn, Pbcm, Pnnm,$ $Pmmn, Pbcn, Pbca, Pnma, Cmcm, Cmce, Cmmm, Cccm, Cmme, Ccce, Fmmm, Fddd,$ $Immm, Ibam, Ibca, Imma$
75～80	$P4, P4_1, P4_2, P4_3, I4, I4_1$
81～82	$P\bar{4}, I\bar{4}$
83～88	$P4/m, P4_2/m, P4/n, P4_2/n, I4/m, I4_1/a$
89～98	$P422, P42_12, P4_122, P4_12_12, P4_222, P4_22_12, P4_322, P4_32_12, I422, I4_122$
99～110	$P4mm, P4bm, P4_2cm, P4_2nm, P4cc, P4nc, P4_2mc, P4_2bc, I4mm, I4cm, I4_1md, I4_1cd$
111～122	$P\bar{4}2m, P\bar{4}2c, P\bar{4}2_1m, P\bar{4}2_1c, P\bar{4}m2, P\bar{4}c2, P\bar{4}b2, P\bar{4}n2, I\bar{4}m2, I\bar{4}c2, I\bar{4}2m, I\bar{4}2d$
123～142	$P4/mmm, P4/mcc, P4/nbm, P4/nnc, P4/mbm, P4/mnc, P4/nmm, P4/ncc, P4_2/mmc,$ $P4_2/mcm, P4_2/nbc, P4_2/nnm, P4_2/mbc, P4_2/mnm, P4_2/nmc, P4_2/ncm, I4/mmm,$ $I4/mcm, I4_1/amd, I4_1/acd$
143～146	$P3, P3_1, P3_2, R3$
147～148	$P\bar{3}, R\bar{3}$
149～155	$P312, P321, P3_112, P3_121, P3_212, P3_221, R32$
156～161	$P3m1, P31m, P3c1, P31c, R3m, R3c$
162～167	$P\bar{3}1m, P\bar{3}1c, P\bar{3}m1, P\bar{3}c1, R\bar{3}m, R\bar{3}c$
168～173	$P6, P6_1, P6_5, P6_2, P6_4, P6_3$
174	$P\bar{6}$
175～176	$P6/m, P6_3/m$
177～182	$P622, P6_122, P6_522, P6_222, P6_422, P6_322$
183～186	$P6mm, P6cc, P6_3cm, P6_3mc$
187～190	$P\bar{6}m2, P\bar{6}c2, P\bar{6}2m, P\bar{6}2c$
191～194	$P6/mmm, P6/mcc, P6_3/mcm, P6_3/mmc$
195～199	$P23, F23, I23, P2_13, I2_13$
200～206	$Pm\bar{3}, Pn\bar{3}, Fm\bar{3}, Fd\bar{3}, Im\bar{3}, Pa\bar{3}, Ia\bar{3}$
207～214	$P432, P4_232, F432, F4_132, I432, P4_332, P4_132, I4_132$
215～220	$P\bar{4}3m, F\bar{4}3m, I\bar{4}3m, P\bar{4}3n, F\bar{4}3c, I\bar{4}3d$
221～230	$Pm\bar{3}m, Pn\bar{3}n, Pm\bar{3}n, Pn\bar{3}m, Fm\bar{3}m, Fm\bar{3}c, Fd\bar{3}m, Fd\bar{3}c, Im\bar{3}m, Ia\bar{3}d$

!UNIT_CELL_CONSTANTS= 191.97 342.20 208.69 90.00 108.29 90.00

这一语句指的是 XDS 在运行的时候,以哪种空间群和空间群参数运行。其实,在运行完 XDS index 之前,是不知道空间群的。这两项前面可以打"!"。XDS 在 index 结束时,会自动给出一个空间群及对应该空间群的参数。有了一个确定的空间群以后,还可以回头再做一遍 index,可能会提高 intergrate 的质量。

NAME_TEMPLATE_OF_DATA_FRAMES=/home/jiyong/index/Galectin-13/Gal1302_1_00???.cbf !CBF

这一语句指的是 index 和 integrate 时用哪些数据。一定要输入数据的完整地址。比如:/home/jiyong/index/Galectin-13/Gal1302_1_00???. cbf。如果不知道数据的完整地址,可以直接把一张衍射图用左键拉到一个终端里,终端会自动把衍射图的完整存放路径显示出来。把该路径填入到这一语句中。"Gal1302_1_00???. cbf"中的"???"代表以 Gal1302_1_00 开头的所有任意数据。这套数据用了 360 张衍射图,所以XDS 在 integrate 的时候,会把所有的衍射图都用上。cbf 是衍射图文件的后缀。在输入数据地址时一定要准确,否则 XDS 会报错,无法运行。

DATA_RANGE= 1 360   !Numbers of first and last data image collected

这一语句指的是 index 和 integrate 的数据范围。文件夹里有 360 张衍射图,所以本次 index 的范围是所有衍射图。当然也可以设置 integrate 范围,比如 DATA_RANGE=1 100 就指的是从第 1 张到第 100 张做 integrate。

EXCLUDE_DATA_RANGE= 20 30 EXCLUDE_DATA_RANGE= 80 80

有时衍射图的质量并不是很好,比如从第 20 到第 30 张衍射图及第 80 张衍射图质量不好,这一语句可以把这些衍射图排除,做 integrate 的时候不会用到这些衍射图。

BACKGROUND_RANGE= 3 10 !Numbers of first and last data image for background

这一语句是指使用哪几张衍射图去决定背景信号的数值。一般情况下第一张衍射图不作为背景。可以从开始的衍射图中找几张作为寻找背景的衍射图。后面的衍射图,由于 X 射线的照射,晶体的质量越来越差,背景信号的数值会有所增加,一般情况下不使用后边的衍射图作为决定背景信号数值的衍射图。

!INCLUDE_RESOLUTION_RANGE= 20.0 3.0 !

这一语句指的是做 integrate 时的分辨率的范围。比如根据 Adxv 显示的衍射图的质量,以及前一轮做 integrate 的效果,决定 20~3 Å 是符合实际的范围,那么进行下一轮 index 和 integrate 时就选择 20~3 Å 范围内的衍射点进行 integrate,而分辨率低于 20 Å 和高于 3 Å 的衍射点就不在 integrate 范围之内。如果想使用这个选项,那么请把前面的"!"去掉。

!MINIMUM_I/SIGMA= 2

一般情况下,这一语句可以默认不选,而且默认的值就是 2。这一语句的意思是只有衍射点的数值与背景数值的比值高于 2,才进行 index;而低于 2 的衍射不进行integrate。高于 2 的点一般认为是衍射点,这样做可以提高信噪比。比如有时衍射点

的亮度很低,可以考虑把 2 换成 1.5,然后尝试先把晶体解析出来。如果想使用这个选项,那么请把前面的"!"去掉。

以上各语句读者可以根据实际情况修改。最终目的是使 index 和 integrate 顺利完成,而且得到一个准确的空间群。完成以上设置以后,右键点击文件夹的任意位置,选择"Open in Terminal"。在终端里输入"XDS"或者"xds_par"。"XDS"仅使用 CPU 的单核进行 index,而"xds_par"使用 CPU 的所有核心进行 index 和 integrate(图 4-12)。后者的速度明显比前者要快。

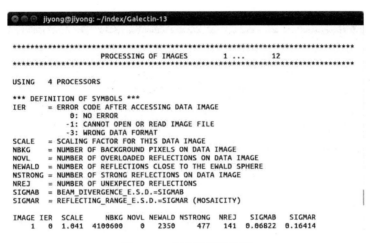

图 4-12　使用 xds_par 命令运行 XDS 程序

如果一切顺利,在终端出现如图 4-13 的进程,则表示 index 和 integrate 基本可以顺利进行。

图 4-13　XDS 运行的进程

XDS 一般不能对质量非常差的衍射图进行 index。有时,index 会失败,比如图 4-14。遇到这种情况,需要修改 INP 中的选项,才有可能完成 index 和 integrate。在遇到失败时,一定要努力尝试不同的选项,不停地修改。经过努力,一般会找到一个巧妙的方式,使质量不好的衍射图完成 index 和 integrate。

在 XDS 运行记录的最后部分,XDS 会给出一些信息,包括给出的空间群和空间群的参数(图 4-15)。这些信息对于以后的晶体解析非常重要。在后期做 scale 的时候,Aimless 程序还会对空间群和空间群参数进行计算,又会得到一些参数。Aimless 也会给蛋白质晶体衍射数据做出一些标注,比如 Rmerge。Rmerge 的数值低于 0.10,证明蛋白质晶体衍射数据的质量是好的,也间接证明空间群是正确的;如果 Rmerge 的数值高于 0.20,那么基本判断蛋白质晶体衍射数据的质量不好,而且空间群可能是错误的。另外,如果 Aimless 计算的空间群和 XDS 计算的空间群一致的话,一般可以判断此空间群为正确的,但是也有例外,需要最后把晶体结构解析出来才能判定是否正确。

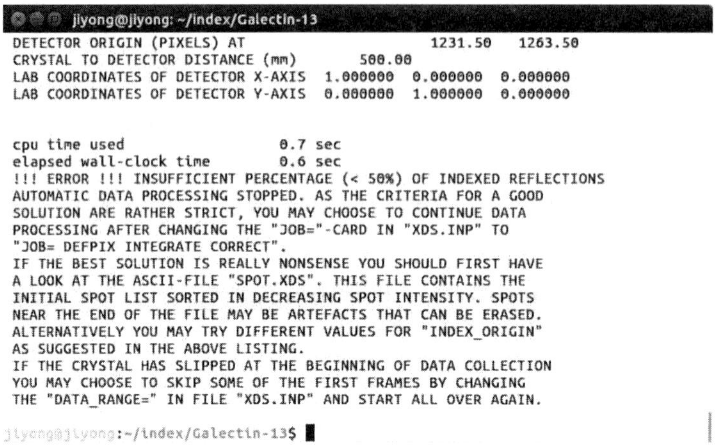

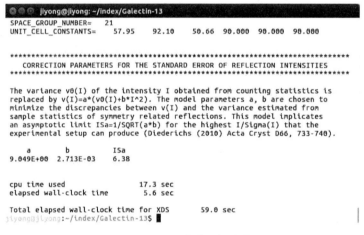

```
jiyong@jiyong: ~/index/Galectin-13
DETECTOR ORIGIN (PIXELS) AT                          1231.50   1263.50
CRYSTAL TO DETECTOR DISTANCE (mm)         500.00
LAB COORDINATES OF DETECTOR X-AXIS  1.000000  0.000000  0.000000
LAB COORDINATES OF DETECTOR Y-AXIS  0.000000  1.000000  0.000000


cpu time used                     0.7 sec
elapsed wall-clock time           0.6 sec
!!! ERROR !!! INSUFFICIENT PERCENTAGE (< 50%) OF INDEXED REFLECTIONS
AUTOMATIC DATA PROCESSING STOPPED. AS THE CRITERIA FOR A GOOD
SOLUTION ARE RATHER STRICT, YOU MAY CHOOSE TO CONTINUE DATA
PROCESSING AFTER CHANGING THE "JOB="-CARD IN "XDS.INP" TO
"JOB= DEFPIX INTEGRATE CORRECT".
IF THE BEST SOLUTION IS REALLY NONSENSE YOU SHOULD FIRST HAVE
A LOOK AT THE ASCII-FILE "SPOT.XDS". THIS FILE CONTAINS THE
INITIAL SPOT LIST SORTED IN DECREASING SPOT INTENSITY. SPOTS
NEAR THE END OF THE FILE MAY BE ARTEFACTS THAT CAN BE ERASED.
ALTERNATIVELY YOU MAY TRY DIFFERENT VALUES FOR "INDEX_ORIGIN"
AS SUGGESTED IN THE ABOVE LISTING.
IF THE CRYSTAL HAS SLIPPED AT THE BEGINNING OF DATA COLLECTION
YOU MAY CHOOSE TO SKIP SOME OF THE FIRST FRAMES BY CHANGING
THE "DATA_RANGE=" IN FILE "XDS.INP" AND START ALL OVER AGAIN.

jiyong@jiyong:~/index/Galectin-13$
```

图 4-14　XDS 运行失败

```
jiyong@jiyong: ~/index/Galectin-13
SPACE_GROUP_NUMBER=   21
UNIT_CELL_CONSTANTS=     57.95     92.10     50.66  90.000  90.000  90.000


*****************************************************************************
   CORRECTION PARAMETERS FOR THE STANDARD ERROR OF REFLECTION INTENSITIES
*****************************************************************************

The variance v0(I) of the intensity I obtained from counting statistics is
replaced by v(I)=a*(v0(I)+b*I^2). The model parameters a, b are chosen to
minimize the discrepancies between v(I) and the variance estimated from
sample statistics of symmetry related reflections. This model implicates
an asymptotic limit ISa=1/SQRT(a*b) for the highest I/Sigma(I) that the
experimental setup can produce (Diederichs (2010) Acta Cryst D66, 733-740).

     a         b          ISa
9.049E+00  2.713E-03    6.38


cpu time used                    17.3 sec
elapsed wall-clock time           5.6 sec

Total elapsed wall-clock time for XDS        59.0 sec
jiyong@jiyong:~/index/Galectin-13$
```

图 4-15　XDS 成功运行完成

待 index 和 integrate 完成后，文件夹里会多出很多文件。其中最重要的就是 XDS_ASCII. HKL 文件（图 4-16）。该文件是解析晶体结构的最初的文件。它的质量决定了蛋白质晶体结构的质量，所以非常重要。XDS_ASCII. HKL 文件的数据质量可以通过多次的 index 和 integrate 提高，最终能够得到一个较好的用于后期蛋白质晶体结构解析的 XDS_ASCII. HKL 文件。

XDS 并不一定能给出正确的空间群。有时到解析后期，发现怎么都不能把蛋白质晶体解析出来，这时需要考虑空间群是否正确。需要重新做 integrate。HKL3000 是商业化的软件，是一个很好的计算空间群的软件，不过只能在上海光源的线站使用，不太方便。幸运的是 Mosflm 是 CCP4 的组成部分，而且开源免费。这个软件可以给出多个正确空间群的备选。这时需要将空间群一个一个地进行尝试，并尝试解析蛋白质晶体，到最后选择出正确的空间群，完成蛋白质晶体结构解析。

用 Mosflm 选择空间群的操作如下。

首先打开任意一个终端，输入"ccp4i"，回车，就会启动 CCP4i。在软件的左上角会有"Choose module"的按钮，点击它，选择"Data Reduction and Analysis"（图 4-17）。

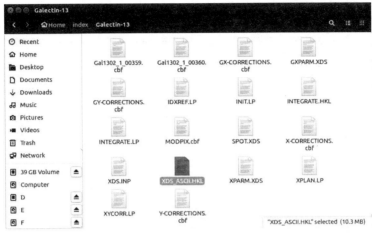

图 4-16 XDS 运行完成后产生一个 XDS_ASCII. HKL 文件

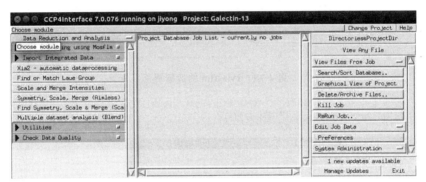

图 4-17 启动 CCP4 并选择"Data Reduction and Analysis"

再点击下面的"Data Processing using Mosflm"，就会下拉出两个按钮，分别是"Start iMosflm"和"Run Mosflm in batch"。第一个是以图形用户界面的方式打开，第二个是 Mosflm 以 batch 的方式运行。我们这里点第一个"Start iMosflm"（图 4-18）。

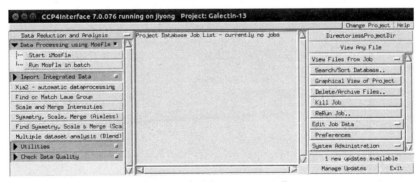

图 4-18 点击"Start iMosflm"

弹出 iMosflm 的界面（图 4-19）。

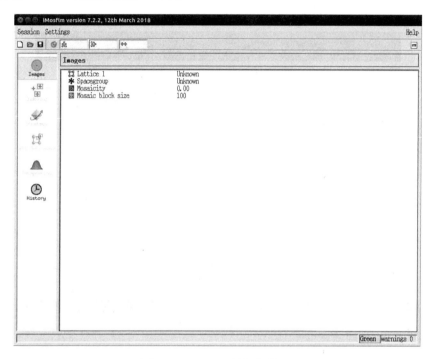

图 4-19　iMosflm 的运行界面

然后点击"Add images..."（图 4-20）。

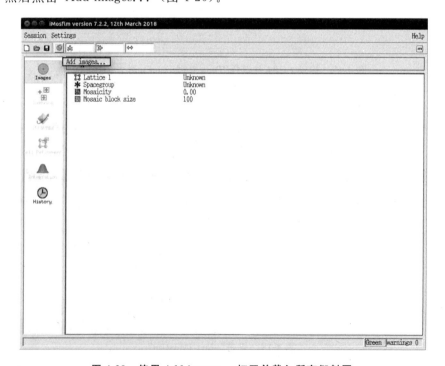

图 4-20　使用 Add images... 打开并载入所有衍射图

弹出一个对话框,然后找到衍射图所在的文件夹,随便打开一张衍射图。比如选择第一张衍射图,并且打开(图 4-21)。

图 4-21　任意选择一张衍射图打开

iMosflm 就会把所有衍射图加载在程序里面,并且会弹出第一张衍射图的照片(图 4-22),我们也可以使用这个程序检测衍射图的质量。方法和 Adxv 类似。

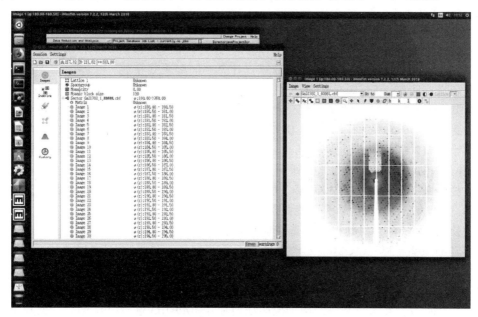

图 4-22

图 4-22　iMosflm 显示衍射点

关闭显示衍射图的界面。然后点击界面左边的"Indexing"按钮。在界面的下方显示的就是所选的空间群的解析结果,比如图 4-23 中显示的就是第一栏的空间群是"P1"。程序会自动根据第 1 和第 180 张衍射图对数据进行一个初步的空间群和参数判断,也会给出一个初步的晶体 mosaicity(马赛克性)数值,这个值越大代表晶体的碎片化越严重。数值低于 0.2 说明晶体质量较好,也暗示着空间群是正确的。本次 index 给出的 $P1$ 空间群的 mosaicity 值是 0.35。

图 4-23

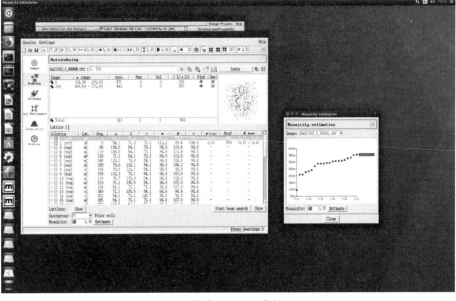

图 4-23　使用 iMosflm 进行 index

关掉计算 mosaicity 数值的界面,可以再将几张衍射图加入 Mosflm。比如前面提到程序自动用第 1 张和第 180 张图做 index。还可以把第 90、第 270 和第 360 张衍射图放到 Mosflm 中。点击"Index"按钮可以计算空间群及其参数。在界面下方会给出一些备选空间群,带有绿色标签的很有可能是空间群的答案,但是并不确定。改变 Mosflm 中的参数,再多尝试几次。比如可以再增加几张衍射图,或者去掉几张衍射图。另外,也可以改变其他参数,比如修改 I/SIGMA＝2.5 的数值,可以尝试增大或者减小数值。最后要强调的是,给出的那些绿色的备选空间群,越往下越有可能是对的,并且"Pen."的数值从上一栏到下一栏的跨度越大越有可能是正确的答案。比如第 2 栏的"Pen."的数值是 4,而第 3 栏的"Pen."的数值是 10。4 到 10 的跨度还是很大的,所以第三栏的空间群有可能是对的。

使用 Mosflm 会得到很多备选空间群,有了这些空间群以后可以直接快速使用 XDS 进行 index 和 integrate。当然最终还是要根据晶体结构的质量,以及 Aimless 给出的衍射数据的参数,才能确定一个正确的空间群(图 4-24)。

Mosflm 对衍射图要求极高,需要用户进行多次运行参数的修改,一般较难顺利完成 integrate。在这里举一个例子说明如何使用 iMosflm 进行 integrate。前提是通过上面的步骤顺利完成 index 后,找到了一个正确的空间群。选择正确的空间群,然后点击 iMosflm 界面左侧的"Cell Refinement",弹出界面,如图 4-25。"Cell Refinement"的作用是对晶胞的参数,特别是长、宽、高和 mosaicity,进一步优化,找到更精确的空间群参数。在弹出的界面中,可以直接点击右上角的"Process"。如果没有报错,程序会对晶胞进行优化;如果报错,可以根据提示改变优化的条件,或者改变进行优化的衍射图的数目。示例中使用了"2-20,181-200"衍射图进行晶胞优化。可以看到页面的最下方的"Initial"和"Final"的参数是有变动的。晶胞参数优化完成以后,即可进行 integrate(图 4-25)。

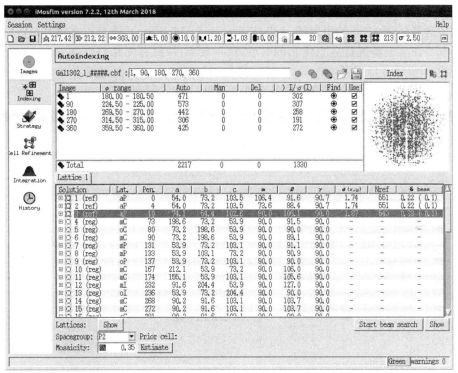

图 4-24 使用 iMosflm 确定空间群

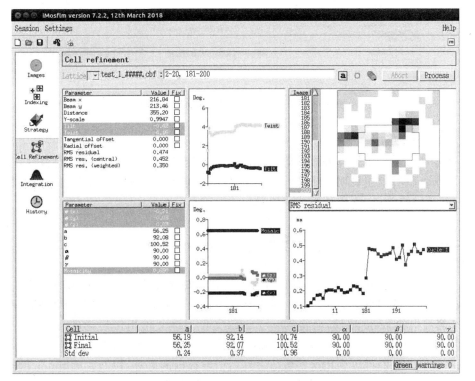

图 4-25 使用 iMosflm 进行晶胞参数优化

点击 iMosflm 界面的左侧的"Integration"。可以对全部衍射图进行 integrate,本示例中选择了 1~360 的衍射图。点击"Process",iMosflm 开始对所有衍射图进行 integrate。在上一步进行晶胞优化的时候,mosaicity 并没有优化好。在 integrate 的时候,iMosflm 还可以对其 mosaicity 进行优化,对应于 mosaicity 的框不要选中,否则数值会被固定。Mosaicity 的值一般要求越低越好(图 4-26)。

图 4-26

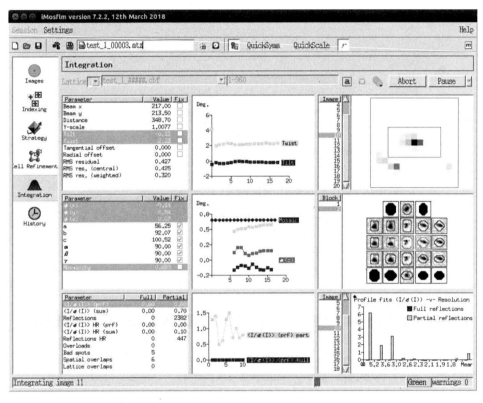

图 4-26 使用 iMosflm 对数据进行 integrate

在运行 integrate 过程中或运行完毕时经常会出现程序报错,一般这些报错都是关于数据收集或者衍射点方面的信息,用户可以按照提示对运行参数进行修改,重新进行 integrate。这也说明,iMosflm 对衍射数据要求非常严格,在收集晶体衍射数据时,一定要认真准备,否则就不能使用 iMosflm 进行 integrate。

第四节　Scale

Integrate 是把所有衍射图中的衍射点所代表的数值整合起来的过程。Scale 是 integrate 的后续过程。Scale 可以对 integrate 整合起来的数值进行标准化。使用 CCP4 套件中的 scale 软件,会得到一个 mtz 文件。该文件用于后续的 molecular replacement 的操作。Scale 软件中的 Pointless 程序会对衍射数据进行评价,给出一些参数的数值。我们可以利用这些数值去判断衍射数据的好坏,以及判断 index 的空间群是否正确。如果 scale 得到的衍射数据的参数值并不是很好,还可以回头去重新进行 index 和 integrate 等。

　　造成衍射数据参数不良的原因有很多，最主要的是衍射图的质量不好，这就要求在蛋白质晶体生长过程中要做好优化，在收集蛋白质晶体衍射数据的时候使用适合的冷冻保护剂，也要使用好的捞取蛋白质晶体的 loop 等。另一个原因是蛋白质晶体的分辨率本来是在 3 Å 左右，如果非要把 integrate 的分辨率设为 2 Å，那么衍射数据的参数也一定不会好。因为在衍射图上 2～3 Å 之间几乎没有衍射点，integrate 软件就会做出一些无效操作，这也会降低衍射数据参数的质量。最后一个原因是 index 的空间群可能不对。这也会造成 integrate 时发生错误，Pointless 会计算出不好的参数。总之 scale 这一步可以和 index 及 integrate 结合起来操作。Index、integrate 和 scale 是蛋白质晶体解析过程最重要的基础，这几步做好了，可以加速蛋白质晶体解析过程，也可以提高蛋白质晶体结构分辨率。Mosflm 和 XDS 都可以进行 index 和 integrate，并且最后分别得到后缀为 mtz 和 HKL 的文件。CCP4 套件中有不同的软件可以对这些数据进行 scale。

一、CCP4(project)运行项目的建立

　　在进行 scale 之前，首先介绍一下如何建立 CCP4 的项目(project)。建议对每个蛋白质晶体结构建立一个项目，在每个项目里进行 scale、分子置换等操作。如果所有蛋白质晶体结构都使用一个项目的话，非常容易混淆，有时找不到文件。对于半乳糖凝集素 13(Galectin-13)的晶体结构来说，我们要重新建立一个Galectin-13项目。点击"Add project"就会创建一个 project，在"Project"右边的输入栏里面写入"Galectin-13"，在"uses directory:"右边的输入栏写入存放文件的路径"/media/jiyong/F/ccp4/Gal13"。界面的下边还需要设置存放临时文件的路径，设置方法和上面类似。设置完毕以后，点击"Apply&Exit"退出。点击 CCP4 主界面右上方的"Change Project"按钮，即可切换项目了。未来产生的所有关于半乳糖凝集素 13 的晶体结构文件都会存放在这个项目里(图 4-27)。

图 4-27

图 4-27　CCP4 项目设置

二、Scala 的使用

　　Scala 可以对 Mosflm 的 mtz 文件进行标准化。打开一个终端，输入"ccp4i"运行 CCP4。在界面的左边点击"Data Reduction and Analysis"按钮，在其下面找到"Find Symmetry，Scale & Merge(Scala)"(图 4-28)。

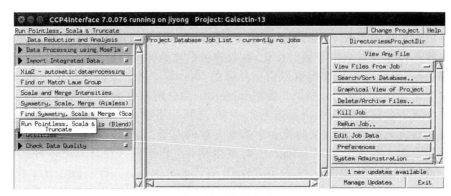

图 4-28　启动 Scala

点击该按钮,弹出 Scala 的运行界面(图 4-29)。

首先要强调的是有黄色输入栏的位置必须要填写正确的内容。"MTZ in Galec-tin-13"右侧的黄色输入栏中必须要输入文件的路径或者信息,点击右侧的"Browse"可以找到 mtz 文件的位置。"MTZ out Galectin-13"右侧的黄色输入栏会自动弹出输入内容,可以不用理会。在"Crystal"和"Dataset name"右侧的黄色输入栏里也要填入信息。最后,要强调的是"Job title"里面要写入详细的信息,比如蛋白质的名字、日期等内容。后期在 CCP4 的主界面会产生大量的文件,没有 Job title 的话,会非常乱,找不到所需要的文件。

最后,保证所有信息正确以后,点击界面左下角的"Run"按钮,运行程序(图 4-29)。

图 4-29

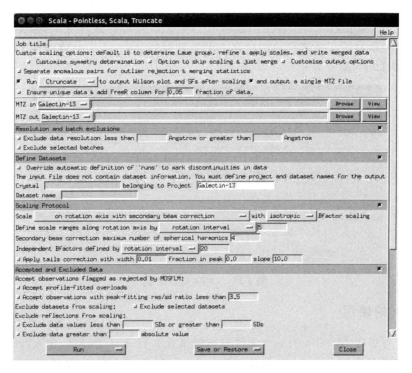

图 4-29　Scala 的运行界面

三、Aimless 的使用

前面章节介绍了如何用 XDS 对衍射数据进行 index 和 integrate。XDS 会产生一个 XDS_ASCII. HKL 文件。在 CCP4 里面，只有 Aimless 可以对 XDS_ASCII. HKL 文件进行 scale。所以本章重点介绍 Aimless 进行 scale 的方法。首先在 CCP4 主界面的左边点击"Data Reduction and Analysis"按钮，找到下面的"Symmetry，Scale，Merge(Aimless)"（图 4-30）。

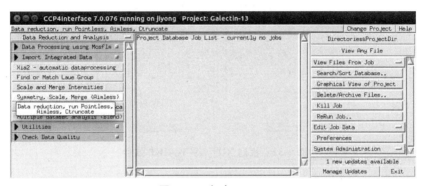

图 4-30　启动 Aimless

点击该按钮，打开 Aimless 的操作界面。Aimless 也可以对 Mosflm 产生的 mtz 文件和 HKL3000 产生的 sca 文件进行 scale。但是我们这里要对 XDS_ASCII. HKL 文件进行 scale，所以要对文件类型进行修改。首先找到"Input reflection file type："，点击后边的按钮，选择"XDS file"。这样 Aimless 就支持对 XDS_ASCII. HKL 文件进行 scale 了，如图 4-31。

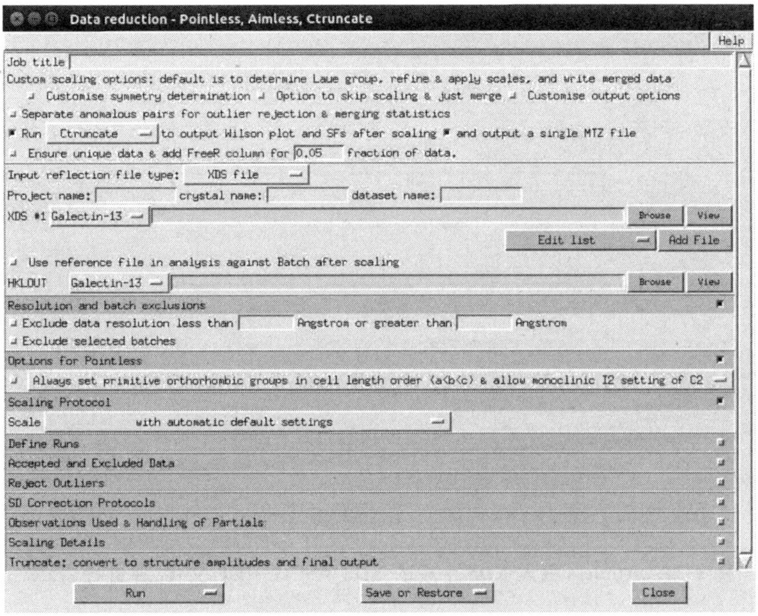

图 4-31

图 4-31　Aimless 运行界面

点击"Browse"。使用"Go up one directory"按钮找到我们需要使用的 XDS_ASCII. HKL 文件,然后点击"OK"(图 4-32)。

图 4-32　找到 XDS_ASCII. HKL 文件

这时在下面的输入栏中会自动显示出输出文件名。我们要对该文件名进行修改,比如改成"Galectin-13_XDS_ASCII_scaled1. mtz"。在"Job title"右侧的输入栏内也同样要加上运行名称,比如"Galectin-13_XDS_ASCII_scaled1"。界面中的其他内容可以不修改,直接点击左下角的"Run"按钮运行程序(图4-33)。

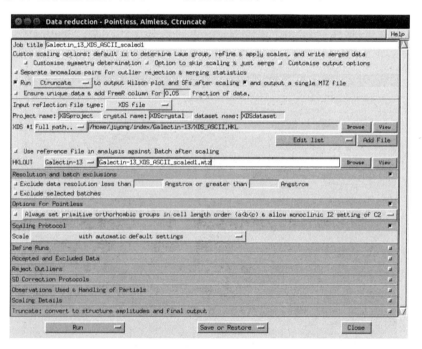

图 4-33　Aimless 载入 XDS 生成的 XDS_ASCII. HKL 文件,并进行 scale

Aimless 程序会在 CCP4 的主界面里运行,如图 4-34。"RUNNING"表示在正常运行。

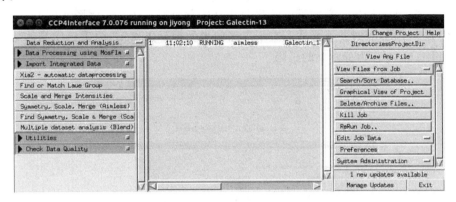

图 4-34 正在运行的 Aimless 界面

程序运行结束,会显示"FINISHED"(图 4-35)。需要说明的是,有时运行会失败,显示"FAILED",这时可以使用主界面右边的"Delete/Archive Files.."删除程序运行失败所产生的文件,以节约硬盘空间,使 CCP4 主界面干净整洁。另外,有时在运行过程中,用户发现设置有问题,可以使用"Kill Job"按钮终止运行。程序会提示"kill & remove",可删除没有运行完的程序所产生的文件。建议都删除。

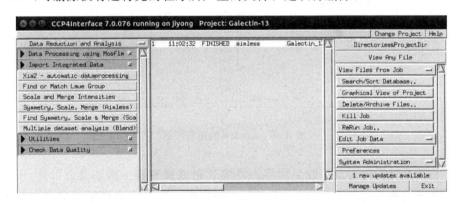

图 4-35 Aimless 成功完成运行

运行完成后,双击 CCP4 中"FINISHED"的条框,可打开 Aimless 的运行报告。报告中有很多非常有用的参数,反映了衍射数据的好坏,十分重要。这些参数可帮助判断是否需要重新设置运行参数并再次进行 scale,以及是否需要使用 XDS 再做index 和 integrate。

如图 4-36,Aimless 的运行报告页面最上端显示最有可能的空间群是 C222。下面有一些判据,包括 Laue group probability、Systematic absence probability、Total probability、Space group confidence、Laue group confidence。这几个判据越接近 1 越代表空间群正确。在本次 scale 结果中这五种判据都非常接近 1,说明 C222 是正确的空间群。Aimless 还给出了晶胞的参数 57.97,92.27,50.68,90.00,90.00,90.00。

Aimless 还计算了该蛋白质晶体为孪晶的可能性，本次计算结果是"The data do not appear to be twinned，from the L-test"，这说明该蛋白质晶体不是孪晶。在页面的左下方有一栏，里面给出估算的最好的蛋白质晶体分辨率为 1.45 Å（图 4-36）。这个推测有时是正确的，有时并不合适。对于本例的半乳糖凝集素 13 的蛋白质晶体结构来说，采用 1.60 Å 作为分辨率的极限。

图 4-36

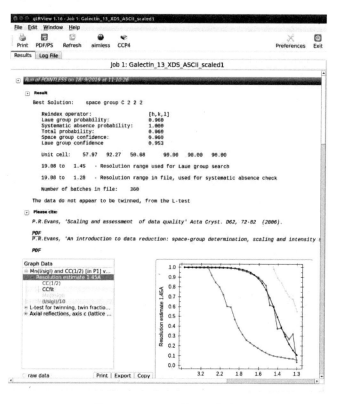

图 4-36　Aimless 的运行报告

　　蛋白质晶体的衍射点一般呈圆形。但是 X 射线探测器一般都是方形的，所以在方形的四角与圆形衍射图案之间，会多出一些面积。XDS 会自动把衍射图中的这些面积中的一些数值整合起来。Aimless 在做 scale 的时候会把蛋白质晶体的分辨率设高，比如这里分辨率设为 1.28 Å。

　　分辨率 1.28 Å 有点虚高（图 4-37）。Rmerge、Rmeas 和 Rpim 三个数值可以反映数据质量的好坏。一般情况下，仅 Rmerge 就能反映数据的好坏。我们以 Rmerge 为例来讨论本次 scale 的质量。分析 Rmerge 的数值发现，对应 Overall 的数值在 0.064，这个数值低于 0.10，是一个较好的指标。对应于 OuterShell 的数值一般在 0.01～1.0 之间才是好的，然而，图中对应 OuterShell 的数值为 −18.019，这个数值竟然是负值，本次 OuterShell 的数值不是一个好数值，这说明蛋白质晶体结构分辨率设得太高了。我们把蛋白质晶体结构的分辨率设置在一个合理范围之内，再进行一次 scale。

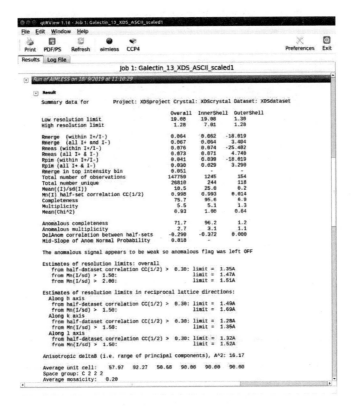

图 4-37　Aimless 的运行报告

分析 Aimless 的运行报告发现，Completeness 的数值也太小，对应于 Overall 的数值只有 75.7%，对应于 OuterShell 的数值才 6.9%，这极为不正常。这也说明蛋白质晶体结构分辨率设置得太高。

在 Aimless 的运行报告中有一张图（图 4-38），仔细分析该图发现，蛋白质分辨率设置在 1.60 Å，该晶体结构的 Completeness 的数值能达到 100% 左右。对于纯蛋白质晶体结构来说，Completeness 的数值是 100%。

由此我们决定把蛋白质晶体结构分辨率设置在 1.6～20 Å。为什么要选择 20 Å作为下限呢？这其实是一个习惯问题。在衍射图的中心，可以看到一束很强的 X 射线，那就是照射晶体的 X 射线。中心附近的信噪比不好，所以为了不使用信噪比不好的衍射点，把低于 20 Å 的区域屏蔽掉。Aimless 就可以实现屏蔽功能，在"Exclude data resolution less than［　］angstrom or greater than［　］angstrom"一栏内，把 20.0和 1.6 分别填入即可。

另外，把输出文件名和任务名修改为"Galectin_13_XDS_ASCII_scaled2"，以区别于上次的任务名"Galectin_13_XDS_ASCII_scaled1"。当然，读者可以任意修改名称，目的是便于识别。因为任务多了以后，如果名称不明确，不便于查找任务。设置完毕后，点击"Run"运行（图 4-39）。

图 4-38

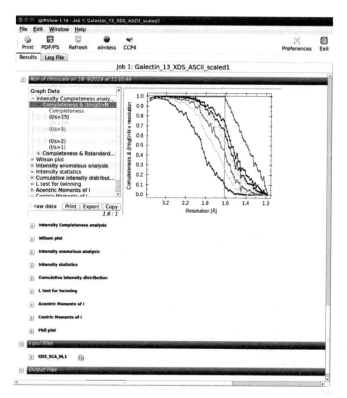

图 4-38　Aimless 的运行报告

图 4-39

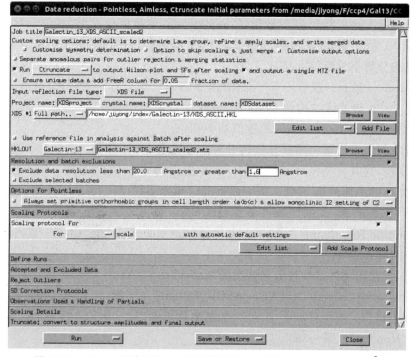

图 4-39　Aimless 再次运行,这次把分辨率的范围设置为 1.6～20.0 Å

　　这次 Aimless 运行报告的其他指标和上次差不多(图 4-40),不过给出的衍射数据质量改变很多。晶体结构分辨率的范围,已经修改为 1.60～19.08Å,其中 19.08 与我们设置的 20 有一点区别,但是不影响未来的晶体结构解析。Rmerge 对应于 Overall 的值是 0.061,非常好;对应于 OuterShell 的值是 0.279,也低于1.0 了,所以也非常好。Completeness 分别为 99.9% 和 100.0%,这是非常好的数值。OuterShell 的 Mean((I)/sd(I))的值一般要求高于 2,报告中为 4.4;Multiplicity 的数值要求高于 2,报告中分别是 6.3 和 6.3,也非常好。总之,通过运行报告可以判断出,完全可以使用 1.6～20 Å 作为解析蛋白质晶体结构分辨率的范围。

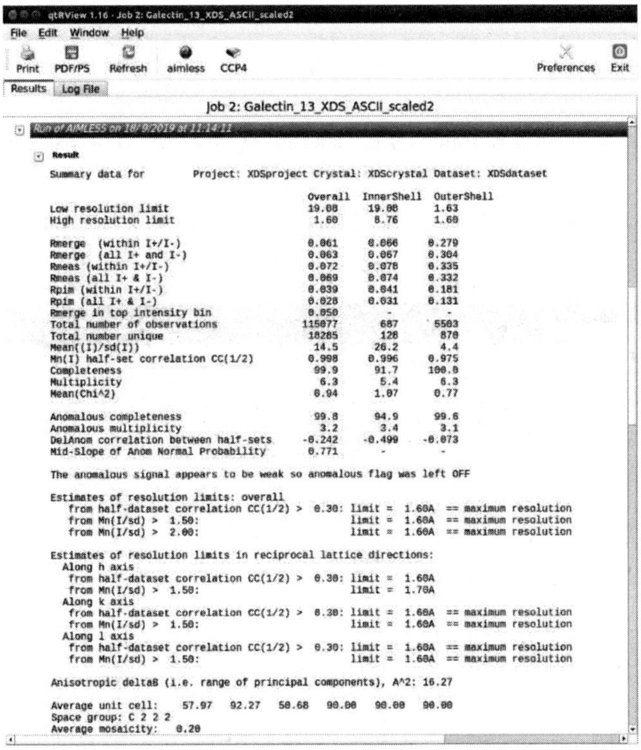

图 4-40　Aimless 运行报告

　　Aimless 运行报告中的有些指标可作为评价蛋白质晶体结构的标准放在论文中。

　　最后在 CCP4 运行的文件夹里,可找到使用 Aimless 做 scale 而生成的 Galectin_13_XDS_ASCII_scaled2. mtz 文件(图 4-41),这个文件非常重要,下一章我们将使用该文件进行分子置换。

第五节　使用 XSCALE 功能进行 scale

　　XDS 也带有 scale 的功能,这就是 XSCALE 程序。使用 XSCALE 后,会在衍射数据文件夹里生成一个 HKL 文件,可以使用 CCP4 的 Pointless 程序把该 HKL 文件转换成 mtz 文件,就可以使用 Phenix 套件里的 phenix. phaser 进行分子置换。使用

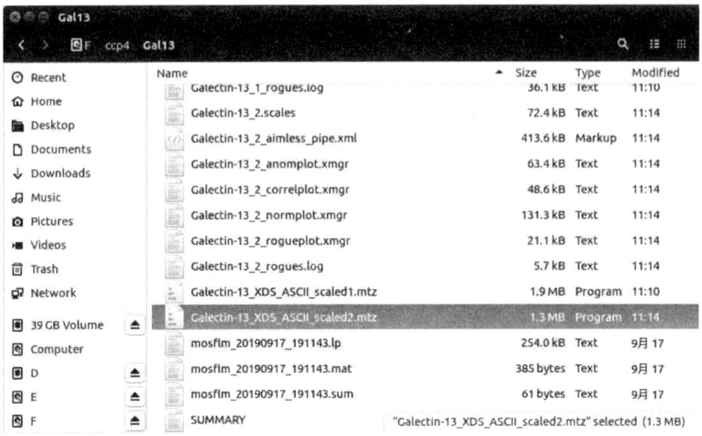

图 4-41　**Aimless 完成 scale 后生成 Galectin_13_XDS_ASCII_scaled2. mtz 文件**

XSCALE 之前,首先需要在 XDS 官方网站下载 XSCALE 的运行脚本文件 XSCALE. INP(图 4-42)。

图 4-42　**XSCALE 脚本文件下载页面**

下载 XSCALE. INP 后,把该文件放置在衍射数据的文件夹里,如图 4-43。

使用 Ubuntu 的 gedit 打开 XSCALE. INP 文件。XSCALE. INP 文件的书写规则和 XDS. INP 类似。"!"代表禁止运行或者标注的意思。原始的 XSCALE. INP 文件里有三个 OUTPUT_FILE,这里只需要对一个 XDS_ASCII. HKL 文件进行 scale,所

以需要对该文件进行修改（图 4-44）。

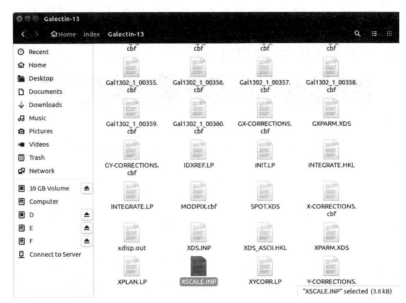

图 4-43 获得 XSCALE. INP 文件

图 4-44 XSCALE. INP 文件里的内容

OUTPUT_FILE 的名称设置成了"XDS_ASCII_scale. HKL"。使用 XDS 进行 index 和 integrate 后生成的文件是 XDS_ASCII. HKL 文件，所以提供该文件的详细保存路径为"INPUT_FILE＝/home/jiyong/index/Galectin-13/XDS_ASCII. HKL"。完成修改以后点击"Save"保存退出（图 4-45）。

图 4-45 对 XSCALE. INP 文件进行修改

右键点击文件夹的空白区域，选择"Open in Terminal"，运行终端，然后输入"xscale"运行程序。程序会很快运行结束，出现以下信息（图 4-46）。

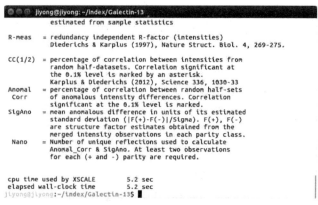

图 4-46 运行 XSCALE 程序

同时,XSCALE 会在文件夹中生成一个 XSCALE.LP 文件(图 4-47)。

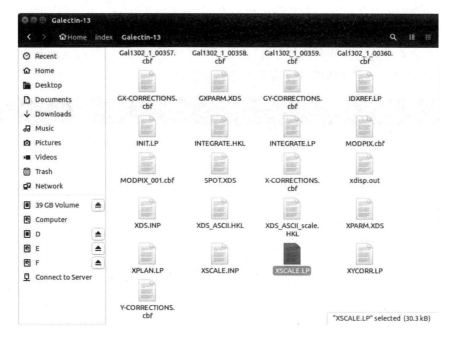

图 4-47 生成的 LP 文件

使用 gedit 打开 XSCALE.LP 文件,查看 XSCALE 的运行结果(图 4-48)。

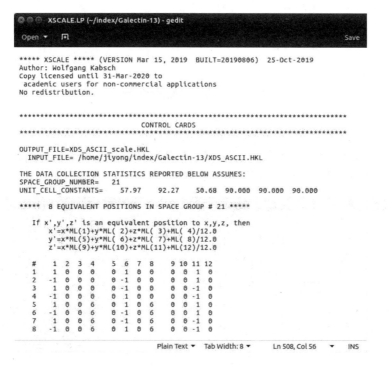

图 4-48 XSCALE.LP 文件

在 XSCALE. LP 文件中会显示 Completeness 和 Rmerge 等参数信息。可以根据这些参数来判断晶体结构的最高分辨率是多少，为下一次运行 XSCALE 程序提供必要的信息。如图 4-49，可以看到分辨率达到 1.59 Å 后（这和第四节中选择的 1.60 Å 的分辨率非常接近），各种参数都合格，在下次运行 XSCALE 时，可以在脚本文件 XS-CALE. INP 文件中把晶体结构分辨率的范围设置为 1.59～20 Å。

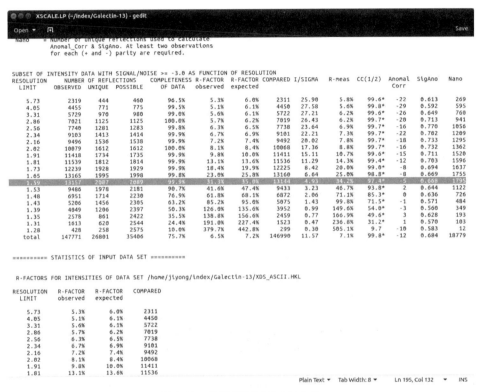

图 4-49　分析 XSCALE. LP 文件

由于 XSCALE 程序生成的文件是 HKL 格式，而未来使用 phenix. phaser 进行分子置换时需要 mtz 格式的文件，所以 HKL 格式的文件需要进行转换。打开 CCP4 套件，找到 Pointless 程序，点击打开（图 4-50）。

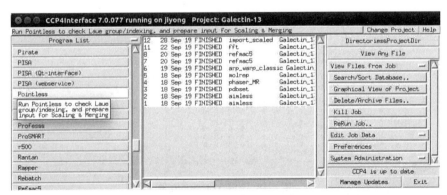

图 4-50　打开 Pointless 程序

输入 XSCALE 生成的 HKL 文件的地址，将输出文件命名为"Galectin-13_XDS_ASCII_scale3.mtz"，使用 Pointless 也可以设置分辨率的范围，在本示例中把分辨率设置为"1.60～20 Å"，最后给该次运行命名为"Galectin-13_XDS_ASCII_scaled3"。点击"Run"运行程序（图 4-51）。

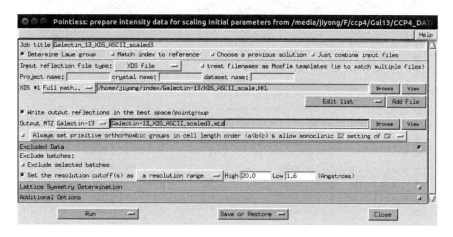

图 4-51 运行 Pointless 程序转换 HKL 文件为 mtz 格式

程序运行结束，打开运行报告，其中只呈现 space group 等信息，没有 Completeness 和 Rmerge 等信息（图 4-52）。至于发表论文时所需的 Completeness 和 Rmerge 等信息，都可以在 XSCALE.LP 文件中找到。

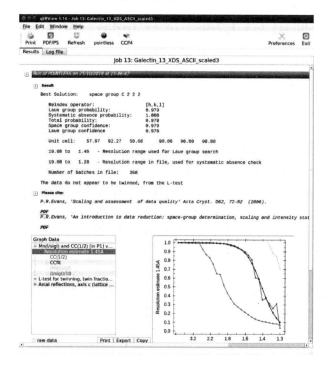

图 4-52 Pointless 的运行报告

Pointless 最终生成名为"Galectin_13_XDS_ASCII_scaled3.mtz"的文件（图4-53）。这个文件可以用于做分子置换。注意：分子置换的程序是 Phenix 套件里的phenix.phaser。CCP4 里面的 phaser 程序不能使用该文件进行分子置换。

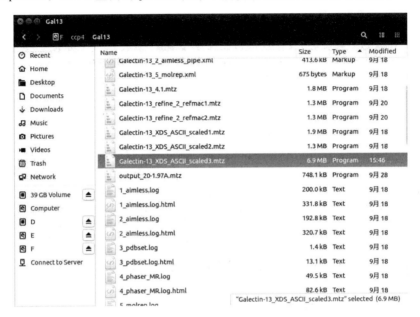

图 4-53　生成文件

第六节　使用 HKL2000 进行 index、integrate 和 scale

根据 HKL 公司官方统计，在 PDB 蛋白质结构数据库中，有超过 50% 的衍射数据是由 HKL 处理的。HKL2000 是免费版本，而 HKL3000 是商业化版本。HKL2000可以进行 index、integrate 和 scale。HKL3000 除了实现 HKL2000 的所有功能以外，还可以实现 molecular replacement、model build 等功能。在这里，将介绍 HKL 的 index、integrate 和 scale 功能，我们将使用 HKL2000 进行 index、integrate 和 scale。

首先运行 HKL2000，如果在.bashrc 文件里，设置了启动 HKL2000 的路径，那么可以在任意终端输入"HKL2000"命令，回车运行 HKL2000 程序（图4-54）。

点击"Site Included"按钮进入主程序。在界面主菜单下面有一些按钮，包括 Project、Data、Summary、Index、Strategy、Integrate 和 Scale 等。默认打开的应该是 Data的界面。在界面的中央位置找到"New Raw Data Dir"下面的"＞＞"并点击，然后找到存放衍射图的文件夹，确认载入所有衍射图。再找到 "New Output Data Dir"下面的"＞＞"并点击，设置一个存放 HKL2000 处理的数据的文件夹，这里我们选存放所有衍射图的同一文件夹。在点击"Load Data Sets"把所有衍射数据载入程序之前，需要确认是否已经把含有线站信息的 def.site 文件也拷贝进了保存数据的文件夹中（图4-55）。如果已拷贝，HKL2000 会自动载入 def.site 文件；如果没有拷贝，HKL2000不会载入衍射数据，并且提示报错。

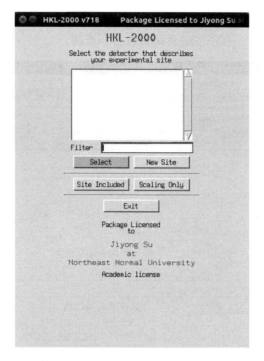

图 4-54　HKL2000 的初始运行界面

图 4-55　def. site 文件需要放置于所要处理的数据文件夹内

点击"Load Data Sets"，会弹出一个小的对话框，点击"OK"按钮（图 4-56）。

图 4-56　对话框中选择确认

如果数据载入顺利，这时会在界面上方弹出衍射数据的信息。其中有一个红色的
"Select"按钮，使用它可以选择所需要处理的衍射图的起始位置。

在界面的下方还显示出 Experiment Geometry、Frame Geometry、Exposure Time 和 Options 等(图 4-57)。有许多必要的信息可以查阅。

图 4-57

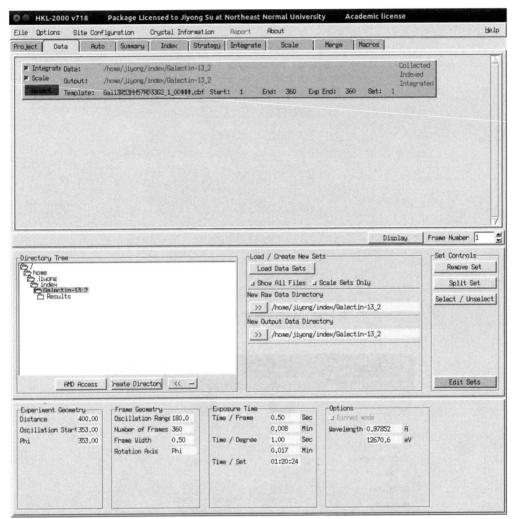

图 4-57 数据选择界面

由于 HKL 自动载入 def. site 文件,我们可以查阅该文件所带有的信息。点击主菜单的"Site Configuration"按钮,就会弹出一个对话框,显示线站的信息(图 4-58)。

如果一切正常,可以进行下一步 index。点击"Index"按钮,进入 index 的运行界面(图 4-59)。

Index 程序默认使用第一帧衍射图进行 index,也可以使用其他的衍射图。如果第一帧衍射图无法完成 index,可改用其他衍射图。在"Display-Change Display to Frame"的右侧可以选择其他帧的衍射图。Refine 时的 Sigma Cutoff Index 和 Refinement 右侧输入框的数值也可以更改。有时衍射点非常弱,为了多选择一些衍射点,可以把 Refinement Sigma Cutoff 和 Refinement 的数值改成 2 或者其他。

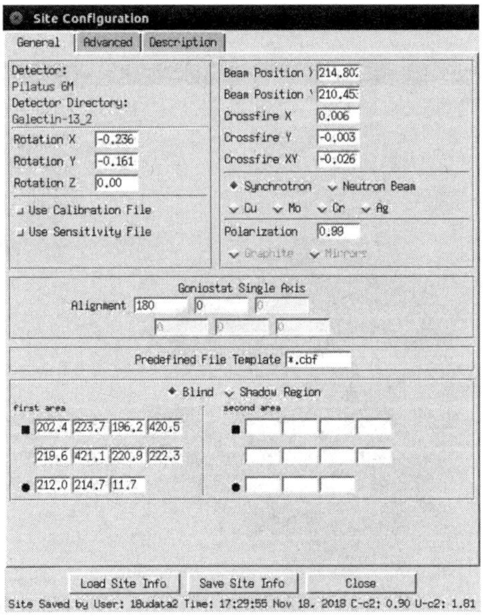

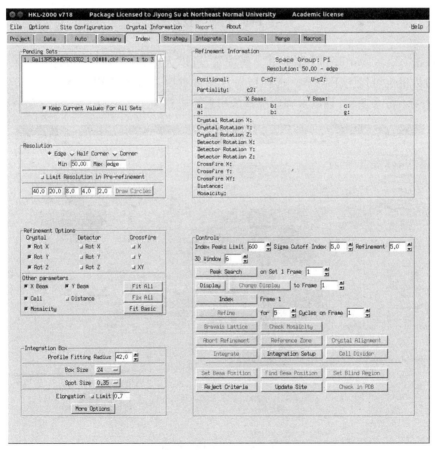

图 4-58 线站信息

图 4-59 HKL2000 的 index 页面

点击"Peak Search",查看程序圈中的点是否符合逻辑(图 4-60)。

图 4-60

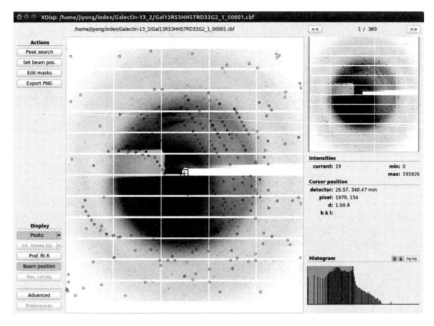

图 4-60　Peak 寻找界面

点击"Peak search"后,显示出一些按钮,可以人为地控制选择衍射点的要求,衍射点的数量也可以上下调节。选择衍射点非常重要,index 使用的就是这些衍射点。如果发现不符合逻辑,可以对程序选择的衍射点进行人工调节(图 4-61)。

图 4-61

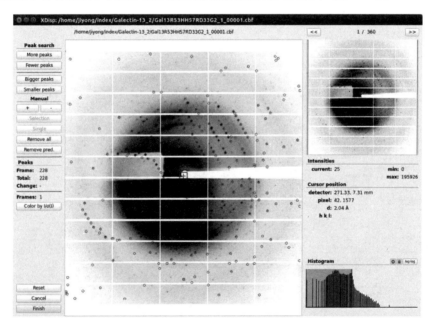

图 4-61　Peak 选择界面

衍射点选择之后，可以关闭选择衍射点的页面。然后直接点击 index 界面上的"Index"按钮（图 4-62）。

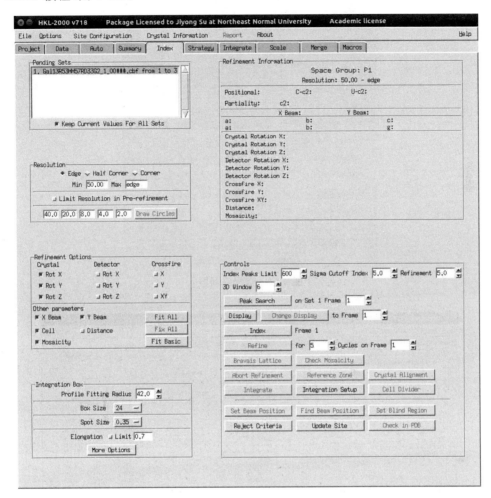

图 4-62　使用 HKL2000 进行 index

点击后弹出如图 4-63 所示对话框。在本示例中我们已经知道晶体的空间群以及参数，所以直接进行了选择。一般情况下可以选最上面的绿色的空间群作为未来 integrate 的空间群。但是有时最上面的空间群也不一定是正确的，所以需要基于不同的空间群进行多次 integrate。每次 integrate 会产生一个文件，都要单独设置文件名，避免覆盖上次的 integrate 的文件。还可以尝试先用标记为绿色的空间群解析蛋白质晶体结构，最后根据解出的蛋白质结构的 R-free 参数判断空间群是否正确。

点击"Refine"，再点击绿色的"Fit All"按钮。这个按钮的功能是把收集衍射图时的所有的设置都优化好。然后不停地重复点击"Refine"。直到 X-χ^2、Y-χ^2 和 χ^2 的数值都低于 5.0，变成绿色合格为止（图 4-64）。这时点击绿色的"Integrate"按钮进行 integrate。不过有时"Integrate"按钮是黄色的，也可以进行 integrate，最后要看 integrate 结果的质量，来判断优化是否成功。

图 4-63

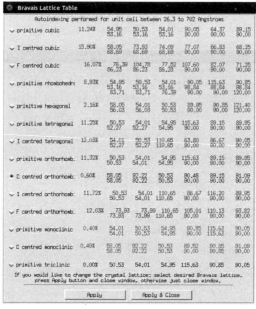

图 4-63 选择空间群

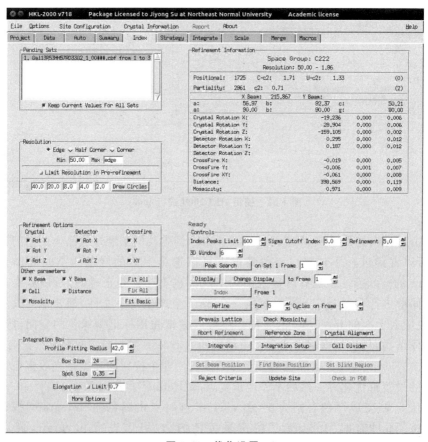

图 4-64 优化设置

点击"Integrate"按钮以后，HKL2000 的界面会自动转到 integrate 的运行界面。HKL2000 会对所有衍射图进行 integrate。界面会给出空间群等信息。并且 X-χ^2、Y-χ^2 和 χ^2 的数值应该是绿色的。左下角的柱状图应该是从高到低有规律地分布，右下方的 Chi^2 vs. Frame 的图里面的线，也应该越平稳越好（图 4-65）。

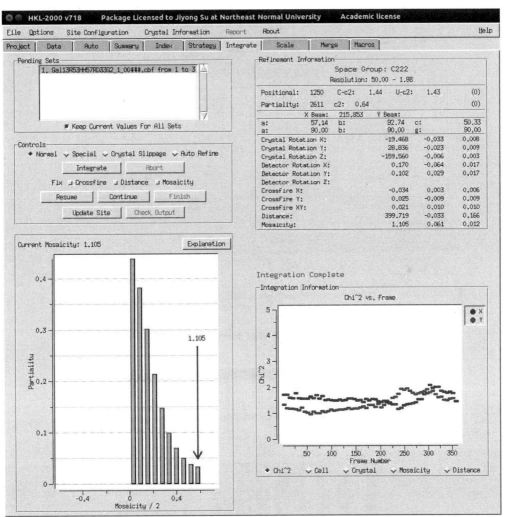

图 4-65

图 4-65　使用 HKL2000 进行 integrate

Integrate 完成以后，可以使用 HKL2000 对数据进行 scale。点击 scale 界面中的"Scale Sets"按钮，对数据进行 scale。一般在数据的默认分辨率下进行 scale（图 4-66）。

再次进行 scale 时的分辨率范围是可以选择的。第一次进行的 scale 在文件夹里生成了 scale. log 文件。这个文件里面有衍射数据质量的多种参数。可以使用 Ubuntu 中的 gedit 程序打开这个文件，根据 R-fac（Rmerge）、Completeness 等参数综合判断使用哪段的分辨率再次进行 scale，如图 4-67 中显示，R-fac 的数值是 0.099，低于 0.1，数据质量不错。

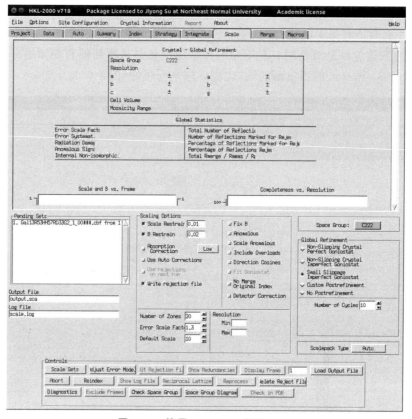

图 4-66 使用 HKL2000 进行 scale

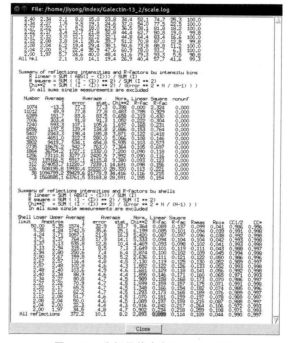

图 4-67 分析晶体参数和 scale 结果

根据以上数据,我们判断 1.97 Å 作为蛋白质晶体结构分辨率的最高极限是符合要求的,Completeness、R-fac、Redundancy 等指标也都符合要求。对于蛋白质晶体结构分辨率的下限,我们使用 20 Å 作为分辨率的下限,因为 20 Å 以下分辨率的衍射点非常靠近中心,而且这些点的质量不好。最终选择 1.97～20 Å 的分辨率进行下一次 scale。在进行 scale 的时候,注意修改文件名,在本例中我们使用了 "output_20-1.97A.sca" 和 "scale_20-1.97A.log" 作为生成的两个文件的名字。如图 4-68。

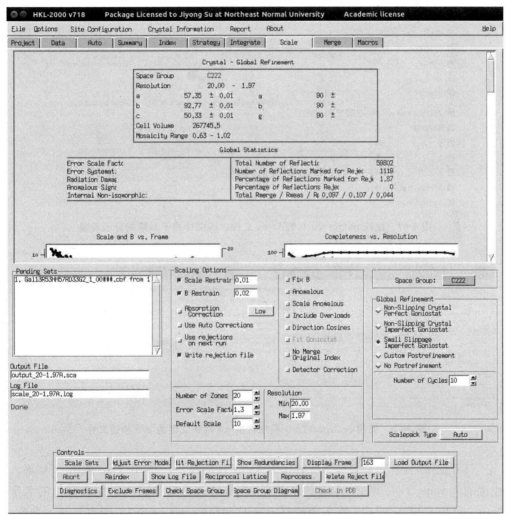

图 4-68

图 4-68　Scale 的结果

scale 结束后生成 output_20-1.97A.sca 文件(图 4-69),这是后续将要用来解析晶体的关键文件。

HKL2000 生成的文件的后缀为.sca。在随后做分子置换的时候,需要使用 mtz

文件。在CCP4中有能够把sca文件转换成mtz文件的程序。在CCP4主界面找到"Program List",在下拉菜单里面找到Scalepack2mtz程序,点击按钮打开程序(图4-70)。

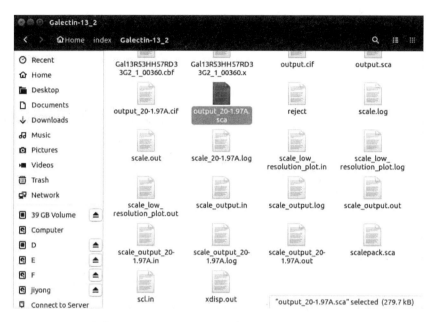

图4-69 生成output_20-1.97A.sca文件。该文件用于后续的分子置换

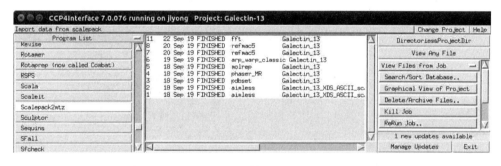

图4-70 使用Scalepack2mtz程序转换sca格式文件为mtz格式文件

打开程序后,首先需要填入所转化的sca文件的路径。在"In Full path.."后输入生成的output_20-1.97A.sca文件的路径,确认后会自动弹出一个生成文件的名字"output_20-1.97A.mtz"。在下面的"Crystal"和"Dataset name"右侧也要输入名称,在此使用了"Galectin-13"。另外,不要在Job title右侧填入"Galectin-13"。信息填完后,直接点击左下角的"Run"按钮运行程序(图4-71)。

程序运行完成以后,可以查阅运行报告。该报告含有的信息较少,仅有关于Completeness的信息。如图4-72。

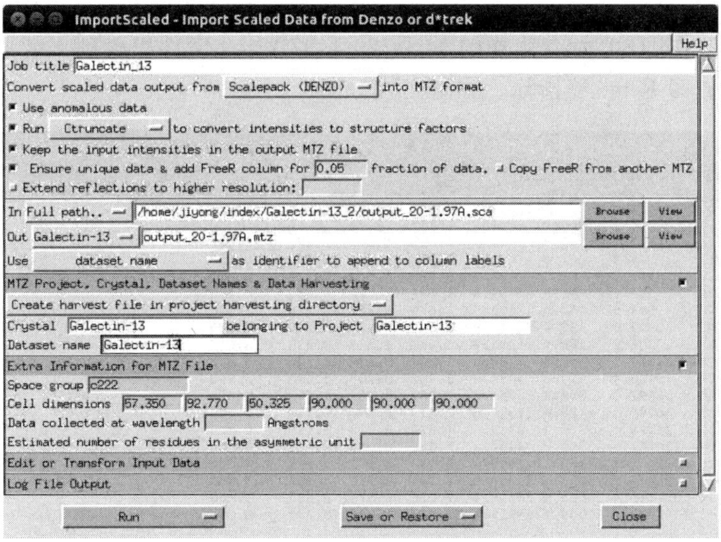

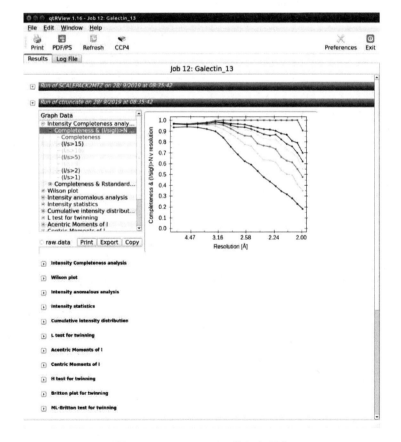

图 4-71

图 4-71 Scalepack2mtz 程序的设置

图 4-72

图 4-72 Scalepack2mtz 的运行报告

　　衍射数据的相关指标可以发表在论文中作为判断晶体和蛋白质结构好坏的标准。这些指标可以在 HKL2000 生成的 scale_20-1.97A.log 文件里找到。使用 gedit 打开 log 文件,可查阅 R-fac 等指标。如图 4-73。

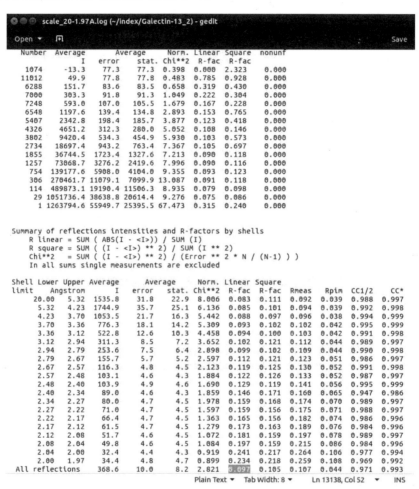

图 4-73　查阅晶体结构参数

　　总之,使用 HKL2000 和 CCP4,最终得到了一个 output_20-1.97A.mtz 文件,这个文件可以用于后续章节里面介绍的分子置换。

第五章 分子置换、构建优化与结构提交

第一节 分 子 置 换

我们已经知道,衍射图中的衍射点的明暗只体现了 X 射线的振幅,而 X 射线的相位信息丢失了,这就造成了著名的相角问题。相角问题是蛋白质晶体结构解析过程中的一个难点。只有确定了 X 射线的相角,才能确定原子的位置。目前,解决相角问题有两种方法。一种是分子置换法,另外一种是实验方法。分子置换法是一种方便的解决相角问题的方法,相对于实验方法要简单。但是,有的空间群或者蛋白质比较特殊,使用分子置换法难以解决相角问题,这时必须使用实验方法来解决。

分子置换法的快速发展源于软件的优化及蛋白质结构发表数量的增多。现在的分子置换软件,比如 Phaser、MolRep 都非常好用,这两个软件也是本章介绍的重点。另外,发表的同源蛋白质晶体结构数量越来越多,这就使分子置换变得非常方便。

分子置换的过程是把一个和目的蛋白晶体结构类似的蛋白质结构放在电子密度图文件中,把这个蛋白质晶体结构"套"在目的蛋白的电子密度图里。电子密度图文件就是 scale 后生成的 mtz 文件,对于本教程来说即 Galectin_13_XDS_ASCII_scaled2. mtz 文件。把一个类似的蛋白质晶体结构套在这个文件中,再使用软件或者手动调节,把正确的氨基酸"画"在电子密度图中。通过几轮的优化,最后使氨基酸和电子密度图完全匹配,这样蛋白质晶体结构就解析出来了。

一、分子置换前的准备

在做分子置换之前,首先要找到与目的蛋白晶体类似的结构。我们如何寻找那个类似的蛋白质晶体结构呢?现在网络上有很多很好用的软件。把目的蛋白的氨基酸序列输入进去就可以找到与目的蛋白同源性非常高的完整或者部分结构,我们使用这些结构尝试做分子置换。有时分子置换需要尝试所有能找到的类似蛋白质晶体结构。

对于本教程来说,对应于 Galectin_13_XDS_ASCII_scaled2. mtz 的晶体结构已经解析,可以直接去 PDB(https://www.rcsb.org)下载 5xg8. pdb 文件。以下为一个简单的教程,先介绍如何使用 Phaser 和 MolRep 做分子置换,然后会介绍如何使用网络上的软件去预测与目的蛋白类似的蛋白质晶体结构。做分子置换除了需要准备类似蛋白质晶体结构文件以外,还需要有目的蛋白的氨基酸序列文件(图 5-1)。

图 5-1 准备文件

保存有氨基酸序列的 fasta 文件格式见图 5-2。在"＞"后边可以输入蛋白质的名字,回车,把蛋白质的氨基酸信息完整输入。保存的时候,以 fasta 后缀名保存。这在 Ubuntu 里面能很方便地实现。

图 5-2　Galectin-13 的氨基酸序列

从 PDB 下载的 5xg8. pdb 文件中的蛋白质含有氢原子。可以使用 pdbset 对 5xg8. pdb 文件进行处理,去掉氢原子。在 CCP4 里面找到"Program List",然后下翻找到 pdbset,双击运行。在"PDB in"后边的输入栏内找到存放 5xg8. pdb 文件的路径,在下面的输入栏会直接弹出一个文件名"5xg8_pdbset1. pdb"。到这里就可以运行了。运行结束,5xg8_pdbset1. pdb 文件会直接保存在 Galectin-13 项目的文件夹中(图 5-3)。

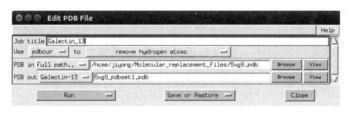

图 5-3　使用 pdbset 程序去掉 Galectin-13 晶体结构文件上的氢原子

5xg8_pdbset1. pdb 的结构中还有甘油的结构,在做分子置换之前,最好把结构中的配体去掉。首先在 Galectin-13 项目的文件夹里面找到 5xg8_pdbset1. pdb 文件,然后右键点击该文件,使用 gedit 打开。如果直接使用左键双击打开文件,默认的打开软件可能是 PyMOL,这时呈现的是蛋白质的结构,而 PyMOL 不能很好地修改蛋白质结构。我们需要编辑结果,所以需要使用 gedit 打开(图 5-4)。

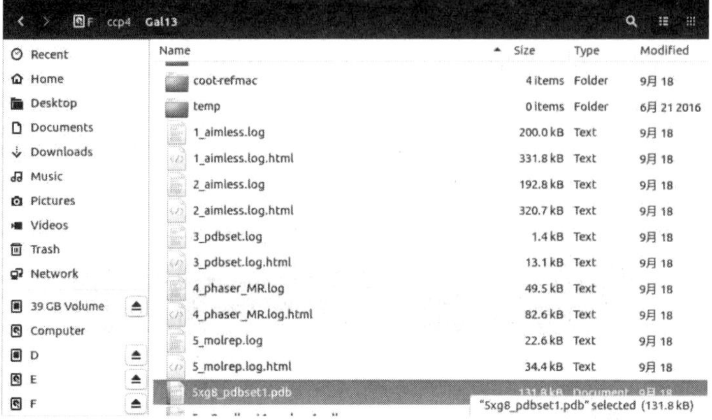

图 5-4　使用 gedit 打开文件

在 gedit 中呈现的一系列数字和字母，可以直接添加或者删除有关原子信息。在这个文件中寻找关于甘油的原子的信息，图 5-5 中显示的就是甘油的所有原子的坐标。

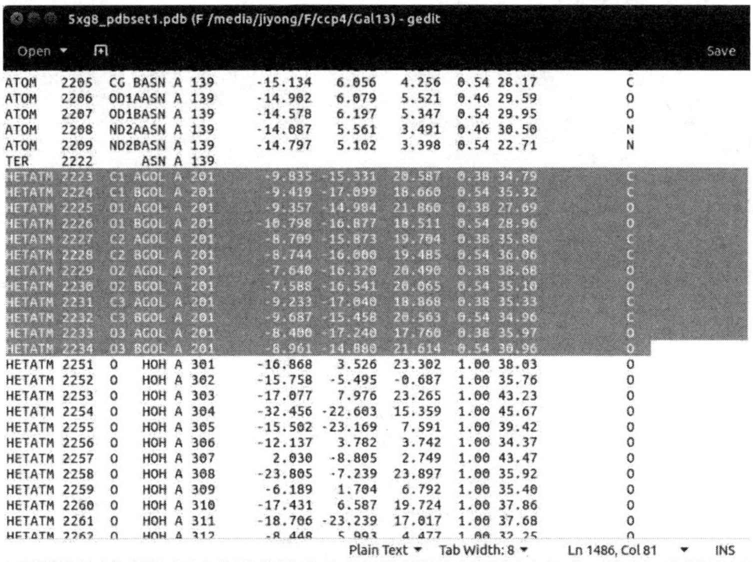

```
5xg8_pdbset1.pdb (F /media/jiyong/F/ccp4/Gal13) - gedit
Open ▾                                                            Save
ATOM   2205  CG BASN A 139     -15.134   6.056   4.256  0.54 28.17           C
ATOM   2206  OD1AASN A 139     -14.902   6.079   5.521  0.46 29.59           O
ATOM   2207  OD1BASN A 139     -14.578   6.197   5.347  0.54 29.95           O
ATOM   2208  ND2AASN A 139     -14.087   5.561   3.491  0.46 30.50           N
ATOM   2209  ND2BASN A 139     -14.797   5.102   3.398  0.54 22.71           N
TER    2222      ASN A 139
HETATM 2223  C1  AGOL A 201      -9.835 -15.331  20.587  0.38 34.79           C
HETATM 2224  C1  BGOL A 201      -9.419 -17.099  18.660  0.54 35.32           C
HETATM 2225  O1  AGOL A 201      -9.357 -14.984  21.860  0.38 27.69           O
HETATM 2226  O1  BGOL A 201     -10.798 -16.877  18.511  0.54 28.96           O
HETATM 2227  C2  AGOL A 201      -8.709 -15.873  19.704  0.38 35.80           C
HETATM 2228  C2  BGOL A 201      -8.744 -16.000  19.485  0.54 36.06           C
HETATM 2229  O2  AGOL A 201      -7.640 -16.320  20.490  0.38 38.68           O
HETATM 2230  O2  BGOL A 201      -7.588 -16.541  20.065  0.54 35.10           O
HETATM 2231  C3  AGOL A 201      -9.233 -17.040  18.868  0.38 35.33           C
HETATM 2232  C3  BGOL A 201      -9.687 -15.458  20.563  0.54 34.96           C
HETATM 2233  O3  AGOL A 201      -8.400 -17.240  17.760  0.38 35.97           O
HETATM 2234  O3  BGOL A 201      -8.961 -14.880  21.614  0.54 30.96           O
HETATM 2251  O    HOH A 301     -16.868   3.526  23.302  1.00 38.03           O
HETATM 2252  O    HOH A 302     -15.758  -5.495  -0.687  1.00 35.76           O
HETATM 2253  O    HOH A 303     -17.077   7.976  23.265  1.00 43.23           O
HETATM 2254  O    HOH A 304     -32.456 -22.603  15.359  1.00 45.67           O
HETATM 2255  O    HOH A 305     -15.502 -23.169   7.591  1.00 39.42           O
HETATM 2256  O    HOH A 306     -12.137   3.782   3.742  1.00 34.37           O
HETATM 2257  O    HOH A 307       2.030  -8.805   2.749  1.00 43.47           O
HETATM 2258  O    HOH A 308     -23.805  -7.239  23.897  1.00 35.92           O
HETATM 2259  O    HOH A 309      -6.189   1.704   6.792  1.00 35.40           O
HETATM 2260  O    HOH A 310     -17.431   6.587  19.724  1.00 37.86           O
HETATM 2261  O    HOH A 311     -18.706 -23.239  17.017  1.00 37.68           O
HETATM 2262  O    HOH A 312      -8.448   5.993   4.477  1.00 32.25           O
                          Plain Text ▾   Tab Width: 8 ▾   Ln 1486, Col 81 ▾   INS
```

图 5-5　Galectin-13 晶体结构中甘油的所有原子信息

把图 5-5 中的关于甘油分子的信息都删除，然后“Save”保存退出(图 5-6)。这样 5xg8_pdbset1. pdb 文件处理完成，该文件可以直接用于分子置换。

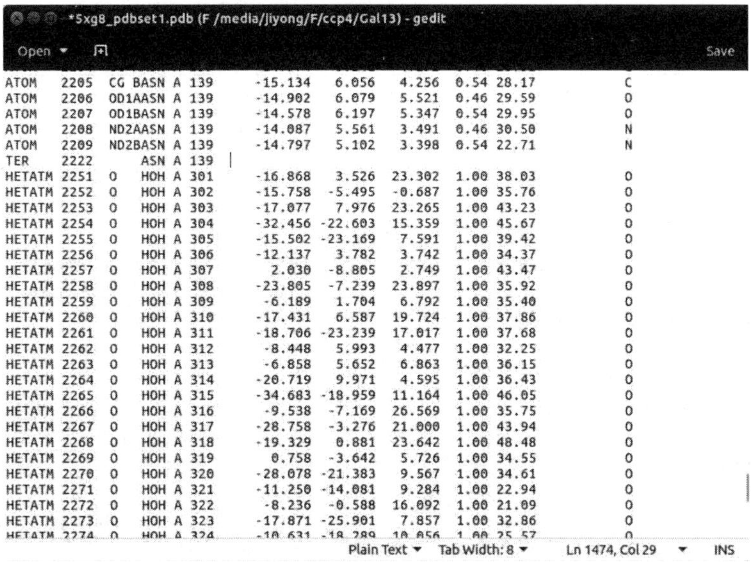

```
*5xg8_pdbset1.pdb (F /media/jiyong/F/ccp4/Gal13) - gedit
Open ▾                                                            Save
ATOM   2205  CG BASN A 139     -15.134   6.056   4.256  0.54 28.17           C
ATOM   2206  OD1AASN A 139     -14.902   6.079   5.521  0.46 29.59           O
ATOM   2207  OD1BASN A 139     -14.578   6.197   5.347  0.54 29.95           O
ATOM   2208  ND2AASN A 139     -14.087   5.561   3.491  0.46 30.50           N
ATOM   2209  ND2BASN A 139     -14.797   5.102   3.398  0.54 22.71           N
TER    2222      ASN A 139
HETATM 2251  O    HOH A 301     -16.868   3.526  23.302  1.00 38.03           O
HETATM 2252  O    HOH A 302     -15.758  -5.495  -0.687  1.00 35.76           O
HETATM 2253  O    HOH A 303     -17.077   7.976  23.265  1.00 43.23           O
HETATM 2254  O    HOH A 304     -32.456 -22.603  15.359  1.00 45.67           O
HETATM 2255  O    HOH A 305     -15.502 -23.169   7.591  1.00 39.42           O
HETATM 2256  O    HOH A 306     -12.137   3.782   3.742  1.00 34.37           O
HETATM 2257  O    HOH A 307       2.030  -8.805   2.749  1.00 43.47           O
HETATM 2258  O    HOH A 308     -23.805  -7.239  23.897  1.00 35.92           O
HETATM 2259  O    HOH A 309      -6.189   1.704   6.792  1.00 35.40           O
HETATM 2260  O    HOH A 310     -17.431   6.587  19.724  1.00 37.86           O
HETATM 2261  O    HOH A 311     -18.706 -23.239  17.017  1.00 37.68           O
HETATM 2262  O    HOH A 312      -8.448   5.993   4.477  1.00 32.25           O
HETATM 2263  O    HOH A 313      -6.858   5.652   6.863  1.00 36.15           O
HETATM 2264  O    HOH A 314     -20.719   9.971   4.595  1.00 36.43           O
HETATM 2265  O    HOH A 315     -34.683 -18.959  11.164  1.00 46.05           O
HETATM 2266  O    HOH A 316      -9.538  -7.169  26.569  1.00 35.75           O
HETATM 2267  O    HOH A 317     -28.758  -3.276  21.000  1.00 43.94           O
HETATM 2268  O    HOH A 318     -19.329   0.881  23.642  1.00 48.48           O
HETATM 2269  O    HOH A 319       0.758  -3.642   5.726  1.00 34.55           O
HETATM 2270  O    HOH A 320     -28.078 -21.383   9.567  1.00 34.61           O
HETATM 2271  O    HOH A 321     -11.250 -14.081   9.284  1.00 22.94           O
HETATM 2272  O    HOH A 322      -8.236  -0.588  16.092  1.00 21.09           O
HETATM 2273  O    HOH A 323     -17.871 -25.901   7.857  1.00 32.86           O
HETATM 2274  O    HOH A 324     -10.631 -18.289  10.056  1.00 25.57           O
                          Plain Text ▾   Tab Width: 8 ▾   Ln 1474, Col 29 ▾   INS
```

图 5-6　编辑后的 pdb 文件

二、使用 Phaser 进行分子置换

首先学习使用 Phaser 来进行分子置换，后面还会介绍如何使用 MolRep 进行分子置

换。在 CCP4 主界面找到"Molecular Replacement",点击下面的"Phaser MR"(图 5-7)。

图 5-7　CCP4 主界面

打开 Phaser 的运行界面。运行界面的黄色栏都需要输入必要的信息。一共需要三个文件:一个是电子密度图文件,也就是 Galectin_13_XDS_ASCII_scaled2.mtz 文件;第二是类似的蛋白质晶体结构的文件,也就是刚才处理好的 5xg8_pdbset1.pdb 文件;第三个是目的蛋白的氨基酸序列文件,也就是 galectin-13.fasta 文件(图 5-8)。

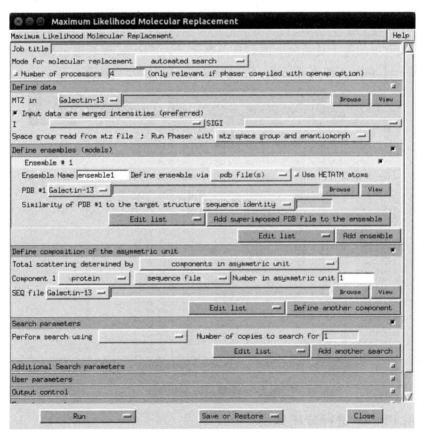

图 5-8　Phaser 的运行界面

　　首先填好"Job title",本示例中在此填入"Galectin-13"。下面有对 CPU 数量的设置,笔者的电脑的 CPU 有 8 个核心,所以这里在"Number of processors"里面填入"8",全功率使用 CPU,加快速度。然后把电子密度图 Galectin_13_XDS_ASCII_scaled2. mtz 文件的路径填到"MTZ in"右侧的输入栏中,回车,Phaser 会自动识别空间群并弹出"C222"。

　　将所要使用的蛋白质晶体结构的文件的路径填入"PDB ♯1"右侧的输入栏内,这里填入 5xg8_pdbset1. pdb 文件,并且在下面的"sequence identity"中填入这个蛋白质氨基酸序列和目的蛋白氨基酸序列的同源性。这个值要小于 1.0。由于本示例仅仅是一个简单的教程,使用的就是它自己的结果,所以此处"sequence identity"的值设为1.0。请记住,这个要使用的 5xg8_pdbset1. pdb 文件是"ensemble1",还可以点击"Add ensemble"添加 ensemble。后边会介绍添加 ensemble 的用途。

　　最后需要把目的蛋白的氨基酸序列文件"galectin-13. fasta"填入最后一个黄色输入栏中,把存放路径填好。另外还要在"Number in asymmetric unit"中填入一个整数,由于我们已经知道在一个 asymmetric unit(非对称单元)中只有一个蛋白质,所以这里填"1"。当然对于其他蛋白质,这个数值可以改为其他整数。"Number of copies to search for"后边的整数也需要修改,这里我们只想寻找一个蛋白质,所以栏内填"1"。

　　以上信息都填好以后,点击左下角的"Run",运行程序(图 5-9)。不同的空间群或者不同大小的蛋白质的运行时间不一样,有的很短,几分钟就完成了;有的很长,可能需要几个星期,总之不同的结构需要的分子置换的时间是不同的。

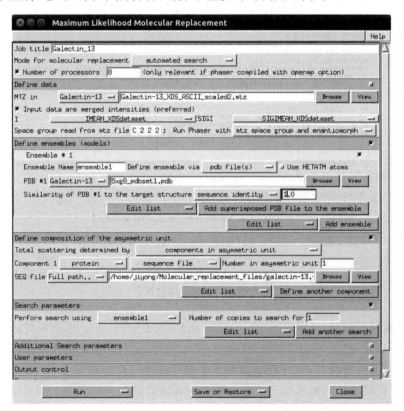

图 5-9

图 5-9　Phaser 运行的设置

点击 Close 关闭 Phaser,回到 CCP4 主页面。显示"FINISHED"代表程序运行完成。这时可以直接双击"FINISHED"一栏,会弹出运行报告。在运行报告的左上角点击"Results",会弹出一个页面。页面中最重要的是 LLG 的数值。通过这个数值可以判断分子置换是否成功。一般数值越高,证明成功率越高。数值高于 200,一般可以认为成功。这里的 LLG 的数值是 7794,非常高,说明分子置换成功了(图5-10)。

图 5-10　Phaser 的运行报告

把界面拉到最后,可以看到"Structure and electron density"后面有"Coot"等 4 个按钮(图 5-11)。点击"Coot"按钮,可弹出 Coot 软件,并会自动把蛋白质晶体结构和电子密度图载入。通过 Coot 分析结构和电子密度图的匹配度。图 5-12 中黄色的是结构,可以看到氨基酸的侧链等。蓝色和绿色网状物就是电子密度图。如果结构和电子密度图匹配得很好,那么就证明分子置换成功了。可以进行晶体结构的模型构建或者优化了。

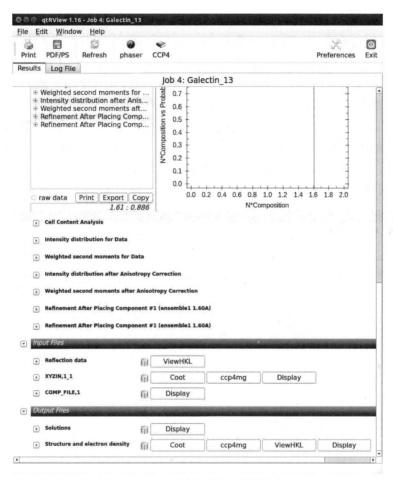

图 5-11　界面底部的"Coot"等按钮

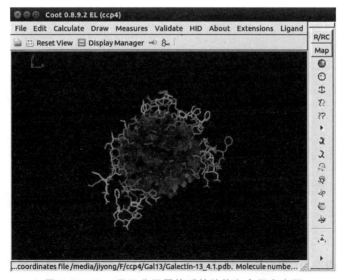

图 5-12

图 5-12　Coot 显示分子置换后的结构和电子密度图

如果 LLG 的数值不高,而且打开 Coot 以后发现结构和电子密度无法匹配,那么说明分子置换没有成功。另外,如果 Phaser 运行完显示"FAILED"或者 Phaser 运行时间过长,那么也可能是 Phaser 没有运行成功。

不成功的原因有很多,比如 Phaser 的设置有问题,没有使用正确的文件等。另外,也可能是使用的蛋白质晶体结构不合适,这时需要换一个类似蛋白质的晶体结构做分子置换。最后一个原因,可能是空间群选择错误,前文已经介绍过,如果空间群不对,是无法解析出蛋白质结构的。其实在 Phaser 中也给出了其他空间群的可能性。点击运行报告左上角的"Log File",可看到如图 5-13 的信息,信息中提示可以尝试使用其他空间群进行 index 和 integrate,比如图中提示使用 P121 等空间群。

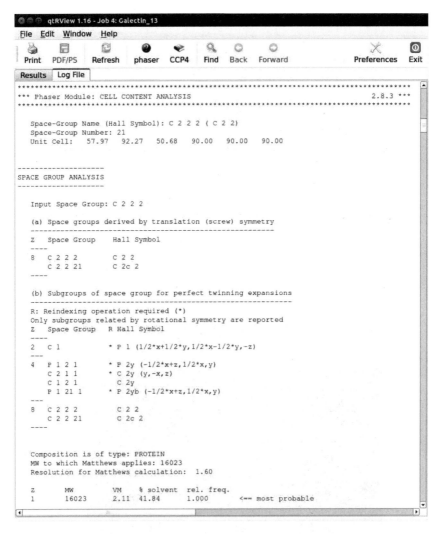

图 5-13　Phaser 运行时的信息

另外要说明的是,蛋白质晶体中不光有蛋白质,而且还有蛋白质缝隙间的溶剂。一般认为一个蛋白质晶体中蛋白质和溶剂的比例约为 1∶1。Phaser 也可以对这个数值进行估算。在图 5-13 所示的报告中,可以看到 Phaser 估算的"％ Solvent"值是 41.84％,这个数值接近 50％,这也暗示着分子置换和空间群等的正确性。

　　另外,有时 index 和 integrate 所使用的空间群和真实的空间群非常接近,这时可以选择一个合适的空间群进行分子置换。点击"mtz space group and enantiomorph"按钮,会弹出一个选择空间群的菜单,可以选择空间群进行新一轮的分子置换(图 5-14)。

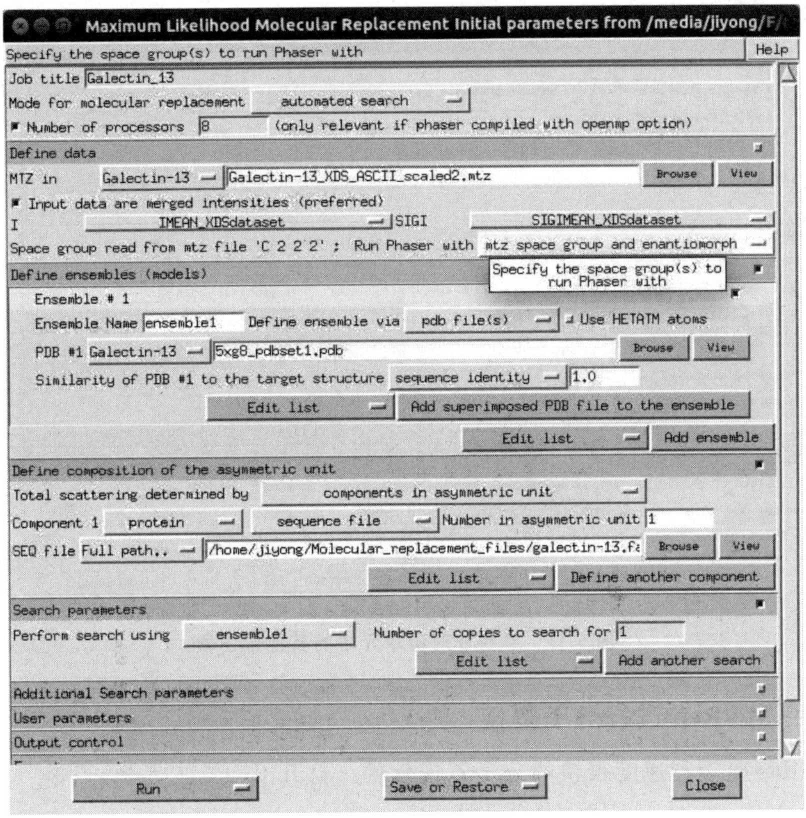

图 5-14

图 5-14　选择空间群

　　有时在一个非对称单元里有多个蛋白质,比如这里我们假设其中有 4 个蛋白质,在"Number in asymmetric unit"后边框里填入"4"(图 5-15)。一般情况下可以先搜索其中一个并固定其位置,再搜索其他蛋白,这能够提高其成功率。具体操作如下。

　　如果成功把第一个结构"套"入电子密度图里,那就是一个好的开始。这时可以把第一个成功"套"进电子密度图里的结构的位置固定下来。在 Phaser 里面添加一个"ensemble2",把刚才成功运行所生成的结构放到 ensemble2 的文件路径里面,即本示例中的"Galectin-13_4.1.pdb"。在界面的下端有"Define any known partial structure"和"Ensemble:"两个待选框,分别选择"Fix input coordinates"和"ensemble2"。这样就把 Galectin-13_4.1.pdb 的位置固定下来了。最后用 ensemble1"5xg8_pdb-set1.pdb"文件去寻找非对称单元里面的其他蛋白质。点击左下角"Run"运行程序。经过这样几轮可以把在非对称单元里面的全部蛋白质都找到(图 5-15)。

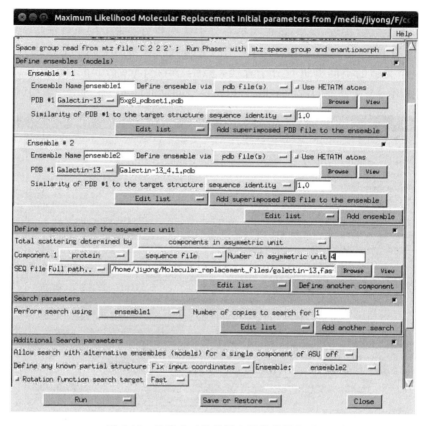

图 5-15　寻找非对称单元中的其他蛋白质

三、使用 MolRep 进行分子置换

MolRep 是运行速度很快的分子置换软件。打开 CCP4 主界面，点击"Run Mol-Rep-auto MR"，运行 MolRep（图 5-16）。

图 5-16　运行 MolRep

在 MolRep 的界面上也需要填一些信息。其中有两项是必须要填的。一项是电子密度图文件 Galectin_13_XDS_ASCII_scaled2. mtz，另外一项就是所使用的蛋白质

晶体结构文件 5xg8_pdbset1. pdb。蛋白质氨基酸序列可以不用填,但是建议把蛋白质信息填进去(图 5-17)。

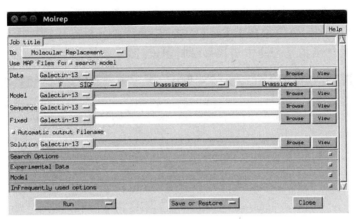

图 5-17

图 5-17　MolRep 的运行界面

MolRep 和 Phaser 一样,也可以固定搜索到的结构的位置,在"Fixed"栏可以填入已经搜索到的部分结构,然后搜索还没有找到的结构。

如图 5-18 所示,把所有信息都填好以后,在"Solution"右侧的框中会弹出所要产生的结构的文件名"5xg8_pdbset1_MolRep1. pdb"。如果 MolRep 运行成功,稍后会得到这个文件。

在"Search Options"中,还可以填入一些信息。搜索的蛋白质的个数可以填在"Number of copies to find"栏里面。如果在"Number of copies to find"不填入任何值,那么 MolRep 会自动按照标准去搜索在非对称单元里面所有的蛋白质。

MolRep 也可以选择特定的空间群进行搜索,点击"As is"按钮就会弹出关于选择空间群的信息。

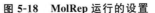

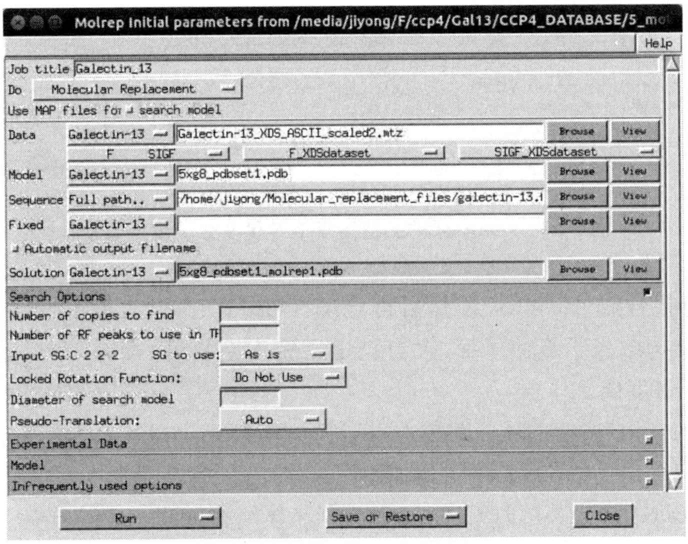

图 5-18

图 5-18　MolRep 运行的设置

　　MolRep 运行结束,可双击查看运行报告。点击运行报告的"Log file"按钮,把页面拉到最后。最重要的是看 Contrast 的数值,如果该数值超过 2.5,可以推测分子置换基本成功了。本次运行得到的 Contrast 的数值是 27.48,这说明分子置换肯定成功了。如果 Contrast 的数值是在 1.5～2.5 之间,就需要分析电子密度图和结构的匹配度,人工判断晶体结构是否能以该模型解析出来(图 5-19)。

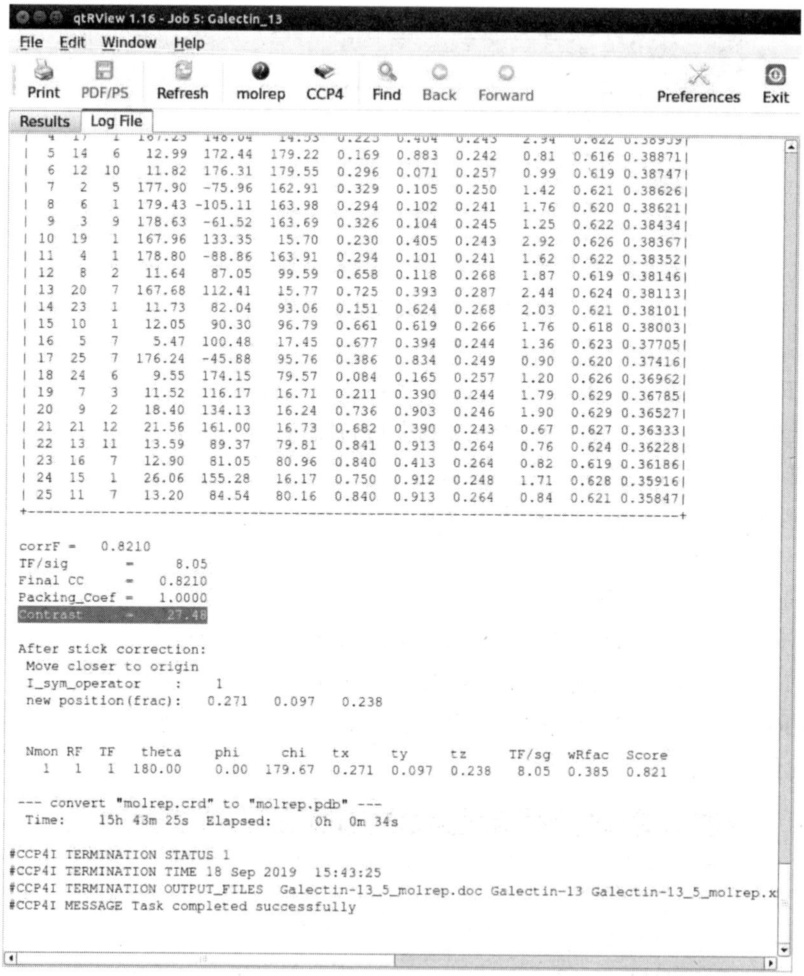

图 5-19　Contrast 的数值高于 2.5 代表分子置换成功

　　点击运行报告的"Results"。然后再点击"Output files"下面的"Coot"(图 5-20)。Coot 仅仅把结构载入了页面里面,没有把电子密度图打开(图 5-21)。这时我们需要手动打开电子密度图。

　　在 Coot 的"File"按钮的展开菜单内,找到"Auto Open MTZ..."然后根据提示打开电子密度图文件。打开 mtz 文件,根据晶体结构给出一个电子密度图文件 Galectin_13_XDS_ASCII_scaled2.mtz。这时 Coot 就会根据晶体结构获得一个电子密度图。这次的电子密度图是蓝紫色的网状(图 5-22)。有关 Coot 的使用,后面会有详细讲解。

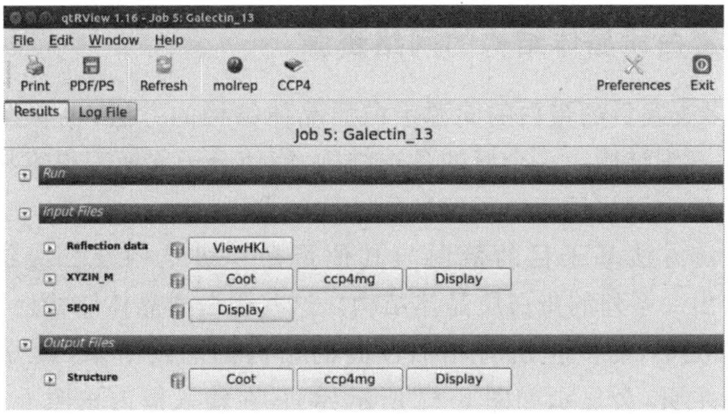

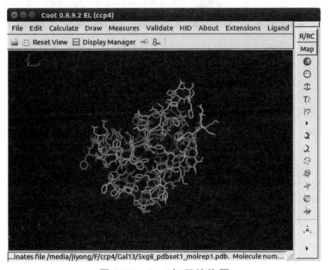

图 5-20　运行报告界面

图 5-21

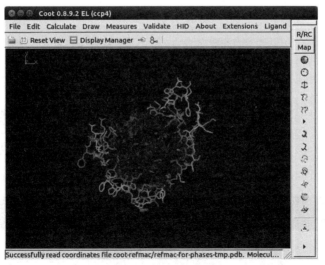

图 5-21　Coot 打开结构图

图 5-22

图 5-22　Coot 显示分子置换后的结构和电子密度图

四、预测类似蛋白质晶体结构的网络资源

目前,有许多查找目的蛋白的同源蛋白质晶体结构的方法,也有许多资源可以预测构建蛋白质的三维结构。一个好的备选结构,能使分子置换变得容易。下面将介绍三种使用网络资源去寻找用于分子置换的结构的方法。

HHpred 预测方法基于目的蛋白与其他蛋白一级结构及二级结构的相似性。HHpred 可以给出一系列的蛋白质晶体结构。这些蛋白质晶体结构已经发表,可以自由使用。一般情况下,需要把所有相似性高的结构都下载下来,做分子置换。打开HHpred 的运行主页,会显示如图 5-23 所示界面,在输入框内按照 fasta 的格式把蛋白质的氨基酸序列输入进去,直接点击"Submit Job"。

图 5-23

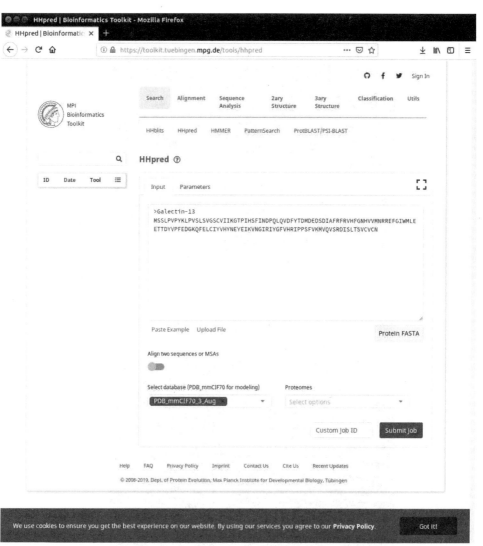

图 5-23　HHpred 的界面

HHpred 会给出很多结果。在结果展示图中,红色代表相似性高。位于前列的几个结构都可下载下来,用 Phaser 或者 MolRep 做分子置换(图 5-24)。

图 5-24

图 5-24　HHpred 的运行结果

SWISS-MODEL 是一个可以模拟构建蛋白质三级结构的程序(图 5-25)。打开 SWISS-MODEL,点击"Start Modelling"。

在输入界面输入蛋白质的氨基酸序列,其他参数可以不用改,点击"Build Model"(图 5-26)。SWISS-MODEL 可以构建不同的结构,读者可以自由尝试。

等待几分钟以后,SWISS-MODEL 就会根据同源蛋白质的晶体结构构建出一个目的蛋白的结构(图 5-27)。但是构建出来的这个结构并不一定是对的。我们使用这个近似的结构去做分子置换。点击页面中的"Model 01"把 pdb 文件下载下来,使用 Phaser 或者 MolRep 进行分子置换。

图 5-25　SWISS-MODEL 的主页

图 5-26

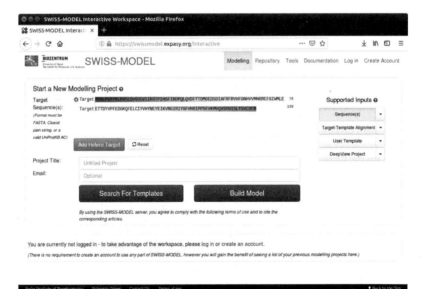

图 5-26　SWISS-MODEL 的运行界面

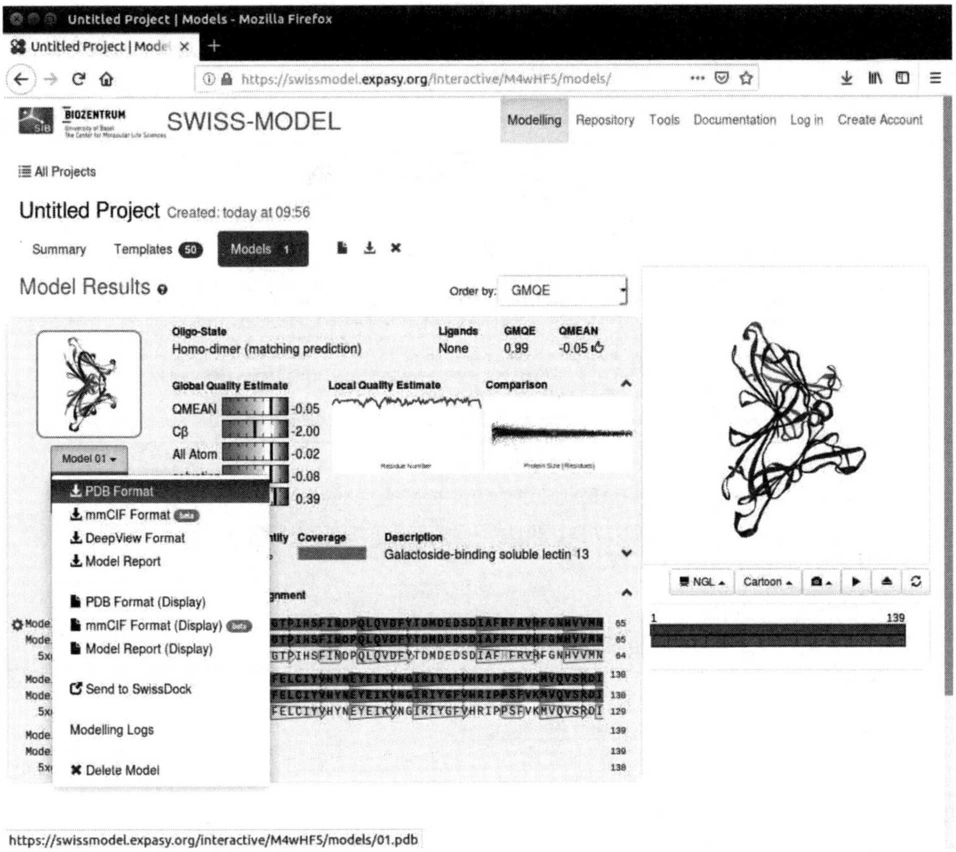

图 5-27

图 5-27 SWISS-MODEL 的运行结果

最后要介绍的是 I-TASSER。I-TASSER 是一个强大的凭空模拟预测蛋白质结构的程序。在多次世界蛋白质结构模拟预测大赛中获得第一名。I-TASSER 预测出来的结果可能会和真实的蛋白质晶体结构有出入。但是，这不妨碍 I-TASSER 的结果用于做分子置换。

读者如果想使用 I-TASSER，需要在其官方网站上注册账户，每次只能预测一个蛋白质结构，不能同时预测多个蛋白质结构。

把蛋白质的氨基酸序列输入空白框，把账号和密码输入相应的位置，然后确认同意软件使用的政策，最后点"RUN-I-TASSER"运行（图 5-28）。I-TASSER 需要一天到几天的时间才能把预测到的结果发到读者的邮箱里。读者可以按照邮箱里的地址下载模拟预测的蛋白质结构，用于分子置换。

直接打开 I-TASSER 通过邮件发过来的网址。里面有下载所预测的蛋白质结构的地址，并且含有许多其他丰富的信息（图 5-29），有些对于分子置换或者结构构建非常有帮助。

图 5-28　I-TASSER 的主页

五、如何去掉蛋白质中的所有侧链

　　用来做分子置换的蛋白质结构和最终的目的蛋白结构是有差别的,特别是两个蛋白质的氨基酸的顺序可能有错位。如果把做分子置换的蛋白质结构的所有氨基酸的侧链删除,是不是会提高分子置换正确性? 答案是肯定的。

　　打开任意终端,然后输入"phenix",打开 Phenix 主界面。点击"New project"建立一个名为"Galectin-13"的项目。建立项目时,提示设置文件夹和蛋白质氨基酸序列,这些都设置好,然后点击确认来到如图 5-30 所示的主界面上。在主界面的右边找"Model tools"的按钮并点击,在子菜单中找到"PDB Tools",然后点击打开。

[Home] [Server] [Queue] [About] [Remove] [Statistics]

I-TASSER results for job id S486578

(Click on S486578_results.tar.bz2 to download the tarball file including all modeling results listed on this page. Click on Annotation of I-TASSER Output to read the instructions for how to interpret the results on this page. Model results are kept on the server for 60 days, there is no way to retrieve the modeling data older than 2 months)

Submitted Sequence in FASTA format

```
>protein
MSSLPVPYKLPVSLSTGACVIIKGRPKLSFINDPQLQVDFYTGTDEDSDIAFHFRVHFGH
RVVMNSLEFGVWKLEEKIHYVPFEDGEPFELRIYVRHSEYEVKVNGQYIYGFAHRHPPSY
VKMIQVWRDVSLTSVCVYN
```

Predicted Secondary Structure

```
                        20          40          60          80
                         |           |           |           |
Sequence    MSSLPVPYKLPVSLSTGACVIIKGRPKLSFINDPQLQVDFYTGTDEDSDIAFHFRVHFGHRVVMNSLEFGVWKLEEKIHYVPFEDGEPFELRI
Prediction  CCCCCSSSSSCCCCCCCSSSSSSSCCCCCCCCSSSSSSSSCCCCCCSSSSSSSSCCCCSSSSSSSSCCSSSCCCSSSCCCSSCCCCSSSSSS
Conf.Score  9775886884788525979999999888779999899995718999989899966069838997483987770578077485289959999
                H:Helix; S:Strand; C:Coil
```

Predicted Solvent Accessibility

```
                        20          40          60          80
                         |           |           |           |
Sequence    MSSLPVPYKLPVSLSTGACVIIKGRPKLSFINDPQLQVDFYTGTDEDSDIAFHFRVHFGHRVVMNSLEFGVWKLEEKIHYVPFEDGEPFELRI
Prediction  8553324241434043333020302034347634201010213467643000001031543011222454434233440304454301010
          Values range from 0 (buried residue) to 9 (highly exposed residue)
```

Predicted normalized B-factor

(B-factor is a value to indicate the extent of the inherent thermal mobility of residues/atoms in proteins. In I-TASSER, this value is deduced from threading template proteins from the PDB in combination with the sequence profiles derived from sequence databases. The reported B-factor profile in the figure below corresponds to the normalized B-factor of the target protein, defined by B=(B'-u)/s, where B' is the raw B-factor value, u and s are respectively the mean and standard deviation of the raw B-factors along the sequence. Click here to read more about predicted normalized B-factor)

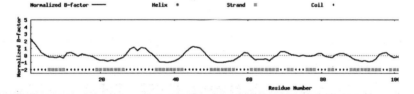

图 5-29　I-TASSER 的运行结果

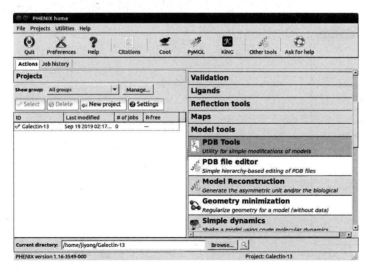

图 5-30　Phenix 的主界面

打开的 PDB Tools 界面如图 5-31 所示。PDB Tools 仅需要一个 pdb 文件就可以运行。

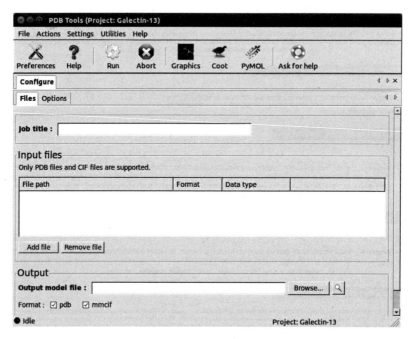

图 5-31　PDB Tools

点击界面中"Add file",弹出一个对话框,找到要去掉所有侧链的蛋白质,点击"Open"打开(图 5-32)。

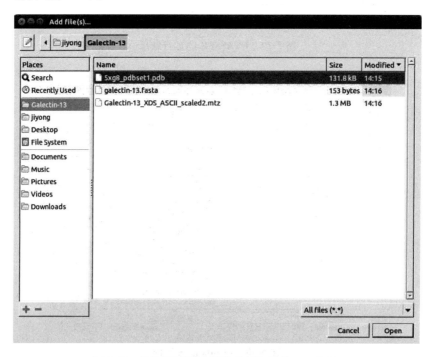

图 5-32　打开需要删除侧链的蛋白质的 pdb 文件

这时 PDB Tools 界面就会变成图 5-33 所示。在"Job title"处填入项目名"Galec-tin-13"。

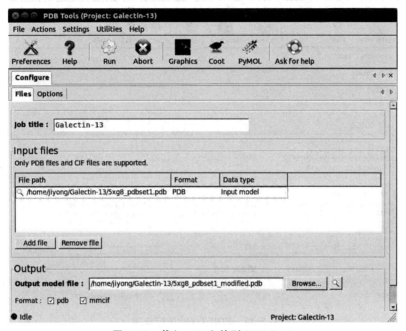

图 5-33 载入 pdb 文件到 PDB Tools

点击界面中的"Options"。在"Truncate to poly-Ala"前面的框内打钩。点击主菜单下面的"Run"按钮运行程序（图 5-34）。

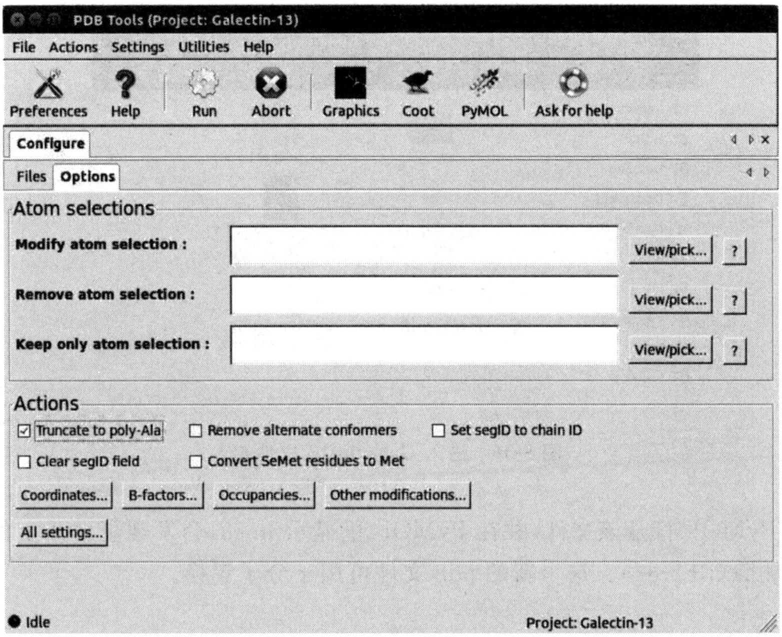

图 5-34 勾选运行参数并运行程序

屏幕出现"FINISHED",代表程序运行成功(图5-35)。

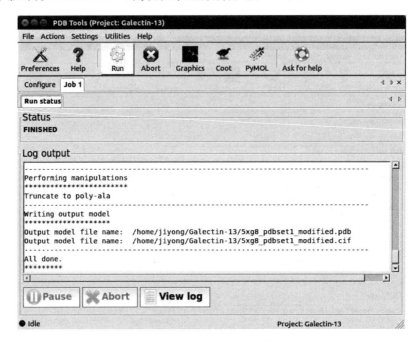

图 5-35　PDB Tools 运行结束

在 Phenix 的 Galectin-13 项目的文件夹里找到 5xg8_pdbset1_modified.pdb(图 5-36)。读者应当记得开始运行 Phenix 的时候,设计了一个关于 Galectin-13 项目的文件夹,该文件夹就保存有以下这些文件。

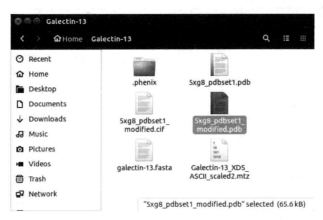

图 5-36　进入 Galectin-13 文件夹

使用 PyMOL 打开该文件,并在 PyMOL 里显示 lines,会发现蛋白质上的所有侧链都已被删除(图5-37)。这个新的 pdb 文件可用于分子置换。

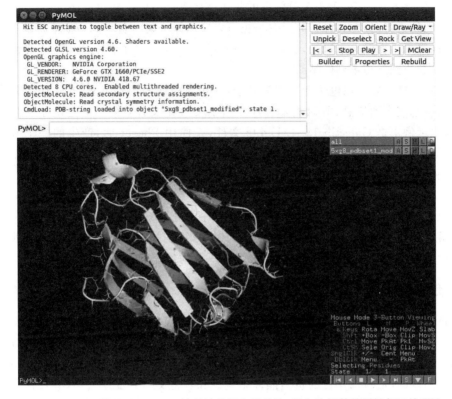

图 5-37

图 5-37 **PyMOL 显示 PDB Tools 处理过的蛋白质结构,所有的氨基酸侧链都已被删除**

第二节 蛋白质晶体结构构建

Phaser 运行结束时的 LLG 值高于 200,或者 MolRep 运行结束时的 Contrast 的值高于 2.5,我们就认为分子置换成功了,但是也不排除例外。分子置换完成后,建议使用 CCP4 中的程序或者 Phenix 中的 AutoBuild 对蛋白质晶体结构进行构建。目前有许多晶体 model build 的程序,每个程序都有其特点。所有程序构建蛋白质晶体结构都需要目的蛋白的氨基酸序列。这些程序会以该氨基酸序列对分子置换成功后的晶体结构进行重建。做分子置换的时候用的是同源蛋白,那么这些程序会把同源蛋白的氨基酸全部换成目的蛋白的氨基酸序列。在重新构建的过程中,这些程序又对蛋白质晶体结构进行了优化,使其能够很好地匹配在电子密度图中。

做构建有一个好处。有时分子置换用的蛋白质结构会有一些错误或者删掉了一些氨基酸或者原子等,重新构建蛋白质结构以后,会把这些错误修正过来。这就避免了由于盲目进行结构优化(refinement)而造成的错误。这也就是为什么不建议直接在分子置换之后进行蛋白质晶体结构优化的原因。如果直接做结构优化,往往到最后发现结构里多了或者少了一些氨基酸,还要从头解析晶体结构,浪费了时间和精力。

构建程序要求蛋白质晶体结构的分辨率在 2 Å 左右,分辨率越高,重新构建越精确。不过,笔者认为,高于 3 Å 分辨率的晶体结构都可以使用构建程序进行重新构建。有时得到的是蛋白质晶体的部分结构,也可以拿来做构建。若得到一个更好的部分结构,可以用来再次做分子置换,会得到更好的结果。分子置换和构建可以多轮配合使用,往往会收到意想不到的结果。

构建程序一般会以电子密度图为基准,在构建成功的结构上进行重建,重建需要蛋白质氨基酸序列信息,所以构建程序一般需要三个文件:第一个是电子密度图文件,在本示例中是 Galectin-13_4.1.mtz 文件,是使用 Phaser 后,产生的一个 mtz 文件,它是从 Galectin_13_XDS_ASCII_scaled2.mtz 文件变化而来的,有时这两个文件是通用的;第二个是蛋白质氨基酸序列文件,还是原来的 galectin-13.fasta 文件;最后一个是构建成功的 pdb 文件,文件名为"Galectin_13_XDS_ASCII_scaled2.pdb"。一般情况下,这三个文件都需要同时输入构建程序中进行构建。

最后要说明的是,构建有时需要很长的时间,特别是对于大的蛋白质或者非对称单元中蛋白质个数多的晶体。这就需要耐心等待构建完成。

一、使用 ARP/wARP 进行结构重建

打开 CCP4 主界面,点击"Model Building"按钮,在子菜单中找到"ARP/wARP Classic",双击打开程序,界面如图 5-38。把"Run ARP/wARP for"一栏改成"Automated model building starting from existing model"。这样就能以分子置换成功后的结构作为基础,重新构建目的蛋白晶体结构。和其他 CCP4 程序一样,有黄色背景的输入框都需要填入数据。

图 5-38

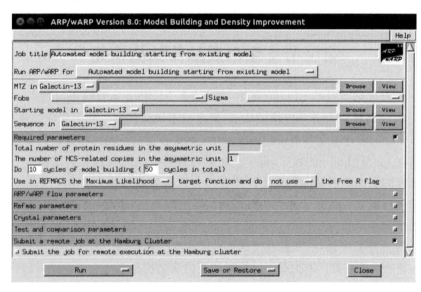

图 5-38　ARP/wARP 的运行界面

在"MTZ in"右侧输入栏中填入电子密度图文件 Galectin-13_4.1.mtz 的路径;在"Starting model in"右侧输入栏中填入分子置换后的 Galectin-13_4.1.pdb 文件的路

径;在"Sequence in"右侧的输入栏中填入氨基酸序列 galectin-13. fasta 的路径;在"Total number of protein residues in the asymmetric unit"一栏中填入139,这是氨基酸的数目。其他参数都不用改动,点击"Run"运行 ARP/wARP(图 5-39)。

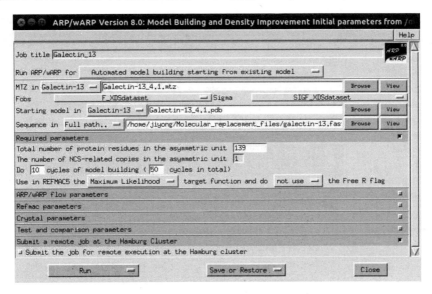

图 5-39

图 5-39　ARP/wARP 运行参数设置

ARP/wARP 运行一般需要 10 min 或者更长时间,待程序运行完以后,会显示"FINISHED"(图 5-40)。这代表构建成功了。

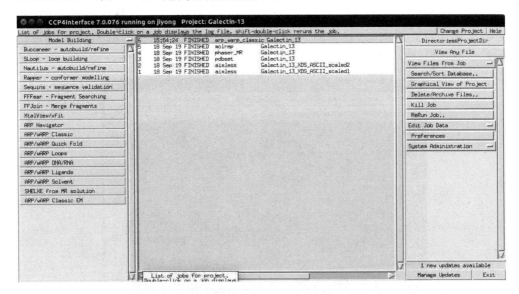

图 5-40　ARP/wARP 运行完成

ARP/wARP 完成后,我们需要查找电子密度图和重新构建的结构文件。这些文件都在 CCP4 的 Galectin-13 项目文件夹中。本次 ARP/wARP 运行的序号是"6",所

以在 Galectin-13 项目的文件夹中有一个叫"6"的文件夹,双击打开,可以看到 ARP/
wARP 运行时生成了很多文件,其中我们要找的就是 6_Galectin-13_4_warpNtrace.
pdb 和 6_Galectin-13_4_warpNtrace.mtz 两个文件(图 5-41)。

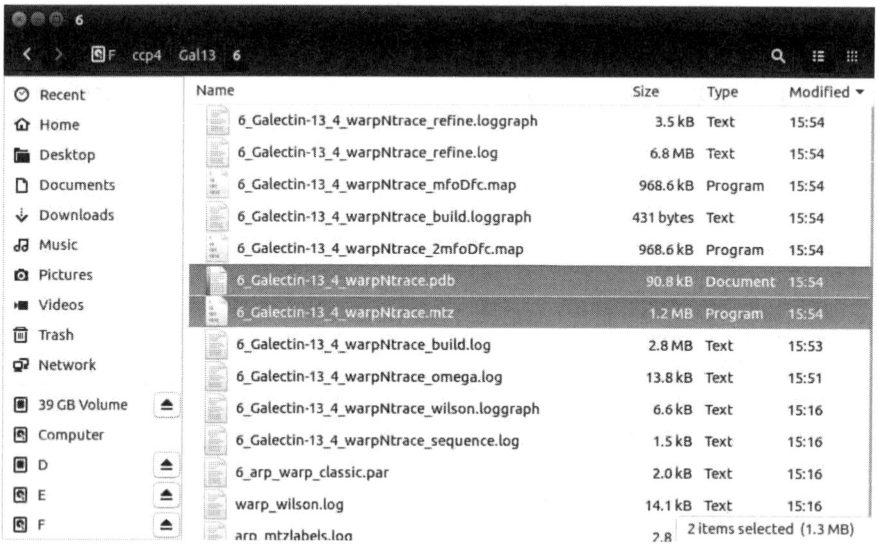

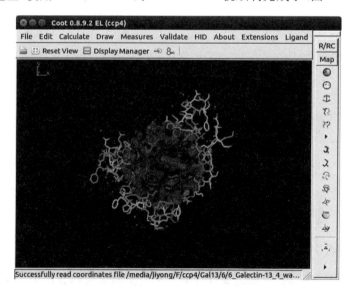

图 5-41   ARP/wARP 运行结束后产生的两个文件

打开任意终端,在终端中输入 coot,打开 Coot 程序。点击"File",再点击"Open
Coordinates..."打开 6_Galectin-13_4_warpNtrace.pdb 文件。点击"File",再点击
"Auto Open MTZ..."打开 6_Galectin-13_4_warpNtrace.mtz 文件。这时可以看到
在 Coot 的界面里显示出经过 ARP/wARP 重建后的结构(黄色)和电子密度(蓝色的
网状)。到这里,使用 ARP/wARP 的 model build 就顺利完成了(图 5-42)。

图 5-42

图 5-42   Coot 显示蛋白质晶体结构及电子密度

二、使用 Phenix 的 AutoBuild 程序进行结构重建

首先打开任意终端，输入 phenix，运行主程序。在右边的按钮栏找到"Model building"并点击，在子菜单中找到"AutoBuild"双击，运行程序（图 5-43）。

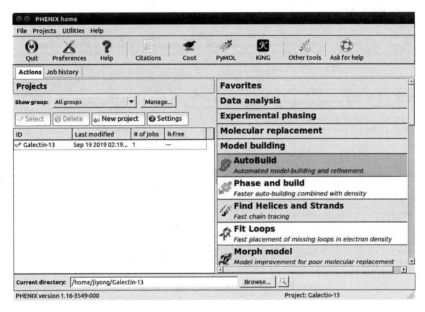

图 5-43　Phenix 的主界面

弹出 AutoBuild 运行参数界面，如图 5-44，首先把"Job title"改成 Galectin-13。然后点击"Add file"，和 ARP/wARP 一样，把三个文件 Galectin-13_4.1.pdb、Galectin-13_4.1.mtz、galectin-13.fasta 拉到输入框内。AutoBuild 的运行需要这三个文件。另外，在输入框内，右键点击 Galectin-13_4.1.mtz 文件，确认"Experimental data"。AutoBuild 运行时需要一个实验数据，这个 Galectin-13_4.1.mtz 文件来自最初的 Galectin_13_XDS_ASCII_scaled2.mtz，所以可以作为"Experimental data"。

点击"Other options"，也就是其他参数，进入如图 5-45 的界面。由于笔者的电脑的 CPU 有 8 个核心，所以可以在"Number of processors"栏里填入 8，加快运行速度。需要勾选的参数按照图 5-45 设置。这里取消了"Build outside model"和"Place waters in refinement"的勾选。取消勾选前者代表不在结构之外重新构建，因为已经知道在非对称单元中只有一个蛋白质分子；取消勾选后者代表暂时不需要把水分子放到结构里面，因为我们可以在进行结构优化的时候再把水分子放进去。

点击主菜单栏下方的"Run"按钮，运行程序。AutoBuild 会自动显示日志文件，显示构建进程信息等（图 5-46）。

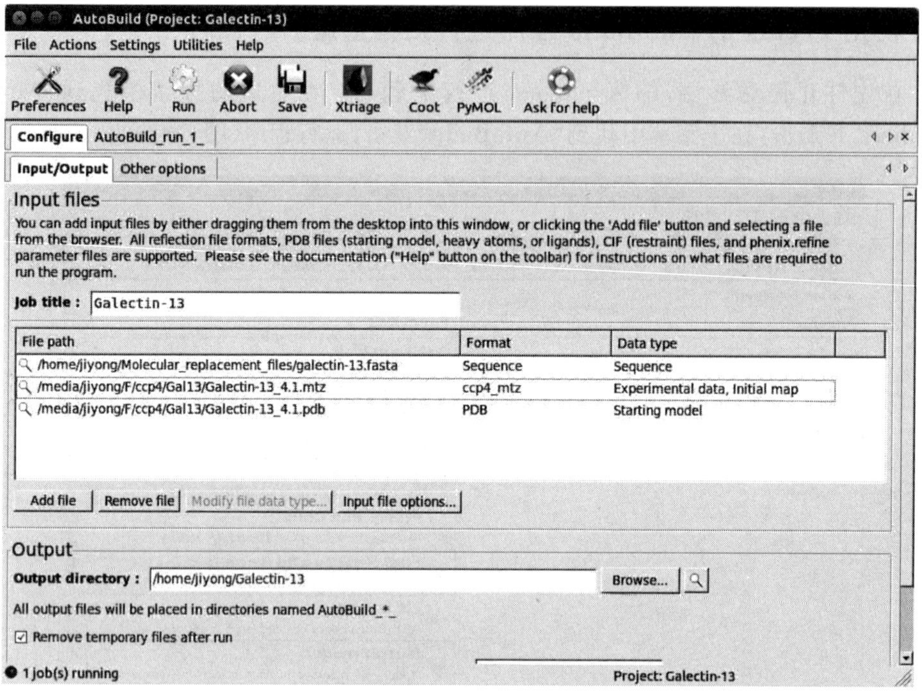

图 5-44 AutoBuild 的运行界面

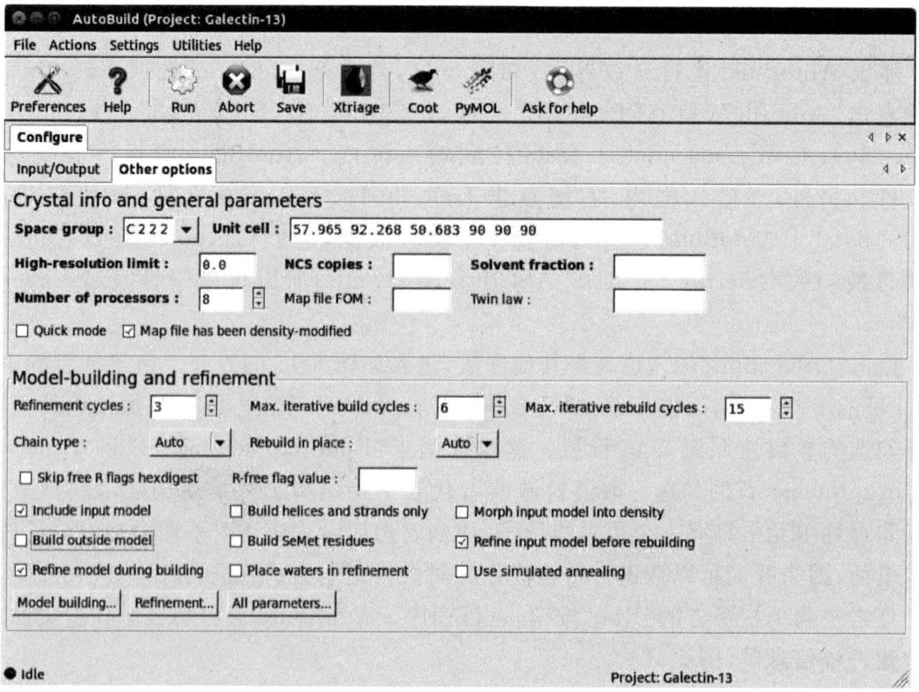

图 5-45 AutoBuild 的运行参数的设置

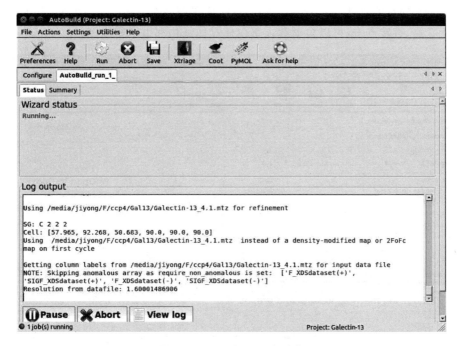

图 5-46 AutoBuild 运行进程

刚才选择了 8 个 CPU 核心运行程序，我们可以使用 Ubuntu 的 System Monitor 观察 CPU 的使用情况。如图 5-47 所示。8 个 CPU 都在正常工作。AutoBuild 的运行时间有时特别长，尽量使用多个 CPU 核心进行结构构建。

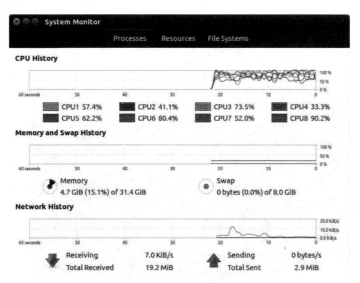

图 5-47 计算机的 CPU 和内存的使用情况

等待大约 1 个小时，AutoBuild 运行完毕。在完成界面（图 5-48）上还会给出 R-work 和 R-free 的数值，可以帮助判断蛋白质晶体结构的质量。这两个数值越低越好,R-work 的数值要低于 R-free。另外,在完成界面的右方还给出了 Coot 和 PyMOL 的快捷方式,直接点击,可以自动载入蛋白质晶体结构和电子密度图。

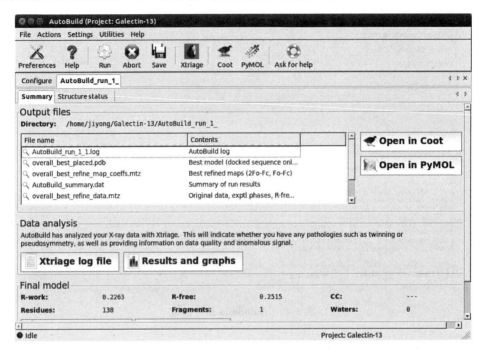

图 5-48　AutoBuild 运行完成

点击 Coot,在界面中会显示重新构建的蛋白质结构(黄色)和电子密度图(蓝色)(图 5-49)。

图 5-49

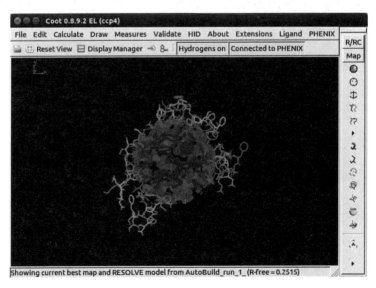

图 5-49　Coot 显示蛋白质晶体结构和电子密度

结构构建也需要多种软件配合使用。这里只介绍了两种常用的重建蛋白质晶体结构的软件。而在 CCP4 套件里，还有很多结构构建的软件，比如 Buccaneer 等。读者可以自由尝试。

人工干预构建也很重要。比如，做分子置换的蛋白质会比目的蛋白多或少一段或者几段氨基酸序列，这时需要人工判断，修改这些多或者少的氨基酸。另外，有些蛋白质部位非常活跃，这些部位的电子密度无法显示出来，这就造成蛋白质结构上这些部位的缺失，正是因为少了这些部位，两边的接头部位情况就会比较复杂，尤其是在低分辨率情况下，更需要人工构建。

第三节　蛋白质晶体结构优化

蛋白质晶体结构构建完成以后，还需要对结构进行优化。结构优化就是尽量使蛋白质晶体结构与电子密度图达到完美匹配的过程，它是在成熟的蛋白质折叠理论，以及已经作为理论的实验结果指导下进行的。比如，共价键的长度有一定范围，太长或者太短都是不对的；非共价键的距离也有一定范围，不能超过这个范围；氨基酸与氨基酸之间的二面角的角度也有一定范围；二级结构的折叠是有一定指标限制的，不能破坏指标，否则不能正常折叠成二级结构；水分子与氨基酸之间的距离应该在一定范围之内；各种离子或者配体与蛋白质的结合也应该在一定范围之内等。各种软件依据这些指标对蛋白质晶体结构进行优化，并且使氨基酸的构型、构象和蛋白质的整体构型与电子密度图匹配。

各种软件都有自己的特点，我们在进行优化的时候，可以配合使用多种软件，加上人工参与，最终把蛋白质晶体结构优化好。对于分辨率高于 2 Å 的蛋白质晶体结构，一般软件就可以完成优化的任务，并能达到很好的指标。对于分辨率不好的晶体结构，比如分辨率在 3 Å 左右，软件一般不能很好地完成任务。这时人的作用就显得非常大，这些分辨率低的结构需要人工调整，使用 Coot 手动把蛋白质的晶体结构优化好。有时某些蛋白质有些部位没有电子密度，这时可以加上氨基酸或者删掉氨基酸，看是否能够提高蛋白质结构的指标。一切以提高评判蛋白质晶体结构质量的指标为准。

在将蛋白质晶体结构提交到 PDB 或发表文章之前，一定要把评判蛋白质晶体结构质量的指标控制在合理的范围内。如果某一项或者几项标准没有达到要求，则需要重新使用软件或者人工再进行优化，直到所有的标准都符合要求。为什么要这么做呢？因为 PDB 对蛋白质结构的要求非常严格，就算是有一个小小的错误都不能接受，比如，一个共价键的长度稍微长一点都不行。另外，许多人使用蛋白质晶体结构做分子结合模拟。如果使用错的结构，怎么能获得正确的模拟结果呢？所以，一定要对蛋白质晶体结构进行足够的优化。

另外，有的蛋白质可以结合配体。比如本书中解析的这个蛋白质就可以结合一个 Tris 分子。在结构优化的阶段，我们可以构建一个 Tris 的 pdb 文件，并把这个 Tris 分子放在它结合的部位，结构合并后，进行优化。我们还需要使用 Phenix 里面的软件为 Tris 制造一个 cif 文件。这个 cif 文件是优化 Tris 结构的标准。其实对应于每个氨基酸都有 cif 文件，只不过所有优化软件都默认使用了，不用特别输入氨基酸的 cif 文件。这里我们将介绍如何把配体 Tris 加载到蛋白质的结合部位。

我们在这里使用 Phenix 套件里的 MolProbity 程序对所解析的蛋白质晶体结构进行验证(validation)。仔细分析 MolProbity 给出的蛋白质晶体结构的指标，人工判断是否有必要再进行进一步的优化。最后，蛋白质晶体结构质量合格以后，我们需要制作一个表格，把解析蛋白质晶体结构过程中获得的一些参数和指标填到表格中。这个表格非常重要，可以用来评判所解析的蛋白质晶体结构质量及衍射数据的质量，所有关于蛋白质晶体结构的文章发表时都需要提供这个表格。

结构优化是最耗费时间的一步，有时需要分析每个氨基酸及配体的构型与构象。在很多情况下，软件不能 100% 完成结构优化，这就说明计算机并不能完全替代人的工作，需要操作者仔细认真地分析氨基酸的构型与构象。刚开始进行优化的时候，可能不知道如何做，但熟能生巧，当优化的氨基酸多了后，就会对氨基酸的构型与构象有一个感性的预判，提高结构优化的速度和质量。

一、使用 phenix.refine 进行结构优化

打开任意终端，输入"phenix"，在主界面(图 5-50)的右边找到"Refinement"按钮，点击，找到下面的"phenix.refine"，点击运行。弹出 phenix.refine 的运行界面(图 5-51)。这个界面和 AutoBuild 是类似的。

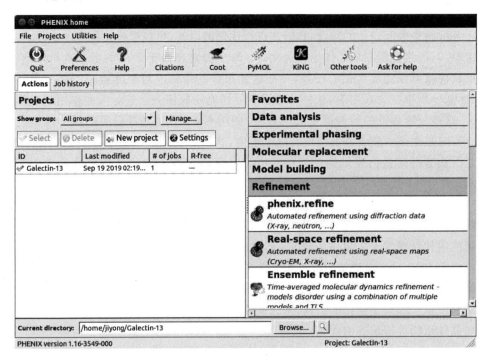

图 5-50　Phenix 的主界面

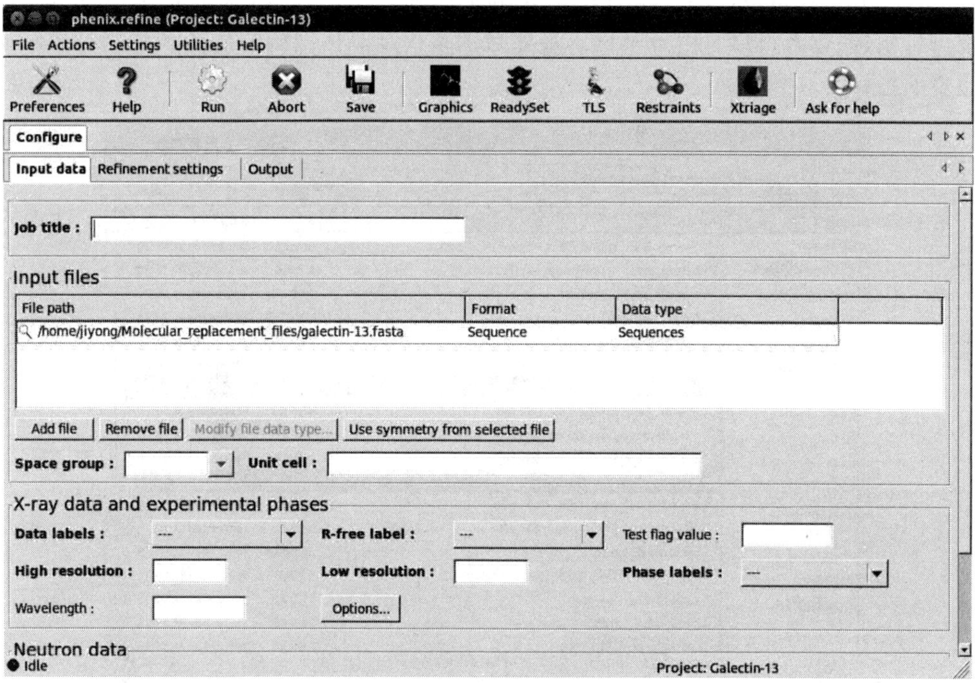

图 5-51 phenix. refine 的运行界面

我们在前面一节使用 ARP/wARP 和 AutoBuild 进行了晶体结构的重建。获得了晶体结构文件和电子密度图文件,分别是 6_Galectin-13_4_warpNtrace. pdb、6_Galectin-13_4_warpNtrace. mtz、overall_best_final_refine_001. pdb 和 overall_best_final_refine_001. mtz。在这里我们使用 overall_best_final_refine_001. pdb 和 overall_best_final_refine_001. mtz 作为结构优化的起始文件。点击"Add file"在 AutoBuild_run_1_文件夹里找到这两个文件(图 5-52)。

这时回到 phenix. refine 的页面上,看到以上两个文件被拖入输入框中(图 5-53)。

点击"Refinement settings"设置优化参数。在参数设置界面里,我们可以看到勾选了五个选项,分别是 XYZ(reciprocal-space)、XYZ(real-space)、Individual B-factors、Occupancies 和 Automatically correct N/Q/H errors(图 5-54)。这几个项可以保持。我们在这里可以把使用的 CPU 的数量改成 8,在"Number of processors"后边填入 8。然后点击"Run"运行。

这里需要说明的是,刚才五个勾选的地方也可以取消,比如可以取消勾选 Individual B-factors、Occupancies 和 Automatically correct N/Q/H errors,只保持勾选 XYZ(reciprocal-space),这样也可以运行。这时 phenix. refine 只对 XYZ(reciprocal-space)进行优化。另外,也可以勾选 Optimize X-ray/stereochemistry,它和 XYZ(reciprocal-space)的组合,对优化低分辨率的晶体结构非常有帮助。

最后,也可以勾选 Update waters。这一项代表在优化的时候,把蛋白质晶体结构中的水分子加上。分辨率高的晶体结构,会非常清楚地显示水分子的电子密度图。

phenix. refine 就可以自动把水分子填入电子密度图中。其实,这个界面的所有参数都可以勾选,读者可以自由地尝试。最终目的是提高晶体结构的质量和评判晶体结构质量的指标。

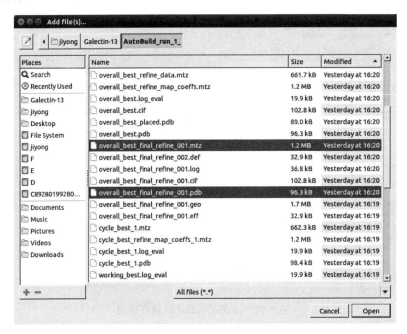

图 5-52　选择载入文件

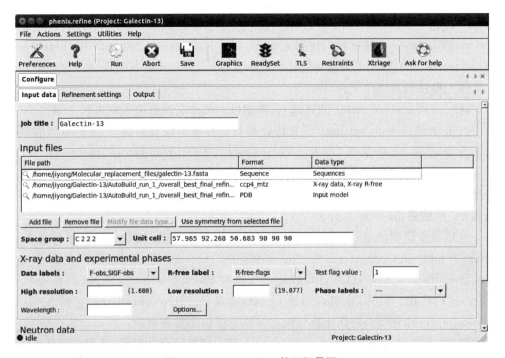

图 5-53　phenix. refine 的运行界面

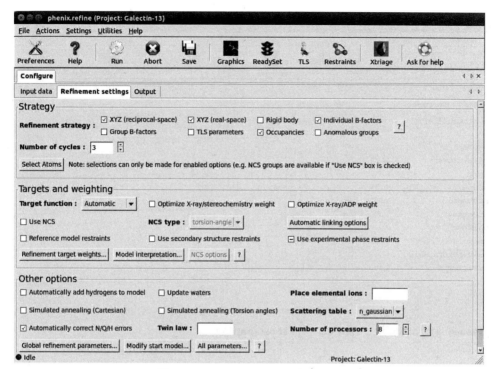

图 5-54　phenix. refine 运行参数设置

　　点击"Run"运行以后，phenix. refine 的界面会自动给出评判蛋白质晶体结构质量的一些指标(图 5-55)。R-work 和 R-free 是评判蛋白质晶体结构质量和蛋白质晶体结构与电子密度图匹配度的指标。R-work 要比 R-free 的数值低。这两个指标的数值越低越能说明结构质量好，而且结构与电子密度图匹配好。一般情况要求 R-free 的数值要低于 0.3 才可以接受。RMS(bonds) 和 RMS(angles) 也是评判标准。如果它们合格，phenix. refine 会显示蓝色。Clashscore 指的是蛋白质结构中的原子之间的距离的碰撞，如果原子与原子之间的距离过短，就会产生问题，但是 phenix. refine 对这种短距离的原子碰撞有一定的容忍度，会给出一个碰撞的数值。这个数值一般要低于 10.0。Ramachandran 图非常著名。该图可以体现氨基酸二面角 ψ 与 φ 之间的合理范围。理论上所有氨基酸二面角 ψ 与 φ 都应该在这个范围内。phenix. refine 也会给出 Ramachandran favored 和 Ramachandran outliers 两个数值。Ramachandran favored 的值越高越好，最好能达到 100%；Ramachandran outliers 的值越低越好，最好能达到 0。蛋白质氨基酸不应该有旋转异构体，所以 Rotamer outliers 的数值也应该越低越好，该值最好为 0。图 5-55 显示了在运行初始阶段，phenix. refine 根据结构和电子密度图给出的各种参数。

　　运行 phenix. refine 的时候，会自动弹出 Coot，并且自动载入蛋白质晶体结构和电子密度图(图 5-56)。phenix. refine 优化的每一步都会在 Coot 中有所体现。这方便了用户观察优化的过程。

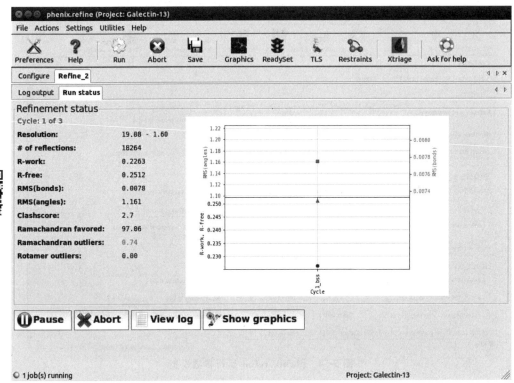

图 5-55　phenix. refine 运行进程

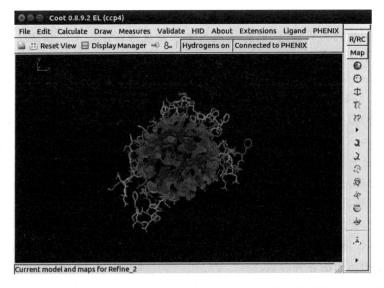

图 5-56　Coot 会自动载入 phenix. refine 运行时的蛋白质晶体结构和电子密度

　　回到 phenix. refine 的运行界面，点击"Log output"，就会出现 phenix. refine 的运行日志（图 5-57），里面有详细的运行记录，便于深入分析。

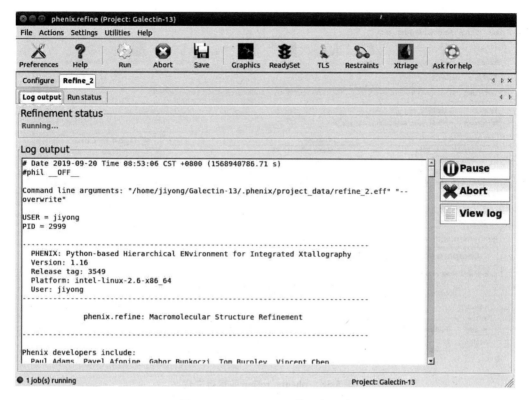

图 5-57 phenix. refine 的运行日志

phenix. refine 优化需要一段时间，对于大的蛋白质更是如此，需要耐心等待一段时间。待优化完毕，phenix. refine 会弹出完成界面。重要的信息是界面的下面关于 R-work 和 R-free 优化前后数值的变化。结构优化的一个重点就是降低 R-work 和 R-free 的数值。由于本书中使用的晶体结构的分辨率非常高，其实在重建晶体结构以后，晶体结构的质量已经非常高了，所以本次结构优化后，R-work 和 R-free 的数值变化不是很大。变化比较大的是 Bonds 和 Angles，数值都降低了（图 5-58）。

在该界面的右方还有打开 Coot 和 PyMOL 的快捷方式。点击这两个按钮可以直接打开 Coot 和 PyMOL，并把晶体结构文件和电子密度图文件载入到两个程序中，非常方便。

向下继续拉页面，还会看到 phenix. refine 对不同层次的分辨率之间也给出了 R-work、R-free 和％completeness 的数值。比如，1.6433～1.6000 之间的 R-work、R-free 和％completeness 的值分别是 0.2372、0.2573 和 99.9％。这说明选取 1.6 Å 作为 integrate 的极限是正确的。如果我们选取的晶体的分辨率过高，比如选取 1.2 Å 作为极限，那么 R-work 和 R-free 的数值会极高，而％completeness 的数值会极低。因此这个表也可以帮助我们判断截取哪两个分辨率之间的衍射点进行 integrate（图 5-59）。

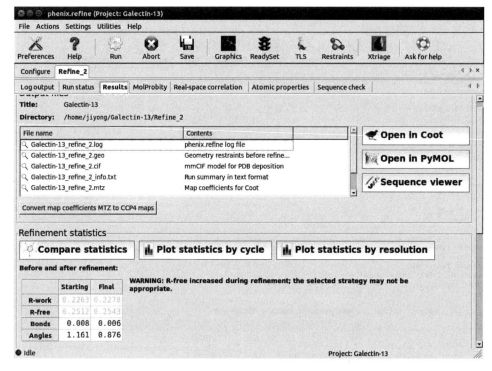

图 5-58

图 5-58   phenix. refine 的运行完成

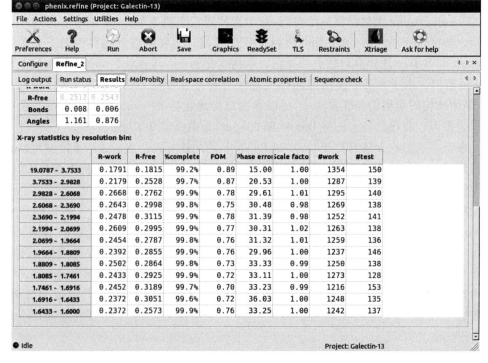

图 5-59

图 5-59   phenix. refine 结束时会显示出一些有用的参数

点击"Results"右侧的"MolProbity"按钮会弹出一个界面。这个"MolProbity"就是后边验证所用到的程序。phenix. refine 也整合了这个程序,运行结构优化时,也运行了 MolProbity 对结构进行评价。刚才已经介绍了,Ramachandran favored 的数值要尽可能高,而 Ramachandran outliers 的数值要尽量低。这里我们可以看到 Ramachandran outliers 的数值是 0.74%,这说明有的氨基酸不符合要求,而 Ramachandran favored 的数值达到了 97.06%。这里要说明的是,Ramachandran favored 的数值达到 95%以上就符合 PDB 和文章发表的要求,当然,该数值越高越好。在本示例中,Rotamer outliers、C-beta outliers 和 Clashscore 的数值都非常低,是很好的结果(图 5-60)。

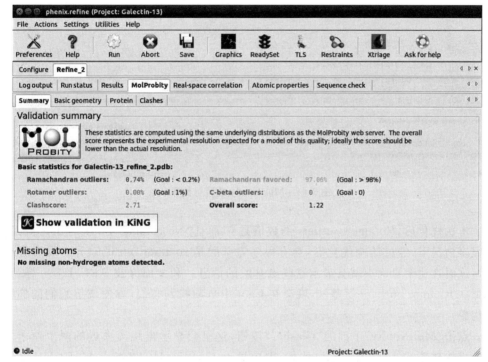

图 5-60 phenix. refine 结束后,MolProbity 的运行结果

界面的下方显示"No missing non-hydrogen atoms detected",这说明我们的结构中的氨基酸的原子都存在。前面我们做了结构重建,如果不做结构重建的话,这里很有可能会显示某些氨基酸丢失了一些原子。

点击"MolProbity"下面的"Protein"按钮,首先显示的就是对应 Ramachandran outliers 的氨基酸,这里显示的是 ARG 128(图 5-61)。正是 ARG 128 出现了错误,才造成了 Ramachandran outliers 的数值是 0.74%。

如果这时使用刚才打开 Coot 的快捷方式打开 Coot,在这里双击 ARG 128,就会自动在 Coot 中找到该氨基酸,并把它放在屏幕的中央,方便手动调节 ARG 128 的构型与构象。后边会介绍如何使用 Coot 人工调节氨基酸的构型与构象,使之与电子密度图匹配。

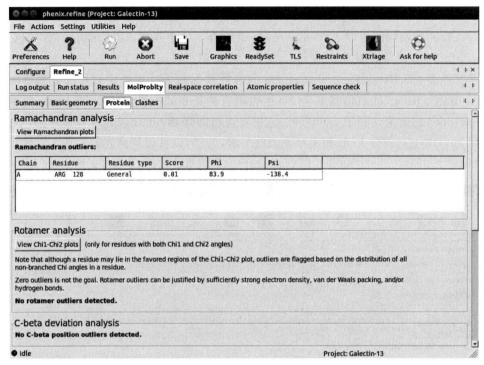

图 5-61　MolProbity 的运行结果

本次优化后,Rotamer outliers 的数值是 0,而且"No rotamer outliers detected"。在很多情况下,经过结构优化后,会有很多氨基酸是 rotamer outliers(异常旋转异构体),这时在这个页面中就会显示这些氨基酸的信息。和上面寻找 ARG 128 一样,双击那些 rotamer outliers 氨基酸,就会在 Coot 中自动找到它们,方便调节它们的构型与构象。

点击"MolProbity"下面的"Clashes"按钮,这里会显示出距离太近的两个原子之间产生的碰撞的信息(图 5-62),比如,图中显示 VAL 56 HG22 与 VAL 62 HG22 之间的距离太近了,并且产生了一个数值为 0.581 的"Overlap"。这个数值并不是太高,如果高于 0.6,就需要打开 Coot,然后双击这些氨基酸,自动找出碰撞的原子,对其位置进行调节。如果位置调节很困难,可以考虑把碰撞的原子或者分子删掉,最终使整个蛋白质晶体结构的 Clashes 值低于 10.0。

最后要检查优化的蛋白质的氨基酸是否和目的蛋白一致。点击"Sequence check"按钮。发现本次优化的蛋白质晶体结构的氨基酸和目的蛋白的氨基酸序列是一致的,显示"Sequence identity:100.00%"(图 5-63)。

至此 phenix.refine 的程序运行完毕,检查所有 phenix.refine 给出的参数和指标,读者可以仔细分析这些参数,然后根据实际情况,进行下一轮的优化。如果进行了多轮的优化后,参数和指标的变化不大,那么就需要考虑使用其他软件或者进行人工优化。下面将要介绍另外一种好用的结构优化程序 Refmac。

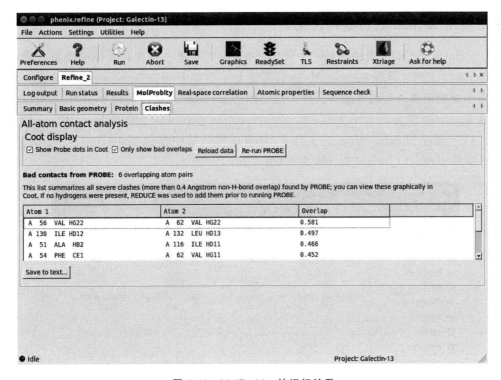

图 5-62　MolProbity 的运行结果

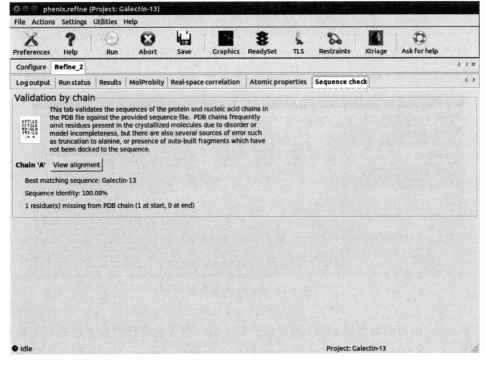

图 5-63

图 5-63　氨基酸序列对比

二、使用 Refmac 进行结构优化

Refmac 是 CCP4 套件里的一个软件，它的运行是建立在优化晶体结构温度因子 B-factor 之上的。运行 Refmac 时，我们需要上一小节中 phenix. refine 运行结束产生的电子密度图文件和晶体结构文件。这是因为 Refmac 在运行时需要 R-free，所以需要含有 R-free 信息的 mtz 文件，而 phenix. refine 会在 mtz 文件中加入 R-free 的信息。打开运行 phenix. refine 的文件夹"Refine_2"，从中找到 Galectin-13_refine_2. mtz 和 Galectin-13_refine_2.pdb 文件（图 5-64）。

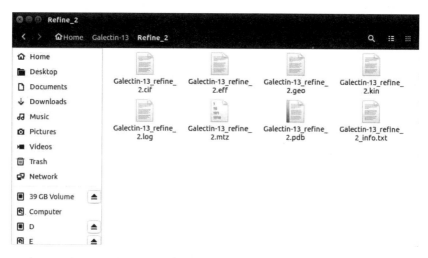

图 5-64　Refine_2 文件夹中的文件

打开 CCP4 主界面，在"Refinement"按钮下面点击"Run Refmac5"，运行 Refmac（图 5-65）。

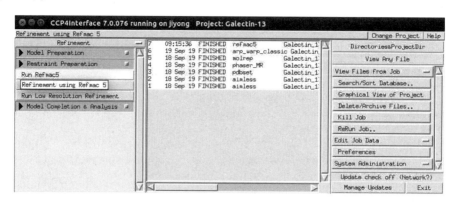

图 5-65　CCP4 的主界面

Refmac 的界面和其他 CCP4 程序的界面类似。有黄色背景的输入栏必须要输入文件路径。将 Galectin-13_refine_2. mtz 和 Galectin-13_refine_2.pdb 两个文件的路径输入 Refmac 对应的输入栏内。电子密度图文件 Galectin-13_refine_2. mtz 填入

"MTZ in"右侧的输入栏中，"MTZ out"右侧的输入栏会自动输出一个文件名。Galectin-13_refine_2.pdb 填入"PDB in"右侧的输入栏中，"PDB out"右侧的输入栏会自动输出一个文件名。

另外，可以点击"Refinement Parameters"设置优化参数。默认优化 10 次，实际操作时可以根据情况修改优化次数。也可以修改优化的分辨率范围，本示例中的优化分辨率是 50.683～1.600 Å。50.683 Å 和我们在 scale 时设置的 20 Å 似乎有冲突，可能是 Refmac 自身的问题，在这里暂不考虑。Refmac 中还有许多参数可以设置，读者可以根据实际情况进行设置。点击程序左下角的"Run"运行程序 Refmac（图 5-66）。

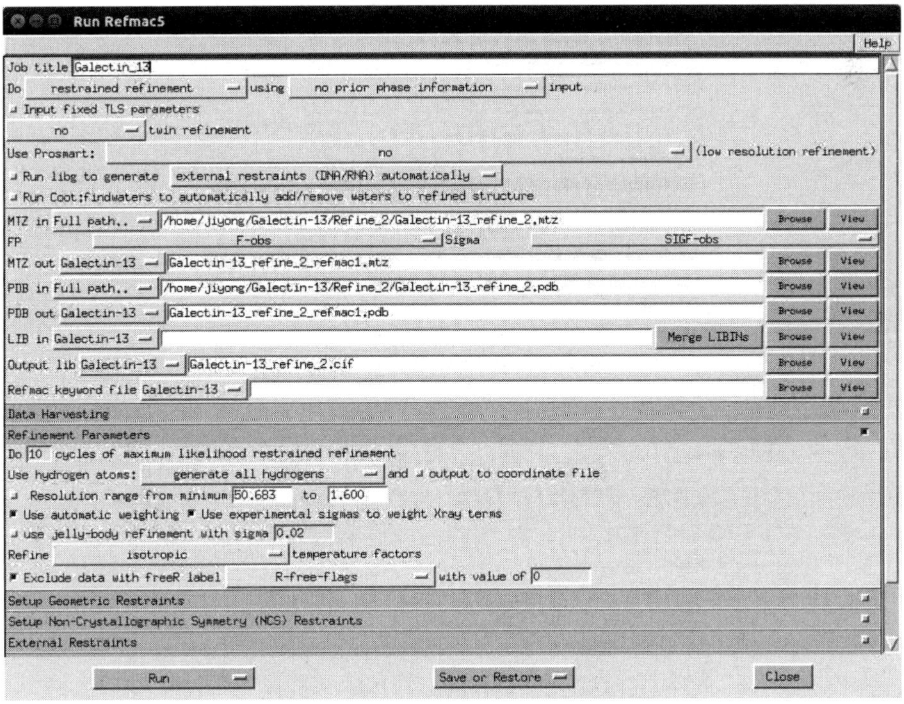

图 5-66

图 5-66　**Refmac 的运行界面及其参数设置**

Refmac 运行结束后，可以打开运行报告，分析 Refmac 优化的情况（图 5-67）。在报告的右边有一个体现不同分辨率对应的 Rfactor（和 phenix.refine 中的 R-work 是同一个指标）和 R-free 值的情况。在页面的下方有打开 Coot 的快捷方式，可以直接打开 Coot，分析优化情况。

点击"Log File"，可以显示运行日志，把页面拉到最后，可以看到经过 10 轮优化后，R-factor（即 R-work）和 R-free 数值的变化。从最后一轮结果来看，经过 10 轮的优化，两种 R 的数值都降低了，这说明结构得到了进一步的优化（图 5-68）。Refmac 和 phenix.refine 的优化机制是不一样的，所以 RMS BondLength（相当于 phenix.refine 的 Bonds 指标）和 RMS BondAngle（相当于 phenix.refine 的 Angles 指标）的值都上升了，这和 phenix.refine 正好相反。这提示读者两种软件可以互补使用。

图 5-67

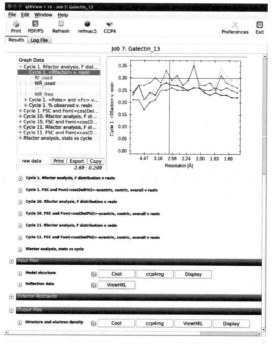

图 5-67 Refmac 的运行报告

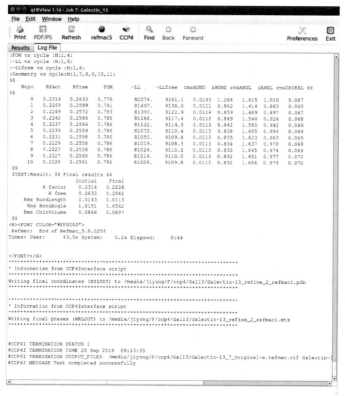

图 5-68 Refmac 的运行日志

最后,我们可以使用运行报告左下角的 Coot 快捷方式打开 Coot(图 5-69)。

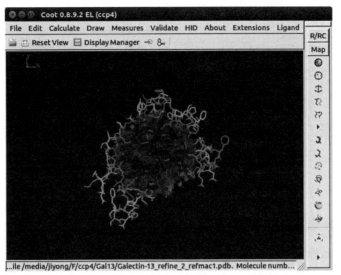

图 5-69

图 5-69 使用 Coot 打开

CCP4 中还有其他进行结构优化的软件,比如有一个专门用来对低分辨率结构进行优化的软件 LORESTR。在 CCP4 主界面点击"Run Low Resolution Refinement"(图 5-70)。

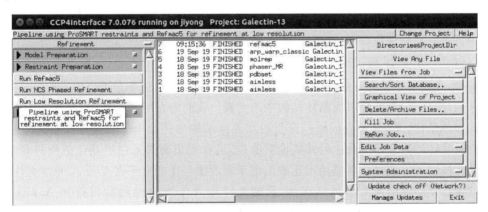

图 5-70 CCP4 的主界面

这款软件的界面相对简单(图 5-71)。把 mtz 和 pdb 文件路径填入相应的输入栏中就可以运行了。这款软件可以和 phenix. refine 与 Refmac 互补使用,有时会得到意想不到的结果。

图 5-71

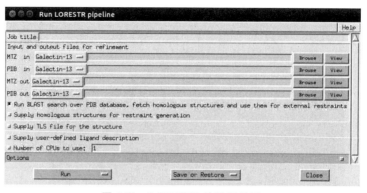

图 5-71　LORESTR 的运行界面

三、使用 Coot 进行手动结构优化

Coot 是一款功能非常强大的软件,它可以用来构建、优化及分析蛋白质晶体结构。这款软件需要人工操作,它在蛋白质晶体结构解析过程中就相当于办公用的 Office 套件里的 Word。每个蛋白质晶体结构解析人员,都需要熟练掌握这款软件。Coot 有丰富的功能,可以对蛋白质晶体结构的氨基酸进行突变、删减、增加、共价修饰等。

在安装 CCP4 的时候,Coot 也一起被安装在系统中。前面已经有介绍,当使用 CCP4 套件或者 Phenix 套件的时候,许多软件和程序都设有 Coot 的快捷方式,便于打开蛋白质晶体结构和电子密度图,这就加快了蛋白质晶体结构解析的速度。除了使用程序或软件的超链接打开以外,还可以在任意终端运行 Coot。

打开任意终端,输入"coot"回车,就可以打开 Coot 的界面。Coot 的界面和其他软件类似,在主菜单栏有一些下拉菜单,在软件的右侧有一些非常方便的功能按钮,可以用来构建、优化、删除蛋白质晶体结构中的元素。我们将介绍如何使用 Coot 来优化蛋白质晶体结构。Coot 需要同时打开蛋白质晶体结构文件和电子密度图文件,才能对蛋白质晶体结构进行优化。另外要说明的是,只有在正确的蛋白质晶体结构打开后,电子密度图 mtz 文件才能够给出正确的电子密度图。比如电子密度图 A. mtz 文件对应的蛋白质晶体结构文件是 A. pdb,只能先打开 A. pdb 文件然后再打开 A. mtz 文件。若打开蛋白质 B 的 B. pdb 文件,再打开 A. mtz 文件,电子密度图就会显示混乱。这说明 Coot 打开电子密度图文件时是以 pdb 文件为基础,再把正确的电子密度图计算出来。总而言之,mtz 文件和 pdb 文件彼此需要,缺一不可。

我们以本章 phenix. refine 后产生的 pdb 和 mtz 文件为例,介绍手动调节优化蛋白质晶体结构。点击 Coot 界面上的"File"按钮,出现一个下拉菜单,先点击"Open Coordinates..."打开 pdb 文件(图 5-72)。

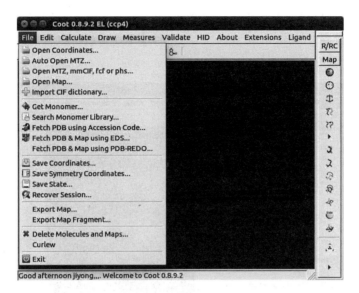

图 5-72　使用 Coot 打开文件

打开运行 phenix. refine 的文件夹"Refine_2"，点击 Galectin-13_refine_2.pdb 文件，点击"Open"就可打开该文件（图 5-73）。

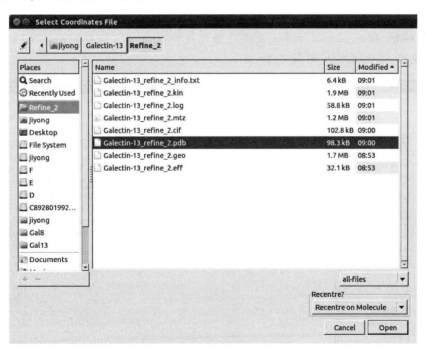

图 5-73　载入蛋白质晶体结构文件

打开该 pdb 文件后，Coot 就会把该蛋白质晶体结构载入到界面中央。载入的结构一般呈现黄色，其上还有用蓝色标注的氮原子和用红色标注的氧原子。

打开 pdb 文件以后,再打开电子密度图 mtz 文件。再次点击"File"按钮,在下面的下拉菜单里找到"Auto Open MTZ…"按钮,这个功能就可以自动载入电子密度图 mtz 文件(图 5-74)。

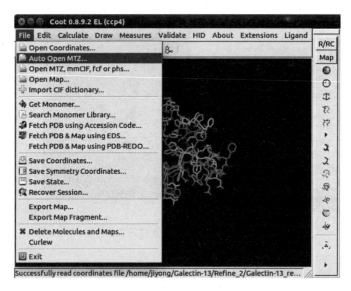

图 5-74　载入电子密度图 mtz 文件

再次找到保存 phenix. refine 文件的文件夹"Refine_2",找到 Galectin-13_refine_2. mtz 文件,点击"Open"打开文件(图 5-75)。

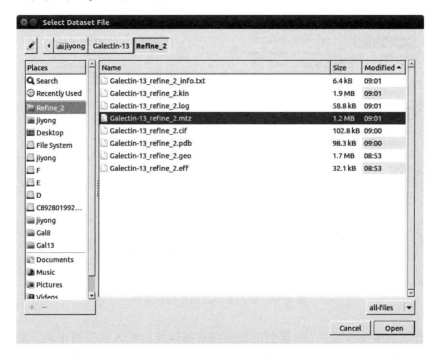

图 5-75　载入电子密度图 mtz 文件

打开电子密度图后,关键的一点是看蛋白质晶体结构是否能够和电子密度图很好地匹配。这在前面章节已经强调了,如果彼此不匹配,说明蛋白质晶体结构的解析可能是错误的或者不完全的。这时需要重新进行分子置换和结构构建,直到能够看到蛋白质晶体结构和电子密度图能较好地匹配。匹配的过程其实就是结构优化的过程,所以非常重要。

不过,有时看起来蛋白质晶体结构和电子密度图匹配得很糟糕,但是仔细分析发现,蛋白质晶体结构和电子密度图有些部分匹配度还是不错的,这时可尝试对蛋白质晶体结构进行修改,比如增加、删减或者突变氨基酸。手动调节结构之后,可以使用软件进行结构构建或者结构优化。这样操作几轮后,也许会发现蛋白质晶体结构和电子密度图匹配得越来越好,这说明蛋白质晶体结构越来越正确了。

为什么蛋白质晶体结构越来越正确,它与电子密度图的匹配会越来越好呢?刚才已经解释过,Coot 打开电子密度图 mtz 文件时,是以已有的蛋白质晶体结构为基础,计算出电子密度图。我们收集的衍射数据来源于目的蛋白晶体,所以它含有的信息一定是正确的。但是衍射数据缺少了相角信息,而分子置换或者构建后的结构可以预先提供一个近似正确的相角。Coot 就以这个相角计算出电子密度图。当使用这个近似正确的相角时,得到的电子密度图可能和蛋白质晶体结构匹配并不是很好。但是经过软件的结构构建、人工的结构构建、软件的结构优化和人工的结构优化,会把氨基酸的位置、顺序等调节得越来越好,这样与最终正确的真实的蛋白质晶体结构越来越接近。这时如果再用 Coot 打开蛋白质晶体结构和电子密度图,会发现两者彼此匹配得越来越好,最终解析完毕时,蛋白质晶体结构和电子密度图就会完全匹配。这其实就是蛋白质晶体结构解析的过程。

载入电子密度图文件 mtz 时,Coot 会根据已打开的蛋白质晶体结构计算电子密度图。电子密度图一般呈蓝色。当然电子密度图的颜色和蛋白质晶体结构的颜色都是可以调整的,读者可以根据自己的习惯调整。图中蓝色的网状是 $2|F_o|-|F_c|$ 图,而绿色的网状是 $|F_o|-|F_c|$ 图。蓝色是已匹配的电子密度图;绿色是还没有匹配的电子密度图;红色指有错误,该位置不应该出现已有的原子或者分子。需要注意的是绿色的 $|F_o|-|F_c|$ 图,指的是该区域缺少了原有的配体。应该找到正确的配体,填到这个位置,并且把构型、构象和电子密度图匹配好。直白地说,绿色的 $|F_o|-|F_c|$ 图说明蛋白质在晶体结构中结合了配体,具体是什么需要提前了解。如果不知道是什么配体,可以尝试使用质谱技术去检测。

从图 5-76 可以看出,该蛋白质晶体结构和电子密度图文件匹配得非常好。这是因为该蛋白质结构已经解析出来了,所以两者匹配很好。在图的下方,蛋白质表面有一大片绿色的区域,这说明该蛋白质结合了配体。已知结合的是 Tris 分子,所以在后边会介绍如何把 Tris 分子放置到该蛋白质表面并进行优化。另外,如果分辨率好的话,$|F_o|-|F_c|$ 图还会显示出一些绿色的圆球,一般情况下这些绿色的圆球是水分子或者一些离子。

图 5-76

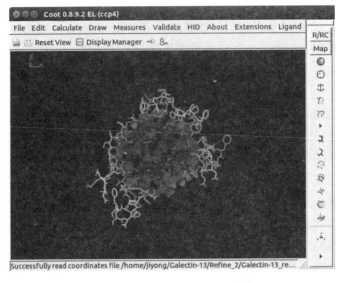

图 5-76　Coot 显示蛋白质晶体结构和电子密度

在 phenix. refine 的时候,我们已经知道 ARG 128 是"Ramachandran outlier"。这是因为 phenix. refine 在进行晶体优化的时候,没能把 ARG 128 的构型与构象调节好。这时需要人工调节 ARG 128。前面已经介绍过,在 phenix. refine 的运行报告里,可以使用 Coot 的快捷方式打开蛋白质晶体结构和电子密度图文件,双击"Ramachandran outlier"列表中的 ARG 128,就可以直接抵达 ARG 128 的位置。

我们再介绍另外一种定位 ARG 128 的快捷方法。在 Coot 的主页面,找到"Go To Atom..."按钮(图 5-77)。

图 5-77

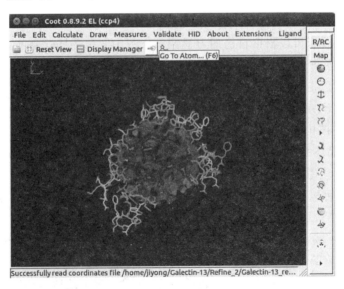

图 5-77　Coot 提供的定位功能

点击这个按钮后,弹出一个对话框,显示蛋白质晶体结构有一条链"Chain A"。在三个输入栏内分别输入"A""128"和"CA"。"A"和"128"指的是 A 链和 128 号氨基酸。"CA"指的是氨基酸的 αC 原子(即 α 碳原子)。回车以后,A 链上的第 128 号氨基酸的 αC 原子即位于屏幕的正中央(图 5-78)。

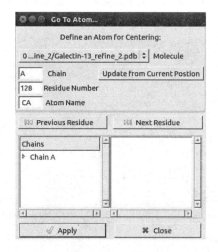

图 5-78　"Go To Atom..."的定位参数设置

使用这种方法,可以很快地定位 ARG 128(图 5-79)。

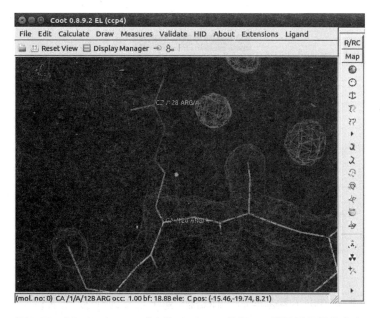

图 5-79

图 5-79　"Go To Atom..."定位 ARG 128 并把 CA 原子置于屏幕中央

定位 ARG 128 以后,就可以调节它的构型与构象。一般使用 Coot 的 Real Space Refine 功能调节蛋白质氨基酸的构型与构象。此时,Coot 会根据电子密度图的限制来限制氨基酸的构型与构象。

在 Coot 界面的右边点击"Real Space Refine Zone"按钮（图 5-80），点击以后，鼠标的左键就具有了 Real Space Refine 功能，使用鼠标左键双击 ARG 128，弹出如图 5-81所示的关于氨基酸信息的界面。

图 5-80

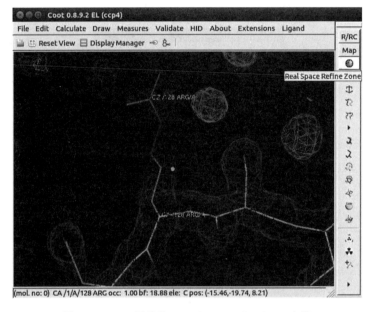

图 5-80　Coot 提供的 Real Space Refine Zone 功能

图 5-81　Real Space Refine Zone 功能的运行结果

这个小的界面给出了氨基酸的 5 种指标，如果指标为红色，表明该指标不合格，需要对其进行调节优化。比如图中的"Chirals"是红色的，说明 ARG 128 的手性有问题，需要进行调节。如果指标显示是绿色的，表明该指标是合格的。比如图中的"Non-bonded"是绿色的，指的是非共价键的一些参数是合格的。一般情况下，接受参数是绿色或者是黄色，不过最好全部是绿色。

使用鼠标左键双击 ARG 128 后，会出现一个虚拟的 ARG 128，它是白色的，这时可以用鼠标左键拖拽这个氨基酸,使其与电子密度图匹配,并且要使刚才介绍的 5 个指标变成绿色或者黄色。当 5 个指标合格以后,可以点击"Accept",确认新的 ARG 128 的构型与构象。

　　另外需要介绍的是,还可以使用 Real Space Refine 功能对连续的几个氨基酸同时进行优化。前面的操作中点击"Real Space Refine Zone"按钮后,直接双击 ARG 128,所以只对 ARG 128 进行了优化。我们还可以这样做:当点击"Real Space Refine Zone"按钮后,使用左键点击某一个氨基酸上面的原子,比如 ARG 128 的 αC 原子,然后再用左键点击另外一个氨基酸上面的原子,比如 HIS 135 的 αC 原子;这时,从 ARG 128 到 HIS 135 之间会出现一些虚拟的氨基酸。当然,还会出现介绍所有氨基酸的 5 个指标的界面。这时,可以使用鼠标左键,根据电子密度图,拖拽这些氨基酸,使它们与电子密度图匹配,而且使反映氨基酸构型与构象的 5 个指标合格。完成这样的操作后,就对 ARG 128—HIS 135 的几个氨基酸同时进行了结构优化(图 5-82)。

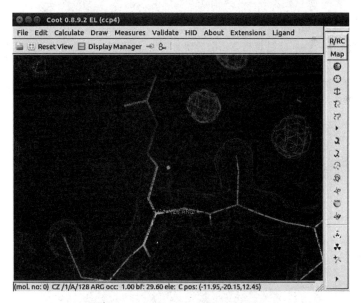

图 5-82

图 5-82　对多个连续氨基酸同时优化

　　除了 Real Space Refine 功能以外,Coot 还提供了根据氨基酸的理论构型与构象对结构进行优化的功能。点击"Real Space Refine Zone"下面的"Send in the Bond Angels..."按钮(图 5-83),就可以实现该功能。操作方法和 Real Space Refine 功能是类似的。使用这个功能优化氨基酸时,氨基酸的调节不再以电子密度图为基础。另外,这个功能调节氨基酸时,氨基酸变化会比较"僵硬"。当然,该功能有时是非常有用的,这有待于读者去尝试。

　　有时在优化蛋白质结构时,有些原子的位置已经优化得非常好了,但是调节其他原子时又会影响那些位置正确的原子。这时怎么办呢? Coot 提供了一个固定原子位置的功能。在结构优化的时候,可以把优化好的原子的位置固定下来。如图 5-84 所示,点击第三个带有锚标志的按钮。

图 5-83

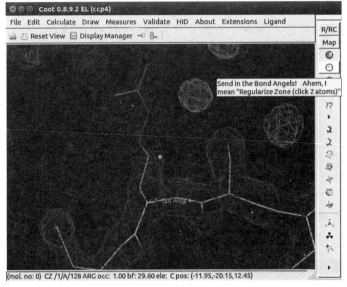

图 5-83　Coot 提供根据氨基酸的理论构型、构象对结构进行优化的功能

图 5-84

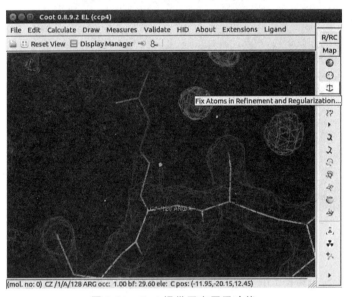

图 5-84　Coot 提供固定原子功能

弹出的对话框里，可以选择"Fix Atom"，固定原子了。如果想解除固定功能，可以选择"Unfix Atom"（图 5-85）。

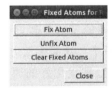

图 5-85　固定原子功能

以 ARG 128 为例，固定了它的四个原子，并以绿色方框显示（图 5-86）。

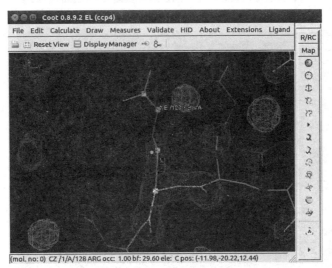

图 5-86　ARG 128 的四个原子的位置被固定了

Coot 还有移动或旋转功能，可以点击"Rotate Translate Zone/Chain/Molecule"按钮（图 5-87）。这个功能在放置配体的时候非常有用，我们在后边会介绍。

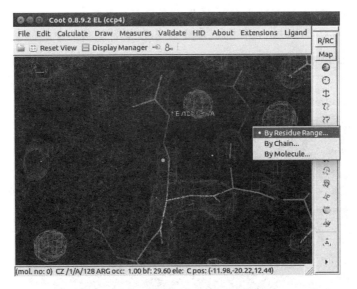

图 5-87　Coot 提供的移动或旋转功能

使用软件进行结构优化的时候，可以对氨基酸的旋转异构体进行优化，但是有时软件无法修正全部旋转异构体。在使用 Coot 进行手动优化时，可以对这些旋转异构体进行优化。点击"Auto Fit Rotamer（click on an atom）"按钮就可以实现这个功能（图 5-88）。Coot 会自动修正旋转异构体，如果无法实现，那么还可以手动调节。

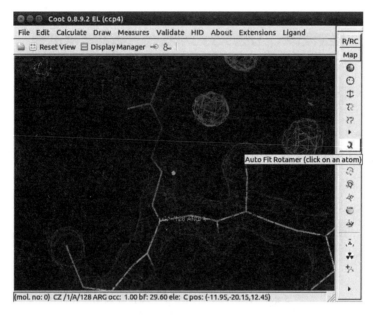

图 5-88　Coot 提供的旋转异构体优化功能

另外要介绍的一个有意思的功能是突变。点击 Coot 的"Mutate & AutoFit(click on an atom)"按钮,然后点击蛋白质上某一个氨基酸(图 5-89),会弹出一个界面(图 5-90),这个界面提示可以把选择的氨基酸突变成 20 种氨基酸中的任意一种。

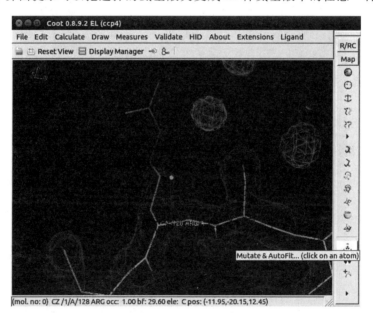

图 5-89　Coot 提供的点突变的功能

图 5-90　可供突变的氨基酸列表

　　这个功能在结构构建时非常有用。我们在做分子置换的时候，往往会使用同源蛋白。虽然同源蛋白的序列非常接近，但是也会有许多区别。所以分子置换后需要做结构构建。前面已经介绍了如何使用软件进行结构构建。其实 Coot 的这个突变功能也是为结构构建提供的，我们可以人为地使用 Coot 对同源蛋白的氨基酸进行突变，使突变后的结构与电子密度图匹配。比如，使用突变功能，可以使 ARG 128 突变成丙氨酸。如图 5-91 中的 ARG 128 已经变成丙氨酸。

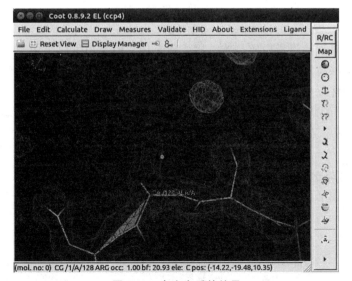

图 5-91

图 5-91　点突变后的结果

另外突变功能在研究蛋白质功能时也非常有用。比如研究酶功能的时候,经常需要进行点突变。如果该酶的蛋白质晶体结构已经发表,可以从 PDB 获得蛋白质结构文件和电子密度图文件,使用 Coot 载入后,可使用突变功能把想要突变的氨基酸进行突变,之后再使用软件或者人工分析突变所带来的影响。

Coot 还提供了在氨基酸 N 端和 C 端增加氨基酸的功能,点击"Add Residue..."就可以实现这个功能(图 5-92)。点完这个按钮之后,直接点击氨基酸末端或者某一肽段末端的氨基酸,就会自动弹出增加丙氨酸的信息。确认以后,丙氨酸就以共价结合的方式结合在末端。这时,再使用突变功能就可以把丙氨酸变成需要的氨基酸,完成肽链长度的增加。

图 5-92

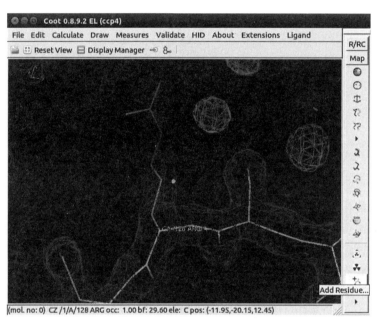

图 5-92 Coot 提供的添加氨基酸的功能

这个功能对于构建蛋白质晶体结构非常有用。但是在蛋白质 N 端和 C 端增加氨基酸需要有足够高的电子密度,否则,可能实现不了增加功能。增加氨基酸以后,最好用前面介绍的优化氨基酸构型与构象的功能对其进行优化。

Coot 除了可以增加氨基酸外,还可以在结构上增加其他简单的元素,比如水分子、一些离子等。点击"Place Atom At Pointer"按钮,就会提示增加哪种元素(图 5-93)。选择一种元素,点击确认,该元素就被放在屏幕的正中央的点上。

在 ARG 128 旁边的 $|F_o|-|F_c|$ 图中显示有几个水分子。可以通过鼠标的调节,把绿色的球放在屏幕中心点的位置,然后点击"Place Atom At Pointer"按钮,选择水分子,点击确认后,水分子就会出现在中心位置。当然,增加其他离子,操作方法是一样的(图 5-94)。

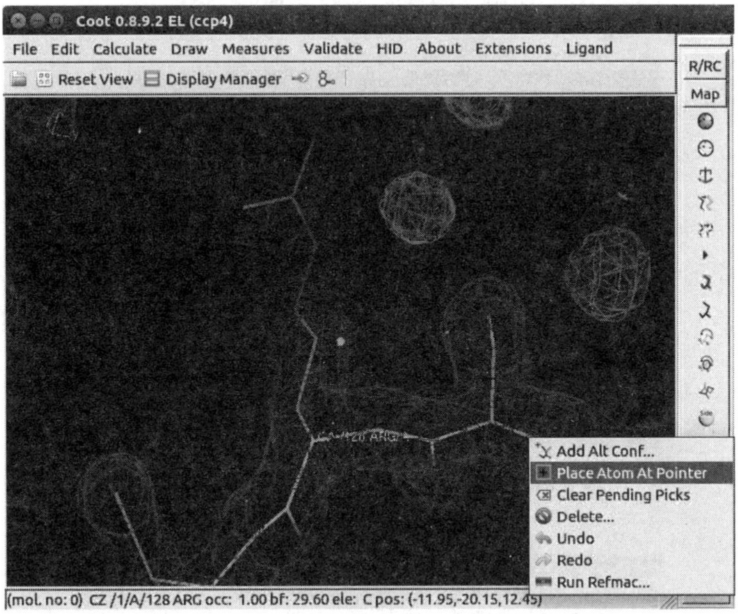

图 5-93

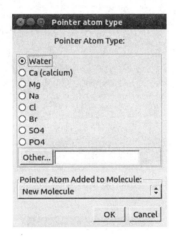

图 5-94　可以添加的元素

通过此功能在图中绿色的圆形 $|F_o|-|F_c|$ 图中加入了一个水分子（粉红色，星状）（图 5-95）。

除了可以在蛋白质晶体结构上增加各种元素以外，Coot 还可以删减蛋白质晶体结构上的元素。点击"Delete…"按钮就可以实现这个功能（图 5-96）。

点击按钮后，弹出一个对话框，提示删除哪种原子、氨基酸、肽段、水分子等。选择想要删除的对象，用鼠标左键双击，Coot 就会自动从蛋白质结构上删除该元素（图 5-97）。

图 5-95

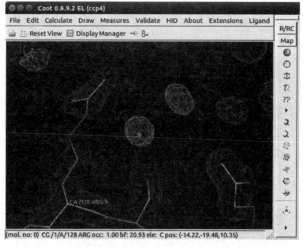

图 5-95　在蛋白质晶体结构中添加一个水分子

图 5-96

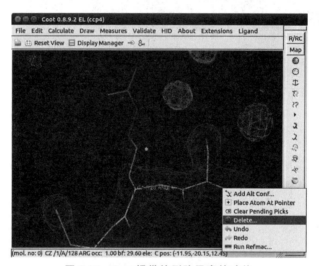

图 5-96　Coot 提供的删除元素的功能

图 5-97　使用 Coot 可以删除氨基酸、水分子等元素

例如,要删除整个 ARG 128,选择"Residue/Monomer",鼠标左键双击想要删除的 ARG 128 上的任意一个原子,ARG 128 就被删除了。如图 5-98。

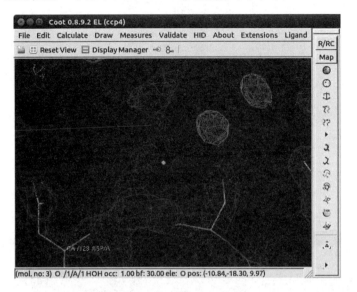

图 5-98

图 5-98　删除 ARG 128 的结果

已知蛋白质晶体是由蛋白质分子堆积起来的。而我们解析的蛋白质结构仅仅是所有蛋白质结构的平均。例如本示例中解析的蛋白质,非对称单元里只有一个蛋白质分子。这一个蛋白质分子的结构就代表了所有蛋白质分子的结构。

有时需要知道蛋白质是以哪种方式堆积起来的,以研究蛋白质晶体的堆积。这时需要显示周围的非对称单元。另外在进行结构优化的时候,也需要注意非对称单元里蛋白质分子之间的碰撞,对于不符合逻辑的碰撞,需要进行优化。不解决这个问题,PDB 是不会接收这个蛋白质晶体结构的。Coot 提供了显示周围非对称单元及其中的蛋白质分子的功能。点击主菜单的"Draw",然后找到"Cell & Symmetry..."并点击,会弹出图 5-99 所示界面。在界面中,勾选"Symmetry On"和"Show Unit Cells?"的"Yes"。点击"OK"确认。

这时在 Coot 的界面中会显示出周围非对称单元中的蛋白质分子(图 5-100),并且颜色会有区别。另外也显示了"Unit Cell",是一个边框为黄色的长方体。如果想显示非对称单元中的蛋白质分子上的氨基酸,需要点击图 5-99 中的"Symmetry by Molecule..."按钮,找到显示氨基酸的功能并确认,就会显示出氨基酸了。检查非对称单元中氨基酸的碰撞,发现不符合逻辑的碰撞,进行必要的优化调节。

有时文献发表需要提供蛋白质晶体结构的 $2|F_o|-|F_c|$ 图和 $|F_o|-|F_c|$ 图,并且要求 $2|F_o|-|F_c|$ 图和 $|F_o|-|F_c|$ 图的电子密度值分别设为 $1.0\,\sigma$ 和 $3.0\,\sigma$。Coot 提供了设置功能。我们点击 Coot 界面上的"Display Manager"按钮,会弹出如图 5-101 所示的对话框。

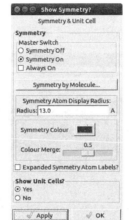

图 5-99　显示非对称单元功能的参数设置

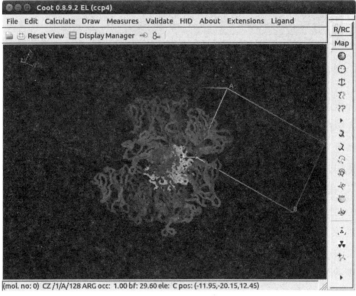

图 5-100　Coot 显示非对称单元

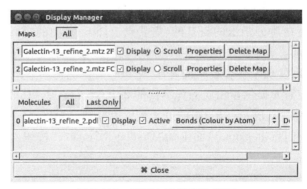

图 5-101　调节电子密度的界面

点击图 5-101 中第一个"Properties"，设置 $2|F_o|-|F_c|$ 图的显示参数。弹出如图 5-102 所示对话框。选中"rmsd"并在输入栏中设置为 1，点击"OK"确认。这样 $2|F_o|-|F_c|$ 图的电子密度值就被设置为 $1.0\,\sigma$。

同样的，点击第二个"Properties"，设置 $|F_o|-|F_c|$ 图的显示参数。弹出如图 5-103 所示对话框，选中"rmsd"并在输入栏中设置为 3，点击"OK"确认。这样 $|F_o|-|F_c|$ 图的参数值就被设置为 $3.0\,\sigma$。

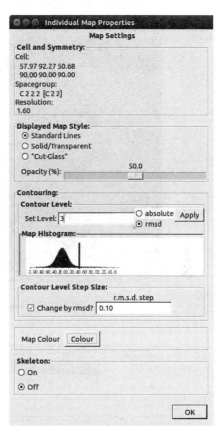

图 5-102　调节电子密度的参数设置界面　　　图 5-103　调节电子密度的参数设置界面

设置后的电子密度图的形状和粗细都会出现调整，如图 5-104。可以对其进行截屏，然后制作需要的电子密度图。

Coot 的功能非常多，以上介绍的是一些主要的功能。读者在实际操作过程中，可以大胆地尝试使用其他功能，这对解析和优化蛋白质晶体结构非常有帮助作用。

四、蛋白质结构中添加配体

许多蛋白质可以紧密结合配体。有时蛋白质结晶需要配体，结合配体后，蛋白质结晶的成功率会提高。顺利完成分子置换和结构构建后，要进一步对蛋白质结构优化。一般是蛋白质晶体结构解析完毕以后再对配体进行优化。

如何把配体载入 Coot 里面呢？我们需要对应于配体的 SMILES 码，这种码仅由英文和标点组成，获得 SMILES 码后可以直接把配体载入 Coot 中。

网络上有很多获得配体 SMILES 码的方式。比如图 5-105 中的网站就可以生成 Tris 分子的 SMILES 码。首先把配体的二维结构画到框中，网站就会自动生成一个 SMILES 码。有一些化合物的标准 SMILES 码，可以直接使用搜索引擎找到，不需要生成。

图 5-104

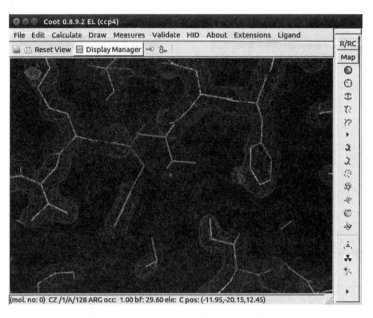

图 5-104　Coot 完成对电子密度的调节

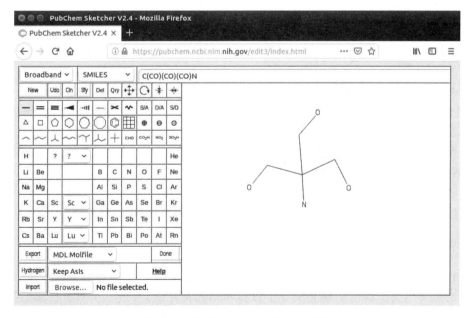

图 5-105　生成 SMILES 码的一个网页

打开 Coot 主菜单的"Ligand"按钮,在下拉菜单中找到"SMILES→2D"(图5-106)。使用这个功能,能够再通过 SMILES 码重新生成配体,并可以将它插入蛋白质晶体结构中。

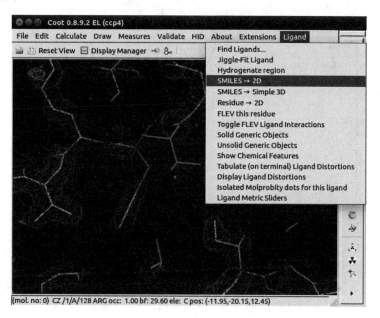

图 5-106

图 5-106 在 Coot 中载入 SMILES 码

点击"SMILES→2D",弹出一个对话框(图 5-107),把刚才生成的 Tris 分子的 SMILES 码输入到输入栏里面,然后点击"Send to 2D Viewer"。

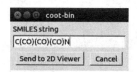

图 5-107 在弹出的对话框中输入 SMILES 码

这时,又会弹出一个 Lidia 的界面。该程序也可以勾画配体。由于刚才输入了 SMILES 码,所以在 Lidia 里自动生成了 Tris 分子的二维结构(图 5-108)。检查一下 Tris 分子的结构是否正确,然后点击"Apply"按钮,生成的 Tris 分子被插入蛋白质晶体结构中。

完成插入后,可以看到新插入的 Tris 分子的碳原子是绿色的,这和蛋白质的黄色的碳原子有区别(图 5-109)。这也提示 Tris 分子和蛋白质晶体结构还不在"同一"文件中。Tris 分子在一个 pdb 文件中,而蛋白质晶体结构在另外一个 pdb 文件中,稍后将 Tris 分子的位置和构象调整好以后,再将两个文件合并,现在先不用做这一步。

另外,插入的 Tris 分子上有氢原子,这些氢原子可以现在删除掉,也可以稍后调整好再删。使用"Delete..."按钮就可以删掉这些氢原子。

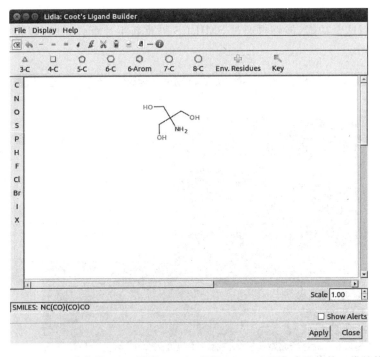

图 5-108　Coot 弹出的 Lidia 界面。Lidia 根据 SMILES 码生成配体的二维结构

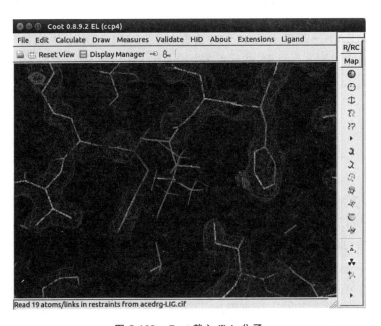

图 5-109　Coot 载入 Tris 分子

　　Coot 程序会默认把 Tris 分子插入到当时的屏幕中央。这个位置显然不是 Tris 分子结合的位点，我们首先要调整 Tris 分子的位置。在图 5-110 中可以看到有一片

绿色的电子密度图,那就是配体的结合位点。我们的目标就是把 Tris 分子转移至结合位点。点击 Coot 右侧的"Rotate Translate Zone/Chain/Molecule"按钮,然后以"By Residue Range..."的方式转移 Tris 分子。点击"By Residue Range...",这时鼠标左键就具有了转移功能。

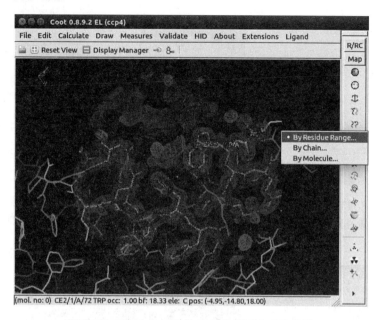

图 5-110

图 5-110　使用 Coot 移动 Tris 分子到合理的位置

双击 Tris 分子,弹出图 5-111 所示的对话框。暂时不用考虑这个对话框,使用鼠标左键点住 Tris 分子,转移 Tris 分子到图中绿色的区域。然后可以使用图中的六个选项微调 Tris 分子的位置。六个选项通过左右拖动滑块来改变 Tris 分子的位置。

再点击"Real Space Refine Zone"按钮,双击 Tris 分子,Tris 分子就会自动与电子密度图匹配。还会弹出图 5-112 所示对话框,三个指标都是绿色,说明 Tris 分子的构型、构象是合适的。

当把 Tris 分子的位置和构型构象调节好以后,可以删除 Tris 分子的所有氢原子。为什么要删除氢原子呢? 这是因为蛋白质的晶体结构分辨率没有达到 1 Å 左右,所以理论上氢原子在这个蛋白质晶体结构中是不可见的。另外删掉这些氢原子也可以提高结构优化的速度。当然,如果蛋白质晶体结构分辨率足够高,这些氢原子也可以保留。在此,使用"Delete..."中的删除原子的功能,将氢原子一个一个地删除(图 5-113)。

刚才已经介绍过,Tris 分子的结构和蛋白质晶体结构不在同一 pdb 文件中。Tris 分子的碳原子是绿色的,而蛋白质的碳原子是黄色的。这两个结构需要合并成一个 pdb 文件,才能够在 phenix. refine 和 Refmac 等结构优化软件里运行。同时,图 5-114 也显示了 Tris 分子和电子密度图很好地匹配起来了。

点击主菜单里的"Edit",然后选择"Merge Molecules…"进行文件合并(图 5-114)。

图 5-112

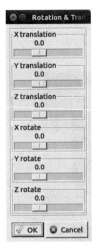

图 5-111　调节 Tris
分子位置的界面

图 5-112　优化 Tris 分子的
构型和构象

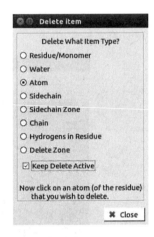

图 5-113　删除 Tris 分子
上的氢原子

图 5-114

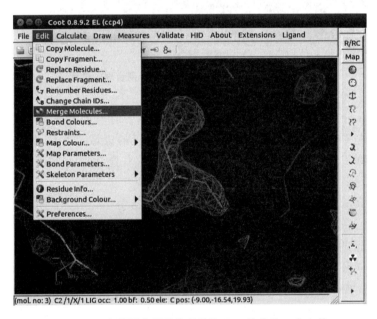

图 5-114　合并蛋白质晶体结构和 Tris 结构为一个文件

点击"Merge Molecules…"后,弹出如图 5-115 所示窗口。其中 0 Galectin-13_ refine_2.pdb 对应的是蛋白质晶体结构 pdb 文件,而 3 acedrg-LIG.pdb 对应的是 Tris 分子的 pdb 文件,将两个文件都合并在 Galectin-13_refine_2.pdb 中,不要选择"ace-drg-LIG.pdb",否则合并不会成功。

图 5-115 合并蛋白质晶体结构和 Tris 结构的两个 pdb 文件

另外还要强调的是，每次只能合并一个配体。如果想合并第二个配体，那么需要重新打开 pdb 文件和 mtz 文件，再进行一次合并操作。第三个第四个同样，以此类推。

合并完成以后，我们可以看到绿色的 Tris 分子变成了黄色（图 5-116）。这说明合并成功了。

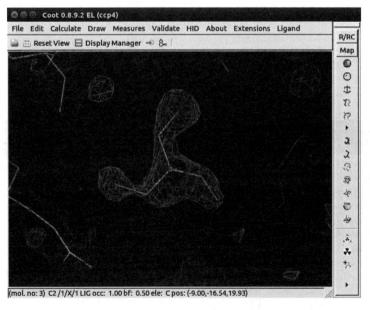

图 5-116

图 5-116 合并成功

下一步要保存合并的结构。点击"File"，选择"Save Coordinates..."（图 5-117）。

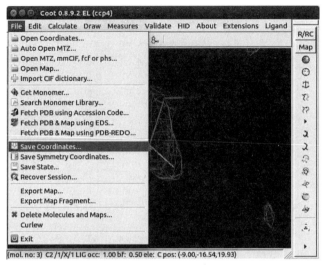

图 5-117　保存合并的 pdb 文件

这时要保存文件 Galectin-13_refine_2. pdb(图 5-118)，因为这个文件里已经有了合并的配体的信息。

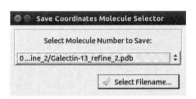

图 5-118　保存合并的 pdb 文件

文件可以保存在任何文件夹中，本示例中我们将其保存在了保存 phenix. refine 产生文件的文件夹里。图 5-119 中的 Galectin-13_refine_2-coot-0. pdb 就是含有 Tris 分子的蛋白质晶体结构文件。

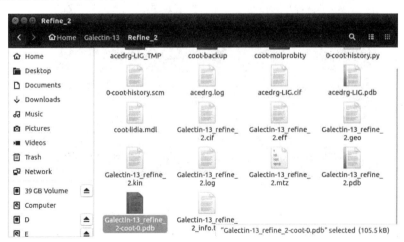

图 5-119　保存成功的 pdb 文件

前面章节已经介绍了对蛋白质的优化。软件在对蛋白质进行优化时，使用了氨基酸的 cif 文件，这个文件包含着氨基酸的一些理论结构信息，使用软件时都是默认载入的，不需要特别输入。而对配体进行优化时也需要 cif 文件，每个配体的 cif 文件都是不一样的，需要通过 Phenix 或者其他方式获得。如果没有 cif 文件，不能进行结构优化。

在获得 Tris 分子的 cif 之前，首先要获得单独的 Tris 分子结构。我们使用 gedit 软件打开 Galectin-13_refine_2-coot-0.pdb 文件，然后找到对应于 Tris 分子的所有信息（图 5-120），这里的 Tris 被命名为"LIG"。把所有关于 Tris 分子的信息拷贝在一个新建的文件里面，以 Tris.pdb 为文件名保存。

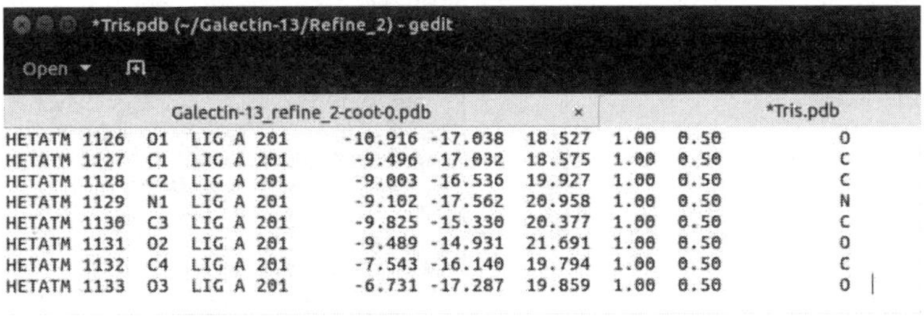

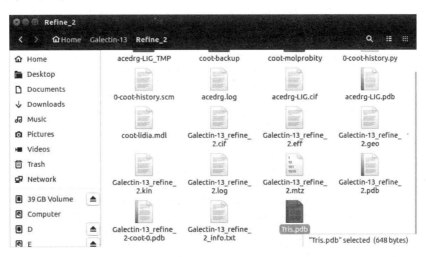

图 5-120　从合并完成的结构文件中，剥离出 Tris 分子的信息，并把 Tris 分子的结构单独保存为一个 pdb 文件

文件保存位置是任意的。这个 Tris.pdb 其实就是 Tris 分子的结构文件，我们用它来生成 cif 文件（图 5-121）。

图 5-121　保存完成的 Tris 分子的结构文件

下一步准备生成对应于 Tris 分子的 cif 文件。在本示例中使用 Phenix 套件里的 eLBOW 程序来生成。网络上还有许多其他的程序可以生成 cif 文件，读者可以自由使用。

打开 Phenix 主界面,然后在右侧菜单栏找到"Ligands"点击,再点击子菜单中的"eLBOW"按钮,运行程序(图 5-122)。

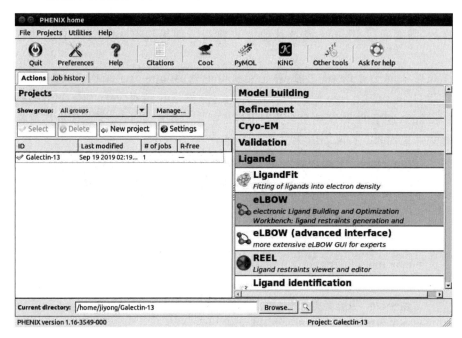

图 5-122　Phenix 的主界面

程序将弹出一个如图 5-123 所示的窗口,其中显示可以多种形式生成 cif 文件。本示例使用 Tris 分子的 pdb 文件来生成 cif,当然也可以使用 SMILES 码等其他方式。

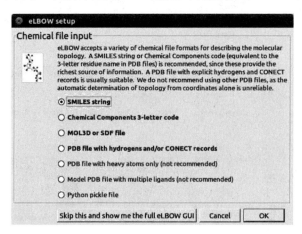

图 5-123　选择生成 cif 文件的方式

选中如图 5-124 所示的 pdb 文件项。这时会弹出图 5-125 所示选择框,提示以哪种模式生成 cif 文件。在本示例中我们使用简单模式来生成,选择第一项。当然也可以用其他的模式来生成。

点击确认以后,进入图 5-126 所示界面。这时我们在"Geometry file"右侧的输入栏中,输入刚才生成的 Tris. pdb 的文件路径。"Job title"一栏输入"Tris"。点击"Run"运行程序。

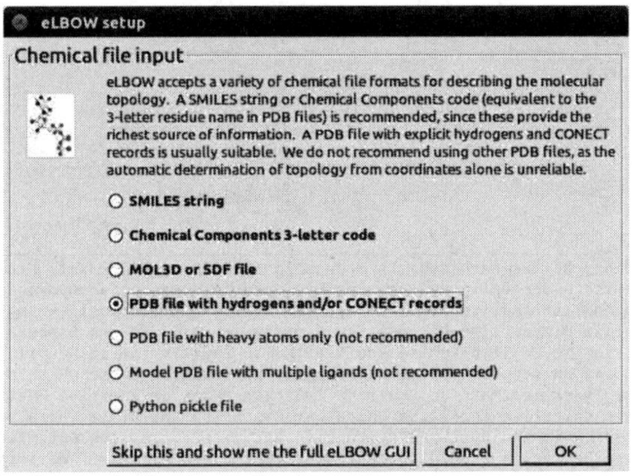

图 5-124　选择相应的生成方式

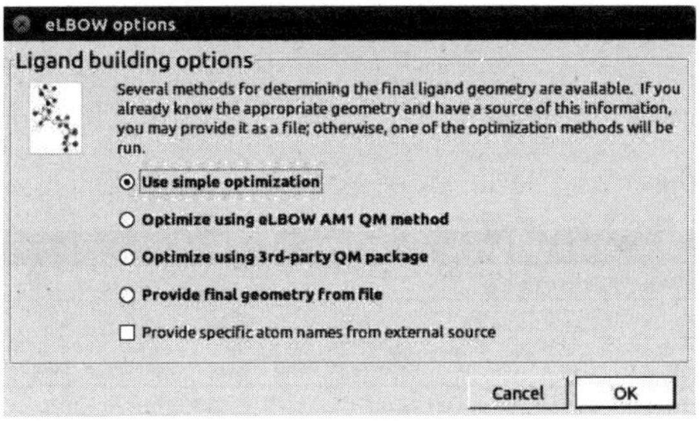

图 5-125　选择以哪种模式生成 cif

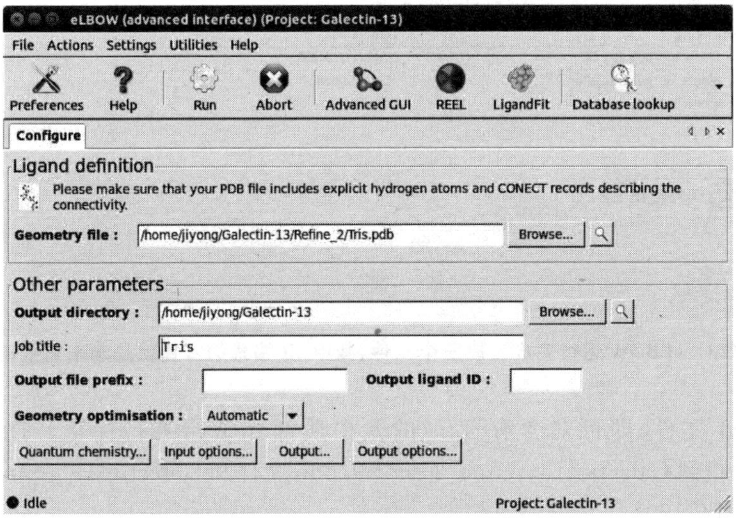

图 5-126　eLBOW 运行参数设置

运行界面如图 5-127 所示。一般运行需要数分钟。

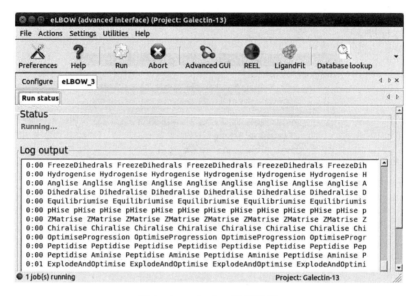

图 5-127　eLBOW 运行进程

运行结束时,程序会提示生成了三个文件(图 5-128)。其中以 cif 为后缀名的文件就是我们后续需要的。

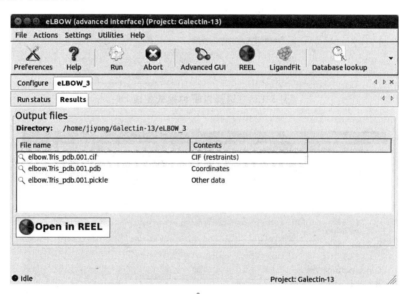

图 5-128　eLBOW 运行完成生成三个文件,其中 cif 格式的文件就是未来需要的文件

有了 cif 文件,即可对含有 Tris 的蛋白质晶体结构进行优化。打开 phenix. refine,然后找到 Galectin-13_refine_2-coot-0. pdb 文件和 Galectin-13_refine_2. mtz 文件并打开(图 5-129)。

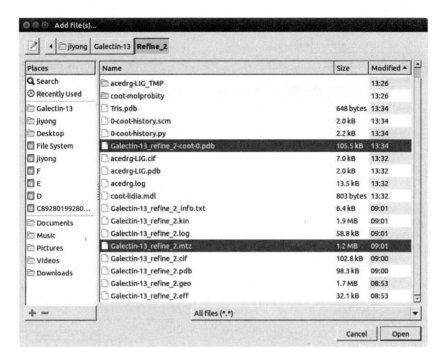

图 5-129　找到相应文件

打开文件时，会弹出一个对话框，提示蛋白质晶体结构文件 Galectin-13_refine_2-coot-0. pdb 含有一个非氨基酸的分子（图 5-130），并提示使用"ReadySet"生成相关 cif 文件。我们已经使用 eLBOW 程序生成了配体的 cif 文件，所以提示可忽略。当然，读者也可以使用 ReadySet 生成 cif 文件，用于后续的优化。

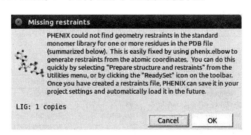

图 5-130　载入含有 Tris 结构的 pdb 文件时的提示

将使用 eLBOW 生成的 cif 文件拉到 phenix. refine 的输入框内（图 5-131）。phenix. refine 的界面如图 5-132。输入框内有四个文件，分别是氨基酸序列文件、含有 Tris 分子的蛋白质晶体结构文件、电子密度图文件，以及对应于 Tris 分子的 cif 文件。

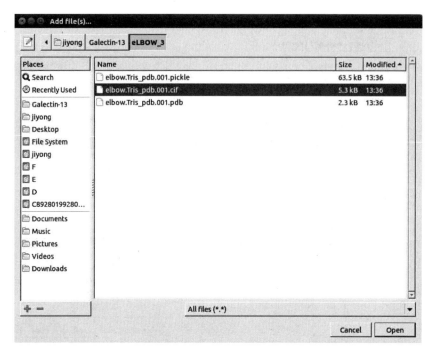

图 5-131　载入 Tris 分子的 cif 文件

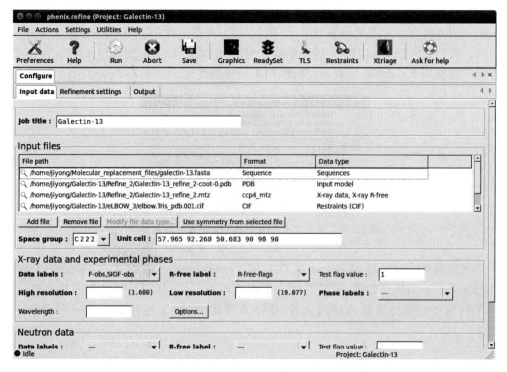

图 5-132　phenix. refine 运行前需要载入的四个文件

　　修改相关运行参数后,点击"Run"运行 phenix. refine 程序(图 5-133)。如果显示
R-work 等指标,证明运行成功。如果文件里有错误,phenix. refine 会报错。另外,如
果没有添加 Tris 分子的 cif 文件,phenix. refine 不会运行。

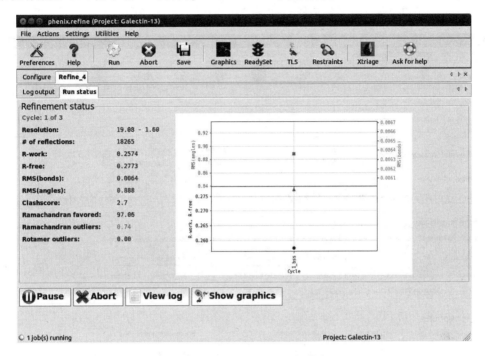

图 5-133

图 5-133　phenix. refine 运行状态

　　phenix. refine 运行结束,使用 Coot 打开新的 pdb 文件和 mtz 文件,可以看到覆
盖在 Tris 分子周围的电子密度图已经变成蓝色。另外 phenix. refine 也对 Tris 分子
的构型与构象完成了优化(图 5-134)。

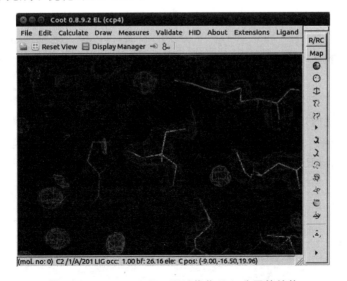

图 5-134

图 5-134　phenix. refine 可以优化 Tris 分子的结构

对蛋白质和 Tris 分子的结构优化都完成之后,最后一步,需要把水分子加到晶体结构中。前文已经介绍过,绿色的圆形 $|F_o|-|F_c|$ 图对应的是水分子或者盐离子。最后一次优化的时候,我们在运行参数里面,在"Update waters"前面打钩,结构优化时会把水分子自动添加上(图 5-135)。

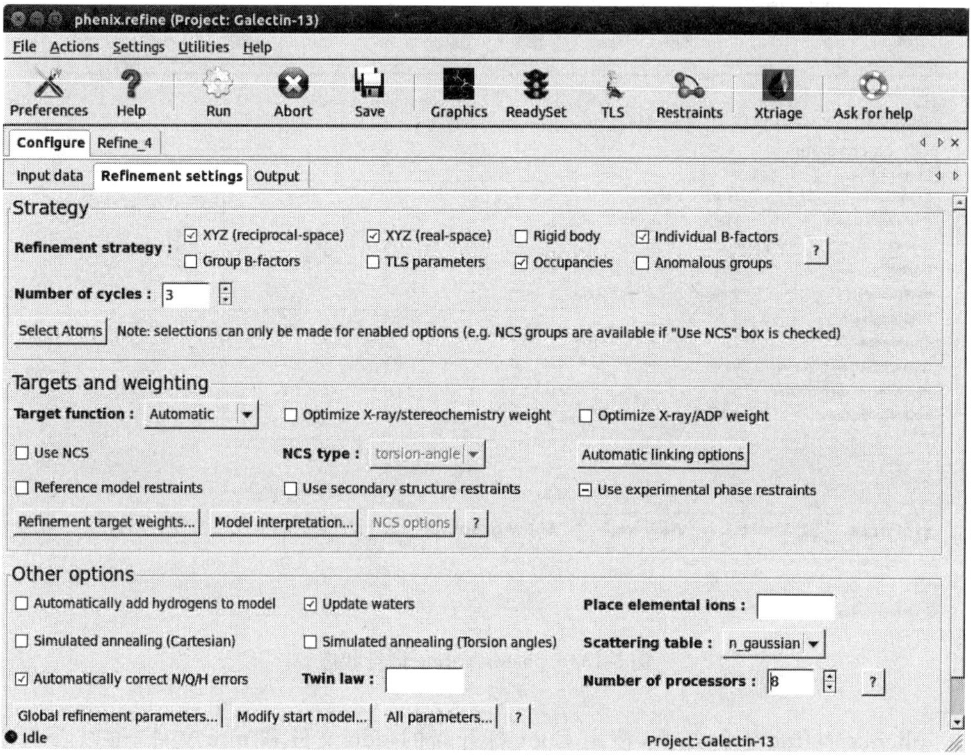

图 5-135   使用 phenix. refine 在晶体结构中添加并优化水分子

从图 5-136 可以看出,加上水分子后,R-work 和 R-free 的数值分别从 0.2574 和 0.2773 降低到了 0.1755 和 0.2047。水分子的添加,可以极大地降低这两个参数的数值,提高晶体结构的指标参数。至此,使用 phenix. refine 优化蛋白质晶体结构就结束了。

Refmac 优化含有配体的蛋白质晶体结构时也需要 cif 文件。本章前述部分使用 Refmac 进行优化时,"LIB in"一栏没有输入任何文件。接下来的步骤中需要输入生成的 cif 文件路径。否则,Refmac 不能优化含有配体的蛋白质晶体结构。其他参数设置完毕以后,点击"Run"运行程序(图 5-137)。

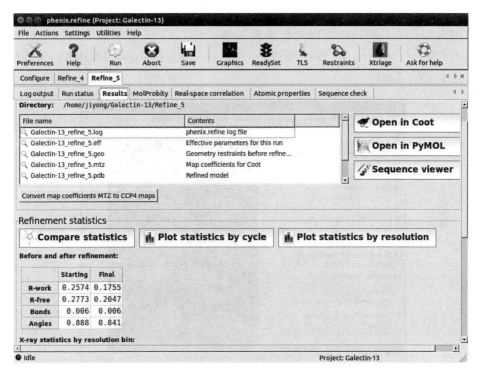

图 5-136　phenix. refine 运行完成后呈现的参数结果

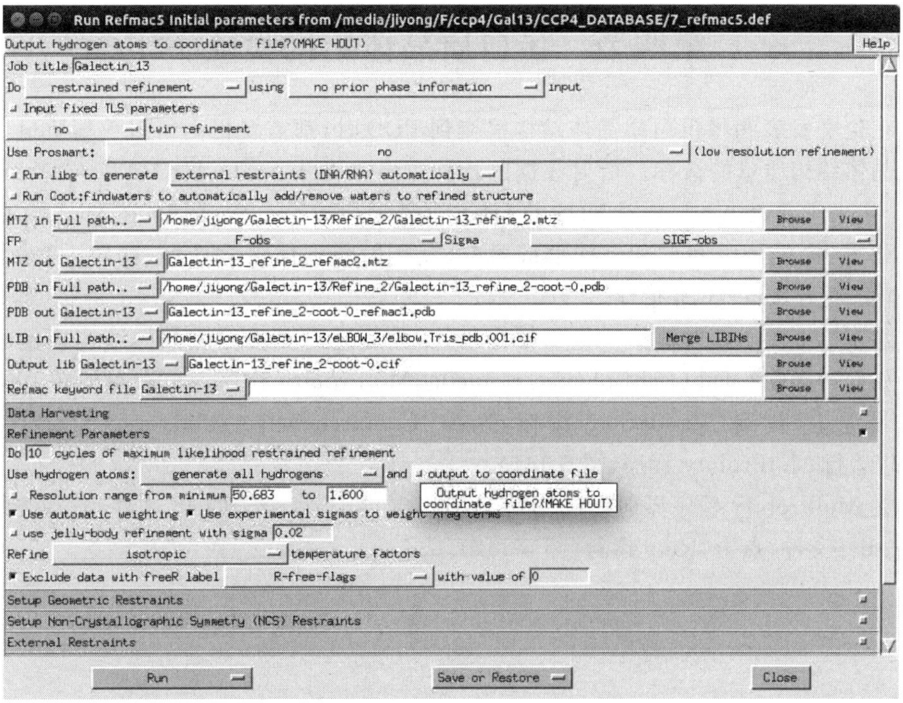

图 5-137

图 5-137　Refmac 优化结构时的参数设置。Refmac 也需要 Tris 分子的 cif 文件

当使用 Coot 对含有配体的蛋白质晶体结构进行优化时,也需要加载 cif 文件,否则使用 Real Space Refine 功能时会出现报错。点击 Coot 主菜单"File",然后选择"Import CIF dictionary..."加载 cif 文件,这样就可以使用 Coot 对配体进行结构调整和优化了(图 5-138)。

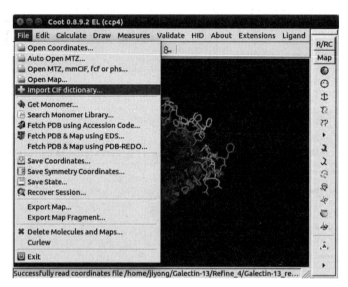

图 5-138   使用 Coot 打开含有 Tris 分子的晶体结构时,也需要载入 Tris 分子的 cif 文件

第四节   蛋白质晶体结构验证

在论文发表和将蛋白质晶体结构提交到 PDB 时,都需要提高衍射数据质量和蛋白质晶体结构质量的指标。衍射数据的指标主要来源于 Scala、HKL3000 或者 Aimless。本书主要以 Aimless 对 XDS 的 HKL 文件进行 scale。Scale 后,在 Aimless 的运行报告里,提供了空间群和空间群的参数,及衍射数据质量的指标,如图 5-139。图 5-140 提供了 Rmerge 等指标。

除了以上关于衍射数据质量的指标以外,我们还需要蛋白质晶体结构质量的指标。如何得到呢? 可以使用 phenix. refine 的 MolProbity 程序计算获得。在 Phenix 的主界面上,找到"Validation"按钮,选择"Comprehensive validation(X-ray/Neutron)"运行 MolProbity 程序(图 5-141)。

在 MolProbity 程序界面里,依次输入 pdb 文件、Tris 分子的 cif 文件、氨基酸序列文件、mtz 文件,点击"Run"运行(图 5-142)。

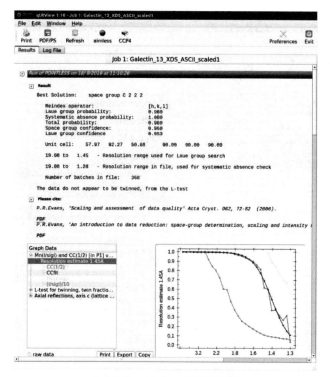

图 5-139 Aimless 的运行报告

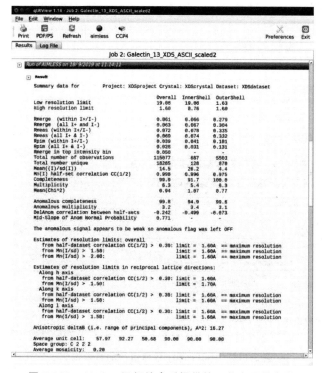

图 5-140 Aimless 运行结束后提供的一些有用的参数

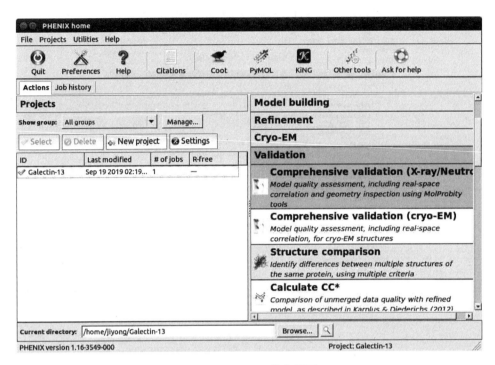

图 5-141　Phenix 的主界面

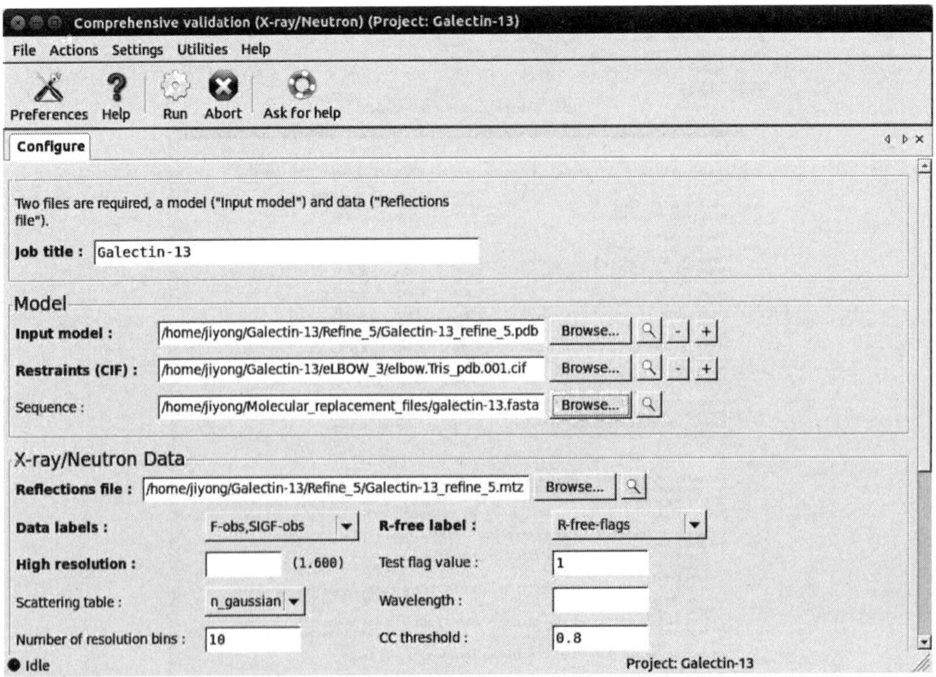

图 5-142　MolProbity 程序运行的参数设置。
除了 pdb 和 mtz 文件，MolProbity 也需要 Tris 分子的 cif 文件

程序运行完毕后,得到一些有用的参数信息,如图 5-143。

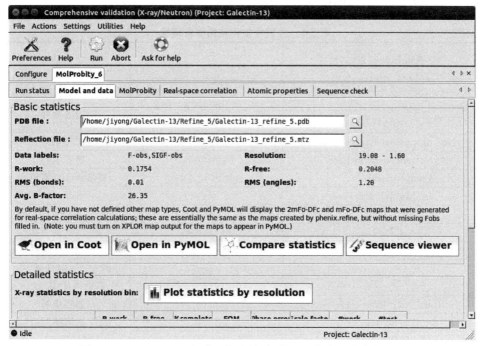

图 5-143 MolProbity 程序运行完毕,提供了一些有用的参数信息

点击 MolProbity 按钮,可查询 Ramachandran 等参数的信息(图 5-144)。

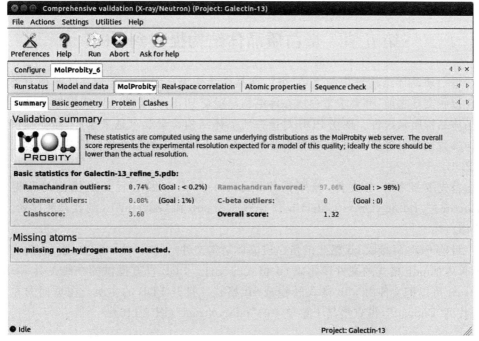

图 5-144

图 5-144 MolProbity 提供的蛋白质晶体结构质量的参数信息

将以上衍射数据质量和蛋白质晶体结构质量的指标整合,可建立一个表格,如表5-1。在表的右侧两列,分别给出了判断衍射数据及结构质量的标准。

表 5-1 数据收集和结构质量指标

Resolution(Å)	19.08～1.60 (1.63～1.60)	如实填写
Space group	$C222$	如实填写
Unit cell parameters(a,b,c)(Å), (α,β,γ)(°)	(57.97,92.27,50.68), (90.0,90.0,90.0)	如实填写
No. of measured reflections	115077(5503)	如实填写
No. of unique reflections	18285(870)	如实填写
Completeness(%)	99.9(100.0)	越接近 100%越好
Multiplicity	6.3(6.3)	高于 4.0
R_{merge}(%)	6.1(27.9)	低于 10(低于 100)
$<I/\delta(I)>$	14.5(4.4)	高于 2(高于 2)
R_{work}(%)	17.54	低于 30,越低越好
R_{free}(%)	20.48	低于 30,越低越好, 数值高于 R-work
Rmsd bond lengths(Å)	0.01	如实填写
Rmsd bond angles(°)	1.20	如实填写
B-factors	26.35	低于 30
Ramachandran plot residues in favored regions(%)	97.06	越接近 100%越好
Substrate/Ligand	Tris	如实填写

第五节　蛋白质晶体结构提交到 PDB

蛋白质晶体结构解析结束后,可以把晶体结构提交到 PDB。现在几乎所有的杂志在接收文章之前,都要求蛋白质晶体结构已提交 PDB,并要求出具 PDB 提供的蛋白质晶体结构质量报告。现在 PDB 对蛋白质晶体结构质量要求越来越严,需要提供的结构参数也越来越多。因此,这里有必要介绍一下如何正确地把蛋白质晶体结构提交到 PDB。

首先要准备三个文件,分别是使用 phenix. refine 做最后一次优化时获得的 Galectin-13_refine_5. mtz、Galectin-13_refine_5. pdb 和 Galectin-13 的氨基酸序列(图 5-145)。

目前 PDB 只接收 cif 格式的蛋白质晶体结构文件,不再接收 pdb 格式。在提交之前,首先把 pdb 格式的文件转化成 cif 格式的文件。PDB 官方提供的在线工具 PDB_ Extract 可以把文件由 pdb 格式转换成 cif 格式。打开 PDB 的主页,在页面的左上角,找到"Deposit",再点击其子菜单中的"pdb_extract"(图 5-146)。

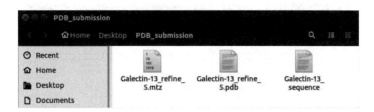

图 5-145　提交蛋白质晶体结构到 PDB 之前所需要的三个文件

图 5-146　PDB 的主页。该页面含有 PDB_Extract 的链接

在弹出的如图 5-147 所示的页面中,"Experimental Method"右侧的选项选"X-Ray",这是因为提交的蛋白质晶体结构文件的来源是 X 射线晶体衍射数据。当然,PDB_Extract 也可以处理 NMR 和 EM 对应格式的文件,如果读者需要可以做出相应的选择。

点击"Browse..."上传解析完成的蛋白质晶体结构文件"Galectin-13_refine_5.pdb"(图 5-148)。

上传完成以后,需要选择晶体优化的软件。选择"PHENIX",因为本示例的晶体结构主要是使用 Phenix 软件优化完成的。点击"Run",进行下一步的操作(图 5-149)。

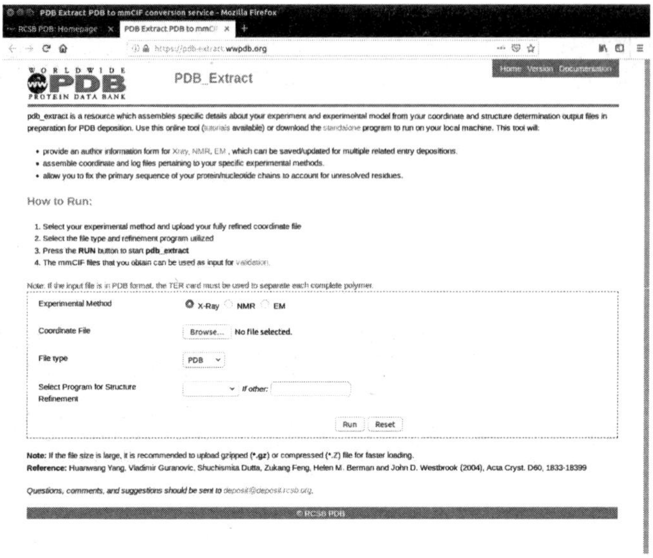

图 5-147　PDB_Extract 的主页面

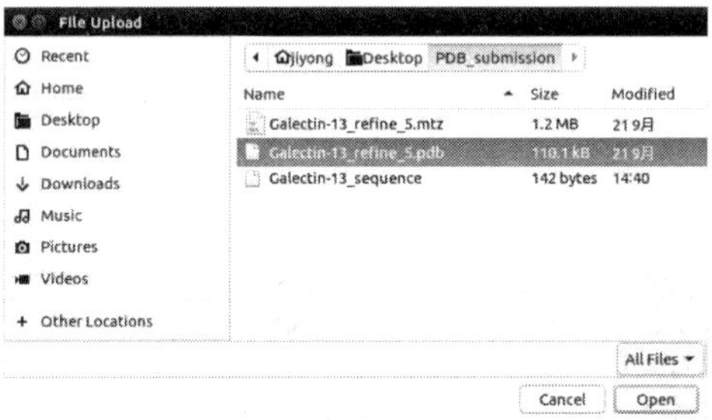

图 5-148　在 PDB_Extract 中载入蛋白质的晶体结构文件

图 5-149　PDB_Extract 运行的参数设置

进入图 5-150 所示的页面,需要提供所解析的蛋白质晶体结构的氨基酸序列。把蛋白质的氨基酸序列粘贴到如图所示的输入框中,点击"Run",完成这一步的操作。

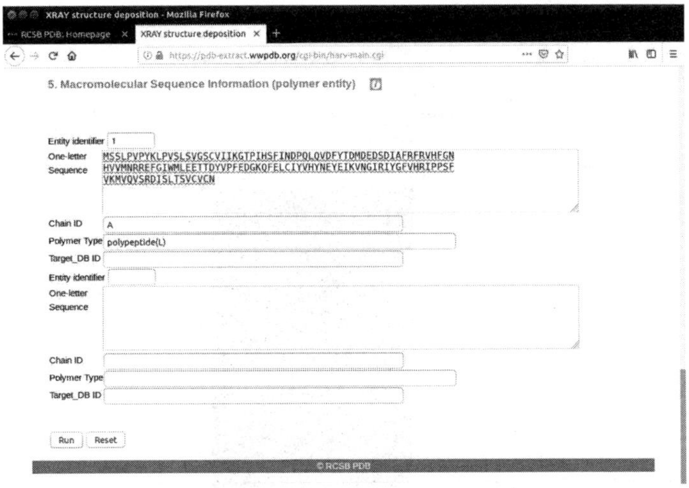

图 5-150　PDB_Extract 需要蛋白质氨基酸序列

最终,PDB_Extract 会生成一个 cif 格式的文件。在本示例中,该文件名为"pdb_extract_coord_18966.cif"。下载该文件,这就是需要提交的 cif 格式的蛋白质晶体结构文件(图 5-151)。

图 5-151　蛋白质晶体结构的 pdb 文件转换为 cif 文件

打开 PDB 提交晶体结构的网页,选择"Country/Region"为"China"(图5-152)。

之后这个网页就会自动跳转至图 5-153 所示页面。把 E-mail 地址填到对应的输入栏中;在"Experimental method"下列选项中勾选 X-Ray Diffraction;需要填入自动弹出的一个序列号,本示例中是 56446;还要勾选网站的隐私协议;最后点击"Start deposition"。

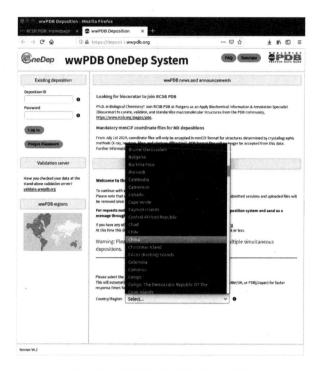

图 5-152　PDB 提交晶体结构的主页

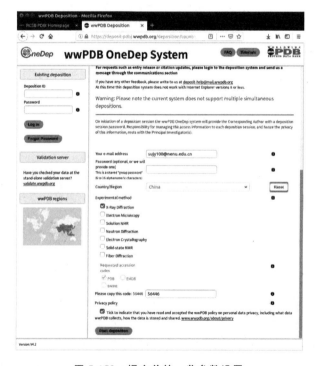

图 5-153　提交前的一些参数设置

PDB 提交系统会给提交者的邮箱发一封邮件,其中包含账号和密码的信息。如图 5-154 所示,账号是"D_1300014438",密码是"aUOHiJlLdv"。把获得的账号和密码填入 PDB 提交页面的账号和密码的输入栏,点击"Log in"(图 5-155)。

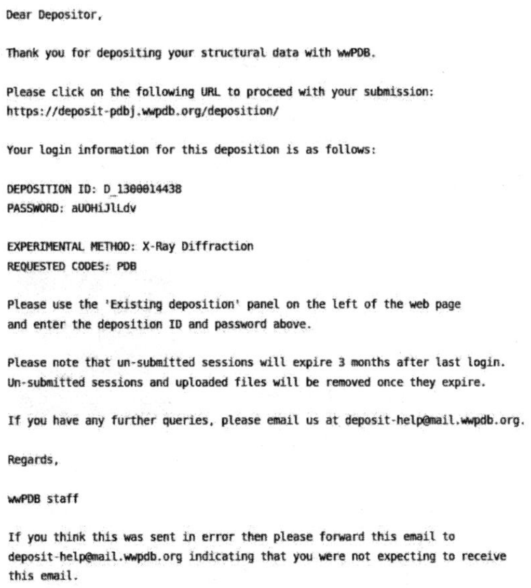

Dear Depositor,

Thank you for depositing your structural data with wwPDB.

Please click on the following URL to proceed with your submission:
https://deposit-pdbj.wwpdb.org/deposition/

Your login information for this deposition is as follows:

DEPOSITION ID: D_1300014438
PASSWORD: aUOHiJlLdv

EXPERIMENTAL METHOD: X-Ray Diffraction
REQUESTED CODES: PDB

Please use the 'Existing deposition' panel on the left of the web page
and enter the deposition ID and password above.

Please note that un-submitted sessions will expire 3 months after last login.
Un-submitted sessions and uploaded files will be removed once they expire.

If you have any further queries, please email us at deposit-help@mail.wwpdb.org.

Regards,

wwPDB staff

If you think this was sent in error then please forward this email to
deposit-help@mail.wwpdb.org indicating that you were not expecting to receive
this email.

图 5-154　PDB 发给用户含有账号和密码的邮件

图 5-155　登入 PDB 的蛋白质晶体结构提交系统

进入到提交系统以后,点击页面左边的"File upload",弹出如图 5-156 所示页面。在"Do you want to import information from a previous wwPDB deposition?"后边勾选"No"。这代表以前没有提交过任何信息,此处是一个新的提交。点击页面下方的"Browse...",把 Galectin-13_refine_5.mtz 和 pdb_extract_coord_18966.cif 文件上传。在两个文件的后边,需要勾选文件的格式,分别选 MTZ 和 cif 格式,最后点击"Process selected files"。

图 5-156　上传 pdb 和 mtz 文件

等待一段时间以后，系统会显示出"Upload summary"。在这个界面中，蛋白质晶体结构中所有的错误或者有问题的地方都会显示出来，并标注为粉红色（图 5-157）。

图 5-157

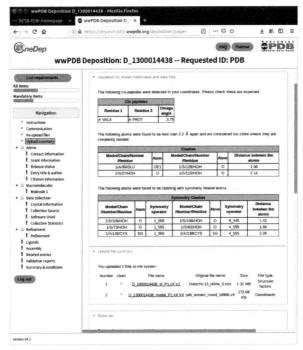

图 5-157　PDB 提交系统的运行报告。该系统给出了蛋白质晶体结构中存在的一些问题

　　这些错误必须纠正，否则不能完成提交。这就需要根据系统的要求，重新使用 phenix. refine 和 Coot 等软件对结构进行优化和调整，使蛋白质结构符合 PDB 系统的要求，尤其关注标注出来的氨基酸、配体或者水分子。对于分辨率比较低的蛋白质晶体结构，这一步是比较痛苦的。不过，只要有耐心和信心，一定能够把蛋白质晶体结构优化好，使它符合 PDB 的要求。在这里仅介绍如何提交蛋白质晶体结构，具体的优化过程与前面介绍的蛋白质晶体结构优化过程是一样的。

　　如果结构符合要求，接着进行以下操作。依次点击页面左边的按钮，填入必要的信息。点击"Contact information"，页面中红色标注的地方（图5-158），都需要按照系统要求的格式填入正确的信息。

图 5-158

图 5-158　填入联系信息

　　在"Grant information"的页面中，可以填入相关资助的名字和编号。如果没有资助，可以选"N"（图5-159）。

图 5-159

图 5-159　填入资助项目信息

在"Release status"页面,需要填入公开蛋白质晶体结构的日期。一般情况下,对应于"PDB entry release status"可以选择"HOLD FOR PUBLICATION",即将晶体结构保存到文章发表的时候再公开,一般最长可以保存一年的时间。对应于"Sequence release status",可以选"HOLD FOR RELEASE"(图 5-160)。

图 5-160

图 5-160　选择蛋白质晶体结构公布日期

在"Entry title & author"页面中,需要填入蛋白质晶体结构的名称、相关作者,以及蛋白质晶体结构的关键字(图 5-161)。

图 5-161

图 5-161　填入蛋白质晶体结构名和作者信息

在"Citation information"页面中,由于文章还没有发表,可以填入临时的论文题目。当论文正式发表以后,再联系 PDB 的编辑,修改题目(图 5-162)。

图 5-162

图 5-162　填入文献引用信息

在"Molecule 1"页面,需要提交解析的蛋白质的正确名称。也可以自行给蛋白质起名(图 5-163)。

图 5-163

图 5-163　填入蛋白质分子的名称和序列信息

　　还需要填写"Natural source"。本示例中解析的蛋白质来源于人，所以"Scientific name"可以填"Homo sapiens"。还要填"Expression system"的名字。本示例使用大肠杆菌来表达目的蛋白，所以填"Escherichia coli"（图 5-164）。

图 5-164

图 5-164　填入蛋白质分子的种属来源及所使用的表达种属来源

　　在"Crystal Information"的页面里，需要填入结晶的方法"Method"，如果结晶的方式是悬滴法，那么可以选"VAPOR DIFFUSION，HANGING DROP"选项。结晶的温度"Temperature（K）"和结晶的条件"Crystallisation conditions"可以如实填写（图 5-165）。

图 5-165

图 5-165　填入蛋白质晶体的信息

在"Collection Source"页面里,需要填入收集 X 射线衍射数据时的温度"Data collection temperature(K)",一般情况下液氮的温度是 100 K。在上海光源使用的是单一波长的 X 射线光源,所以在"Protocol"的后边勾选"SINGLE WAVELENGTH"。另外,还需要提供上海光源线站和 X 射线曝光仪的一些信息,请如实填写(图 5-166)。

图 5-166　填入数据收集的信息

在"Software Used"页面里,需要选择所使用的晶体结构优化软件,在本示例中使用了 Phenix 和 PDB_Extract,其他的不需要的选项可以删除。还需要提供解决相角问题的方法,示例中使用了分子置换,选择"MOLECULAR REPLACEMENT",还需要提供起始模型的 PDB 号码(图 5-167)。

图 5-167　填入优化蛋白质晶体结构时所使用的软件及解决相角问题的方法

在"Collection Statistics"页面中,需要提供关于衍射数据质量的参数。使用 CCP4 套件中的 Aimless 软件进行 scale 时,会得到所有这些参数。根据 Aimless 的运行报告,把所有的参数都填进去。如果填入了错误的参数,蛋白质晶体结构文件就不能完成提交(图 5-168)。

图 5-168　填入蛋白质晶体结构的参数

在"Overall data quality"下面需要填入一些参数的数值。Number of unique reflections measured 对应于 Aimless 报告(图 5-169)中的 Total number unique,也就

图 5-169　Aimless 提供的必要的参数信息

是需要填入18285。Completeness for range(%)对应于 Aimless 报告中的 Completeness，也就是需要填入99.9。Data redundancy 对应于 Aimless 报告中的 Multiplicity，也就是需要填入 6.3。Resolution range high(Å)就是最高分辨率，也就是 1.60 Å。Resolution range low(Å)就是最低分辨率，也就是 19.08 Å。CC half、Rmerge(I)、Rsym(I)、Rpim(I)、Rmeas(I)和 Rsplit 的数值不需要都提供，只要提供其中一个就可以。比如这里的蛋白质晶体数据的 Rmerge 的数值是 0.061，那么仅提供这个就可以。Average I/sigma(I) for the data set 对应于 Aimless 报告中的 Mean((I)/sd(I))，也就是需要填入 14.5。Data quality in resolution shells 题目的下方也有一些参数，也需要填入，这些参数对应于 Aimless 报告中的 OuterShell 高分辨率部分，也就是 1.63～1.60 Å 范围内的参数。

一般情况下，在"Refinement"页面中，不需要填入信息。因为 PDB 提交系统会自动载入相关参数（图 5-170）。

图 5-170 载入蛋白质晶体结构优化参数信息

在"Ligands"页面中，会弹出配体结构的信息（图 5-171）。

由于本次解析的结构中有一个 Tris 分子，系统能够自动识别这个 Tris 分子的信息，需要提交者确认相关信息。在这里，系统自动识别出 Tris 与 Galectin-13 结合，所以勾选"Use exact match ID of TRS instead of originally proposed ID"。有时 PDB 提交系统不能自动识别配体，这就需要提交者提供额外的关于配体的信息，比如配体的图、SMILES 码等（图 5-172）。

在"Assembly"的页面中，需要提供蛋白质多聚体的信息，以及所使用的验证蛋白质多聚体的实验手段（图 5-173）。

图 5-171　填入和确认配体信息

图 5-172

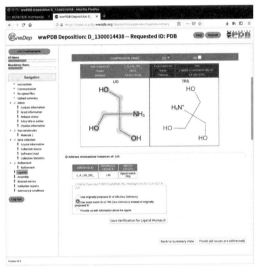

图 5-172　确认配体结构

图 5-173

图 5-173　填入多聚体信息

在"Related entries"页面中，一般不需要填入任何信息（图 5-174）。

图 5-174

图 5-174　Related entries 页面

在"Validation reports"页面中，提交系统会自动生成蛋白质晶体结构质量的报告（图 5-175）。可以把 PDF 格式的报告下载下来，分析里面的内容。另外，在本页面中，最关键的一点是要看有没有"Major validation issues"，如果有，则说明蛋白质晶体结构有问题，还不符合 PDB 的要求。此时需要使用 phenix. refine 或 Coot 解决相关问题，否则不能把蛋白质晶体结构提交到 PDB。

图 5-175

图 5-175　PDB 提交系统给出的关于蛋白质晶体结构质量参数的报告

在最后的"Summary & conditions"页面中，需要提交者确认所有信息是否正确，如果确认无误，可以勾选确认，最后提交蛋白质晶体结构到 PDB（图 5-176）。

图 5-176　确认无误后提交数据

　　在整个提交过程中,要保证所有信息正确无误,否则系统不能接受所提交的蛋白质晶体结构。提交完成以后,PDB 会自动生成一个 PDB 的号码,可以把这个号码写入论文中。PDB 还会分派专门的编辑来审核所提交的蛋白质晶体结构文件,只有PDB 编辑最终确认蛋白质晶体结构无误以后,才会把最后的蛋白质晶体结构的质量报告发给提交者,该结构才被 PDB 承认。

　　当论文发表以后,提交者可以点击 PDB 提交系统中的"Communication",在里面可以写信与 PDB 编辑联系,告知论文已发表,请公开蛋白质晶体结构。PDB 编辑会要求提供文章的题目、作者、杂志等信息。另外,还可以通过邮件服务与 PDB 编辑联系,请求更正或删除蛋白质晶体结构。

第六章 蛋白质晶体结构展示

第一节 pdb 格式文件简介

在介绍使用软件呈现蛋白质晶体结构之前，先介绍一下 pdb 文件的格式。了解了 pdb 文件的格式，也就大概明白软件如何呈现蛋白质晶体结构了。我们从 PDB 蛋白质结构数据库下载的结构文件一般以.pdb 为后缀名，这个文件一般都很小，但是文件里面包含了蛋白质晶体结构的很多信息，包括每个原子的坐标、分子的名称、氨基酸序列信息、二级结构信息、配体信息、多聚体信息、衍射数据收集信息、结构解析方法、文献发表等信息。打开 pdb 文件时，软件主要使用原子的坐标，将蛋白质晶体结构呈现出来。这里，我们以 5xg8. pdb 文件为例对这类文件进行介绍。读者可以从 PDB 蛋白质结构数据库（https://www.rcsb.org）免费下载该文件。

最好使用 Linux 里面的软件打开该文件，比如 Ubuntu 的 gedit。Windows 中的软件，比如 word，打开 pdb 文件时，会修改格式，使文件看起来不整齐。

pdb 文件存放的都是文本，没有图片或者其他类信息。首先使用 gedit 打开 5xg8. pdb 文件，如图 6-1。pdb 文件里面的信息，笔者相信读者可以读懂，比如第一行，"HEADER""SUGAR BINDING PROTEIN""12-APR-17""5XG8"，都是很简单的信息。另外，每一行的最前面都是标注，比如 HEADER、TITLE、COMPND 等。当显示软件打开 pdb 文件时，一般不会显示这些标注，这些标注便于使用该结构文件的用户去了解有关于结构的信息。

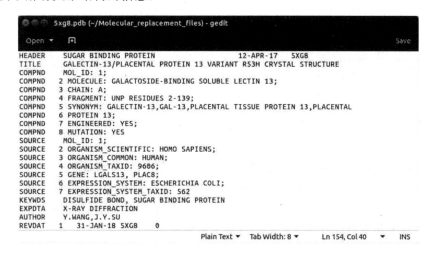

图 6-1 gedit 打开蛋白质晶体结构 pdb 文件

　　向下拉滚动条,会发现很多 REMARK,每种 REMARK 的符号是不一样的,有的是 REMARK 3,有的是 REMARK 200 等。这些 REMARK 的后边包含了蛋白质晶体解析软件、蛋白质晶体结构质量等信息(图 6-2)。

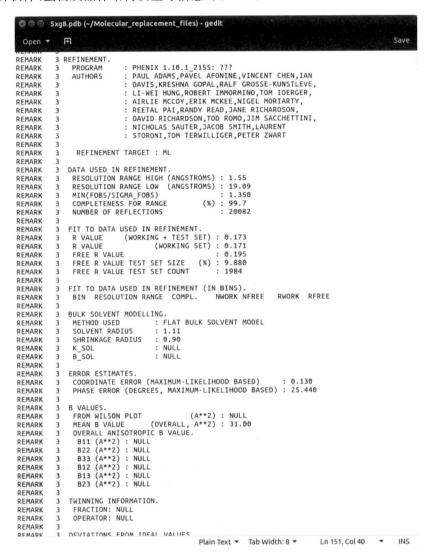

图 6-2　pdb 文件中的信息

　　在 REMARK 的下面有一些重要的信息,比如 SEQRES、HELIX、SHEET 等,如图 6-3 所示。一般的结构显示软件,比如 PyMOL,会使用这些信息把氨基酸的序列、蛋白质二级结构等呈现出来。如果把这些信息删除,氨基酸和蛋白质相关信息不能正常呈现。里面还有空间群、配体、二硫键等方面的丰富信息。

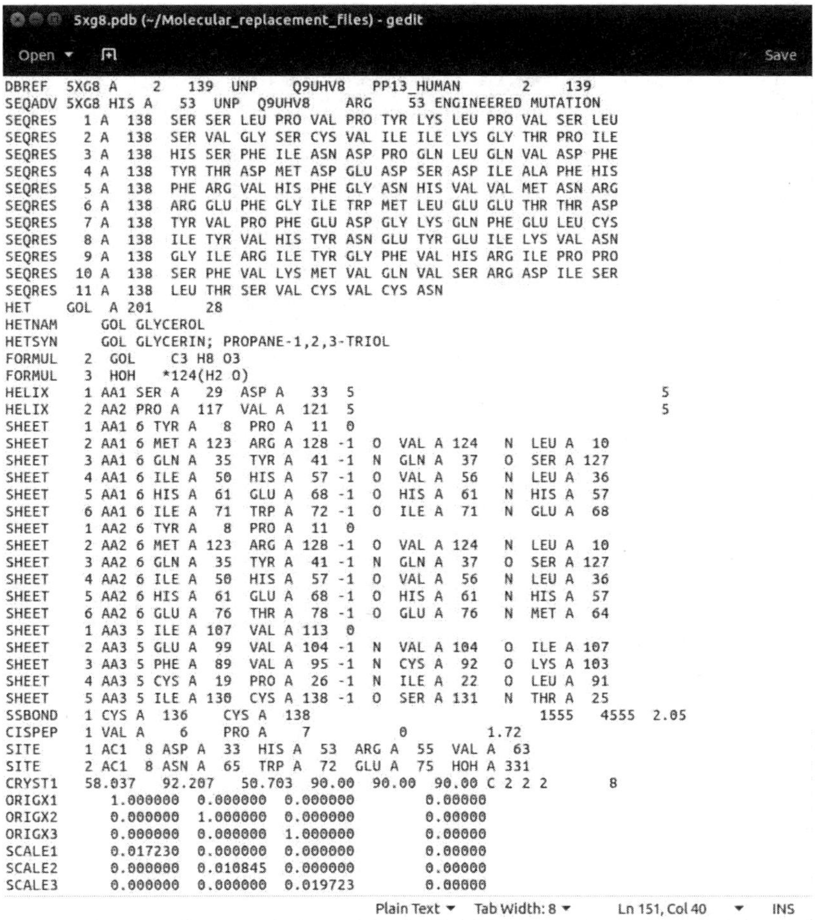

```
  5xg8.pdb (~/Molecular_replacement_files) - gedit

 Open ▾  ⊞                                                                    Save

 DBREF  5XG8 A    2   139  UNP    Q9UHV8   PP13_HUMAN       2    139
 SEQADV 5XG8 HIS A   53  UNP  Q9UHV8    ARG    53 ENGINEERED MUTATION
 SEQRES   1 A  138  SER SER LEU PRO VAL PRO TYR LYS LEU PRO VAL SER LEU
 SEQRES   2 A  138  SER VAL GLY SER CYS VAL ILE ILE LYS GLY THR PRO ILE
 SEQRES   3 A  138  HIS SER PHE ILE ASN ASP PRO GLN LEU GLN ASN ASP PHE
 SEQRES   4 A  138  TYR THR ASP MET ASP GLU ASP SER ASP ILE ALA PHE HIS
 SEQRES   5 A  138  PHE ARG VAL HIS PHE GLY ASN HIS VAL VAL MET ASN ASN
 SEQRES   6 A  138  ARG GLU PHE GLY ILE TRP MET LEU GLU GLU THR THR ASP
 SEQRES   7 A  138  TYR VAL PRO PHE GLU ASP GLY LYS GLN PHE GLU LEU CYS
 SEQRES   8 A  138  ILE TYR VAL HIS TYR ASN GLU TYR GLU ILE LYS VAL ASN
 SEQRES   9 A  138  GLY ILE ARG ILE TYR GLY PHE VAL HIS ARG ILE PRO PRO
 SEQRES  10 A  138  SER PHE VAL LYS MET VAL GLN VAL SER ARG ASP ILE SER
 SEQRES  11 A  138  LEU THR SER VAL CYS VAL CYS ASN
 HET    GOL  A 201      28
 HETNAM     GOL GLYCEROL
 HETSYN     GOL GLYCERIN; PROPANE-1,2,3-TRIOL
 FORMUL   2  GOL    C3 H8 O3
 FORMUL   3  HOH   *124(H2 O)
 HELIX    1 AA1 SER A   29  ASP A   33  5                                5
 HELIX    2 AA2 PRO A  117  VAL A  121  5                                5
 SHEET    1 AA1 6 TYR A    8  PRO A   11  0
 SHEET    2 AA1 6 MET A  123  ARG A  128 -1  O  VAL A  124   N  LEU A   10
 SHEET    3 AA1 6 GLN A   35  TYR A   41 -1  N  GLN A   37   O  SER A  127
 SHEET    4 AA1 6 ILE A   50  HIS A   57 -1  O  VAL A   56   N  LEU A   36
 SHEET    5 AA1 6 HIS A   61  GLU A   68 -1  O  HIS A   61   N  HIS A   57
 SHEET    6 AA1 6 ILE A   71  TRP A   72 -1  O  ILE A   71   N  GLU A   68
 SHEET    1 AA2 6 TYR A    8  PRO A   11  0
 SHEET    2 AA2 6 MET A  123  ARG A  128 -1  O  VAL A  124   N  LEU A   10
 SHEET    3 AA2 6 GLN A   35  TYR A   41 -1  N  GLN A   37   O  SER A  127
 SHEET    4 AA2 6 ILE A   50  HIS A   57 -1  O  VAL A   56   N  LEU A   36
 SHEET    5 AA2 6 HIS A   61  GLU A   68 -1  O  HIS A   61   N  HIS A   57
 SHEET    6 AA2 6 GLU A   76  THR A   78 -1  O  GLU A   76   N  MET A   64
 SHEET    1 AA3 5 ILE A  107  VAL A  113  0
 SHEET    2 AA3 5 GLU A   99  VAL A  104 -1  N  VAL A  104   O  ILE A  107
 SHEET    3 AA3 5 PHE A   89  VAL A   95 -1  N  CYS A   92   O  LYS A  103
 SHEET    4 AA3 5 CYS A   19  PRO A   26 -1  N  ILE A   22   O  LEU A   91
 SHEET    5 AA3 5 ILE A  130  CYS A  138 -1  O  SER A  131   N  THR A   25
 SSBOND   1 CYS A  136    CYS A  138                          1555   4555  2.05
 CISPEP   1 VAL A    6    PRO A    7          0         1.72
 SITE     1 AC1  8 ASP A   33  HIS A   53  ARG A   55  VAL A   63
 SITE     2 AC1  8 ASN A   65  TRP A   72  GLU A   75  HOH A  331
 CRYST1   58.037   92.207   50.703  90.00  90.00  90.00 C 2 2 2       8
 ORIGX1      1.000000  0.000000  0.000000        0.00000
 ORIGX2      0.000000  1.000000  0.000000        0.00000
 ORIGX3      0.000000  0.000000  1.000000        0.00000
 SCALE1      0.017230  0.000000  0.000000        0.00000
 SCALE2      0.000000  0.010845  0.000000        0.00000
 SCALE3      0.000000  0.000000  0.019723        0.00000

                              Plain Text ▾   Tab Width: 8 ▾      Ln 151, Col 40   ▾    INS
```

图 6-3　pdb 文件中的信息

　　页面继续下拉就是原子的坐标。比如图 6-4 中的第一行"ATOM 4 O SER A 2 -20.033 -17.410 -4.694 1.00 45.11 O"。"ATOM 4 O"指的是第 4 个原子是氧原子；"SER A 2"指的是 A 链上的第二个氨基酸；"-20.033 -17.410 -4.694"就是指该氧原子的坐标,pdb 文件里记录蛋白质原子位置使用的是笛卡尔坐标；"1.00"指的是这个氧原子的"occupancy"是 1.00,非常好；"45.11"对应的是温度因子的数值；最后的"O"指的是这个氧原子的状态,不带电子,没有修饰等。显示软件根据原子的这些信息把蛋白质的结构呈现出来,再对软件进行设置使蛋白质晶体结构更加美观。各种软件会自动显示出共价键,pdb 文件没有过多地记录共价键的信息。如果两个原子的坐标显示距离足够近,软件会自动认为这两个原子之间形成了共价键,从而把共价键呈现出来。这也提示,可以人为地在 pdb 文件里修改原子的坐标进行结构优化。但是手动优化十分困难。

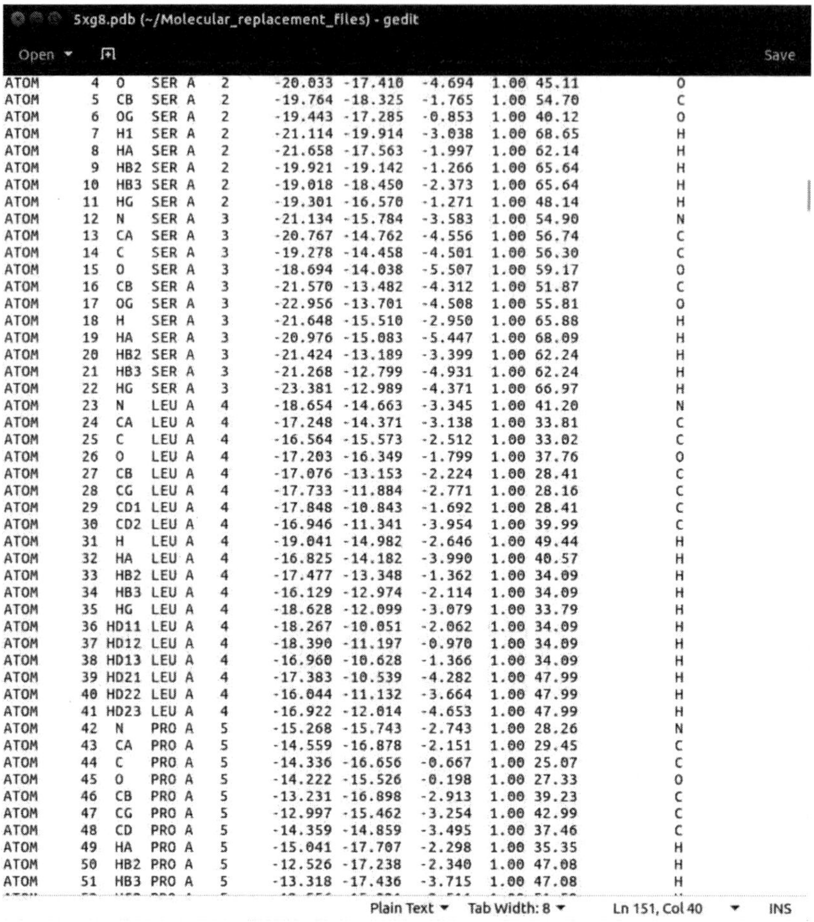


```
ATOM      4  O    SER A   2     -20.033 -17.410  -4.694  1.00 45.11           O
ATOM      5  CB   SER A   2     -19.764 -18.325  -1.765  1.00 54.70           C
ATOM      6  OG   SER A   2     -19.443 -17.285  -0.853  1.00 40.12           O
ATOM      7  H1   SER A   2     -21.114 -19.914  -3.038  1.00 68.65           H
ATOM      8  HA   SER A   2     -21.658 -17.563  -1.997  1.00 62.14           H
ATOM      9  HB2  SER A   2     -19.921 -19.142  -1.266  1.00 65.64           H
ATOM     10  HB3  SER A   2     -19.018 -18.450  -2.373  1.00 65.64           H
ATOM     11  HG   SER A   2     -19.301 -16.570  -1.271  1.00 48.14           H
ATOM     12  N    SER A   3     -21.134 -15.784  -3.583  1.00 54.90           N
ATOM     13  CA   SER A   3     -20.767 -14.762  -4.556  1.00 56.74           C
ATOM     14  C    SER A   3     -19.278 -14.458  -4.501  1.00 56.30           C
ATOM     15  O    SER A   3     -18.694 -14.038  -5.507  1.00 59.17           O
ATOM     16  CB   SER A   3     -21.570 -13.482  -4.312  1.00 51.87           C
ATOM     17  OG   SER A   3     -22.956 -13.701  -4.508  1.00 55.81           O
ATOM     18  H    SER A   3     -21.648 -15.510  -2.950  1.00 65.88           H
ATOM     19  HA   SER A   3     -20.976 -15.083  -5.447  1.00 68.09           H
ATOM     20  HB2  SER A   3     -21.424 -13.189  -3.399  1.00 62.24           H
ATOM     21  HB3  SER A   3     -21.268 -12.799  -4.931  1.00 62.24           H
ATOM     22  HG   SER A   3     -23.381 -12.989  -4.371  1.00 66.97           H
ATOM     23  N    LEU A   4     -18.654 -14.663  -3.345  1.00 41.20           N
ATOM     24  CA   LEU A   4     -17.248 -14.371  -3.138  1.00 33.81           C
ATOM     25  C    LEU A   4     -16.564 -15.573  -2.512  1.00 33.02           C
ATOM     26  O    LEU A   4     -17.203 -16.349  -1.799  1.00 37.76           O
ATOM     27  CB   LEU A   4     -17.076 -13.153  -2.224  1.00 28.41           C
ATOM     28  CG   LEU A   4     -17.733 -11.884  -2.771  1.00 28.16           C
ATOM     29  CD1  LEU A   4     -17.848 -10.843  -1.692  1.00 28.41           C
ATOM     30  CD2  LEU A   4     -16.946 -11.341  -3.954  1.00 39.99           C
ATOM     31  H    LEU A   4     -19.041 -14.982  -2.646  1.00 49.44           H
ATOM     32  HA   LEU A   4     -16.825 -14.182  -3.990  1.00 40.57           H
ATOM     33  HB2  LEU A   4     -17.477 -13.348  -1.362  1.00 34.09           H
ATOM     34  HB3  LEU A   4     -16.129 -12.974  -2.114  1.00 34.09           H
ATOM     35  HG   LEU A   4     -18.628 -12.099  -3.079  1.00 33.79           H
ATOM     36 HD11  LEU A   4     -18.267 -10.051  -2.062  1.00 34.09           H
ATOM     37 HD12  LEU A   4     -18.390 -11.197  -0.970  1.00 34.09           H
ATOM     38 HD13  LEU A   4     -16.960 -10.628  -1.366  1.00 34.09           H
ATOM     39 HD21  LEU A   4     -17.383 -10.539  -4.282  1.00 47.99           H
ATOM     40 HD22  LEU A   4     -16.044 -11.132  -3.664  1.00 47.99           H
ATOM     41 HD23  LEU A   4     -16.922 -12.014  -4.653  1.00 47.99           H
ATOM     42  N    PRO A   5     -15.268 -15.743  -2.743  1.00 28.26           N
ATOM     43  CA   PRO A   5     -14.559 -16.878  -2.151  1.00 29.45           C
ATOM     44  C    PRO A   5     -14.336 -16.656  -0.667  1.00 25.07           C
ATOM     45  O    PRO A   5     -14.222 -15.526  -0.198  1.00 27.33           O
ATOM     46  CB   PRO A   5     -13.231 -16.898  -2.913  1.00 39.23           C
ATOM     47  CG   PRO A   5     -12.997 -15.462  -3.254  1.00 42.99           C
ATOM     48  CD   PRO A   5     -14.359 -14.859  -3.495  1.00 37.46           C
ATOM     49  HA   PRO A   5     -15.041 -17.707  -2.298  1.00 35.35           H
ATOM     50  HB2  PRO A   5     -12.526 -17.238  -2.340  1.00 47.08           H
ATOM     51  HB3  PRO A   5     -13.318 -17.436  -3.715  1.00 47.08           H
```

图 6-4　pdb 文件中的原子坐标

在蛋白质的原子下面，一般会给出配体和水分子的原子坐标。如图 6-5，给出了甘油和水分子的详细坐标。同时，还可以看到甘油以两种形态结合于蛋白质上。一种标记的是“AGOL”，另外一种标记的是“BGOL”。

打开 pdb 文件可以对文件中的原子进行添加或者删减。在前面章节进行分子置换的时候，就使用 gedit 打开 pdb 文件，直接删除了配体。注意删除配体以后不要忘记点击保存。后续章节还会介绍如何在 pdb 文件里面合并两个蛋白质单体。总之，pdb 文件承载了蛋白质结构的信息，是非常重要的，我们在解析蛋白质晶体时经常会对这类文件进行修改，读者可以多尝试修改 pdb 文件，保存后打开显示软件，观察修改后的效果。

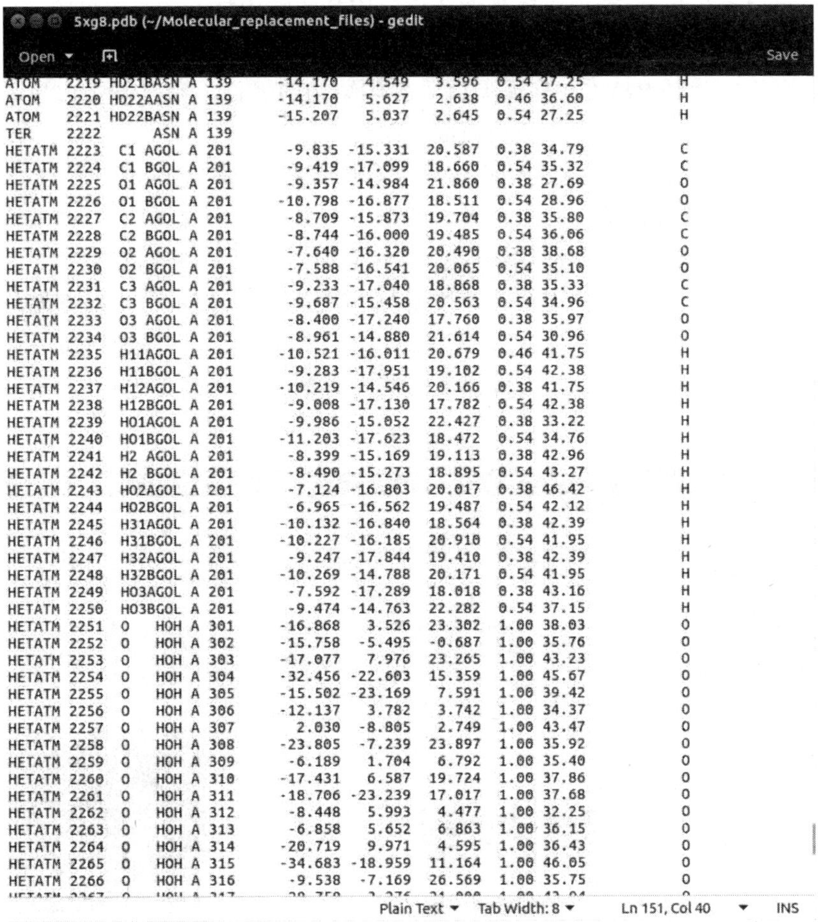

```
5xg8.pdb (~/Molecular_replacement_files) - gedit
Open ▾                                                        Save
ATOM   2219 HD21BASN A 139     -14.170   4.549   3.596  0.54 27.25           H
ATOM   2220 HD22AASN A 139     -14.170   5.627   2.638  0.46 36.60           H
ATOM   2221 HD22BASN A 139     -15.207   5.037   2.645  0.54 27.25           H
TER    2222      ASN A 139
HETATM 2223  C1 AGOL A 201      -9.835 -15.331  20.587  0.38 34.79           C
HETATM 2224  C1 BGOL A 201      -9.419 -17.099  18.660  0.54 35.32           C
HETATM 2225  O1 AGOL A 201      -9.357 -14.984  21.860  0.38 27.69           O
HETATM 2226  O1 BGOL A 201     -10.798 -16.877  18.511  0.54 28.96           O
HETATM 2227  C2 AGOL A 201      -8.709 -15.873  19.704  0.38 35.80           C
HETATM 2228  C2 BGOL A 201      -8.744 -16.000  19.485  0.54 36.06           C
HETATM 2229  O2 AGOL A 201      -7.640 -16.320  20.490  0.38 38.68           O
HETATM 2230  O2 BGOL A 201      -7.588 -16.541  20.065  0.54 35.10           O
HETATM 2231  C3 AGOL A 201      -9.233 -17.040  18.868  0.38 35.33           C
HETATM 2232  C3 BGOL A 201      -9.687 -15.458  20.563  0.54 34.96           C
HETATM 2233  O3 AGOL A 201      -8.400 -17.240  17.760  0.38 35.97           O
HETATM 2234  O3 BGOL A 201      -8.961 -14.880  21.614  0.54 30.96           O
HETATM 2235  H11AGOL A 201     -10.521 -16.011  20.679  0.46 41.75           H
HETATM 2236  H11BGOL A 201      -9.283 -17.951  19.102  0.54 42.38           H
HETATM 2237  H12AGOL A 201     -10.219 -14.546  20.166  0.38 41.75           H
HETATM 2238  H12BGOL A 201      -9.008 -17.130  17.782  0.54 42.38           H
HETATM 2239  HO1AGOL A 201      -9.986 -15.052  22.427  0.38 33.22           H
HETATM 2240  HO1BGOL A 201     -11.203 -17.623  18.472  0.54 34.76           H
HETATM 2241  H2 AGOL A 201      -8.399 -15.169  19.113  0.38 42.96           H
HETATM 2242  H2 BGOL A 201      -8.490 -15.273  18.895  0.54 43.27           H
HETATM 2243  HO2AGOL A 201      -7.124 -16.803  20.017  0.38 46.42           H
HETATM 2244  HO2BGOL A 201      -6.965 -16.562  19.487  0.54 42.12           H
HETATM 2245  H31AGOL A 201     -10.132 -16.840  18.564  0.38 42.39           H
HETATM 2246  H31BGOL A 201     -10.227 -16.185  20.910  0.54 41.95           H
HETATM 2247  H32AGOL A 201      -9.247 -17.844  19.410  0.38 42.39           H
HETATM 2248  H32BGOL A 201     -10.269 -14.788  20.171  0.54 41.95           H
HETATM 2249  HO3AGOL A 201      -7.592 -17.289  18.018  0.38 43.16           H
HETATM 2250  HO3BGOL A 201      -9.474 -14.763  22.282  0.54 37.15           H
HETATM 2251  O   HOH A 301     -16.868   3.526  23.302  1.00 38.03           O
HETATM 2252  O   HOH A 302     -15.758  -5.495  -0.687  1.00 35.76           O
HETATM 2253  O   HOH A 303     -17.077   7.976  23.265  1.00 43.23           O
HETATM 2254  O   HOH A 304     -32.456 -22.603  15.359  1.00 45.67           O
HETATM 2255  O   HOH A 305     -15.502 -23.169   7.591  1.00 39.42           O
HETATM 2256  O   HOH A 306     -12.137   3.782   3.742  1.00 34.37           O
HETATM 2257  O   HOH A 307       2.030  -8.805   2.749  1.00 43.47           O
HETATM 2258  O   HOH A 308     -23.805  -7.239  23.897  1.00 35.92           O
HETATM 2259  O   HOH A 309      -6.189   1.704   6.792  1.00 35.40           O
HETATM 2260  O   HOH A 310     -17.431   6.587  19.724  1.00 37.86           O
HETATM 2261  O   HOH A 311     -18.706 -23.239  17.017  1.00 37.68           O
HETATM 2262  O   HOH A 312      -8.448   5.993   4.477  1.00 32.25           O
HETATM 2263  O   HOH A 313      -6.858   5.652   6.863  1.00 36.15           O
HETATM 2264  O   HOH A 314     -20.719   9.971   4.595  1.00 36.43           O
HETATM 2265  O   HOH A 315     -34.683 -18.959  11.164  1.00 46.05           O
HETATM 2266  O   HOH A 316      -9.538  -7.169  26.569  1.00 35.75           O
                         Plain Text ▾   Tab Width: 8 ▾     Ln 151, Col 40   ▾   INS
```

图 6-5　pdb 文件中的配体和水分子的原子坐标

第二节　PyMOL 制作蛋白质晶体结构图

PyMOL 是一款流行的对蛋白质晶体结构制图的软件。它是 Schrödinger 公司的产品，用 python 编写，可以运行在多种系统里面。最新版的 PyMOL 在 Windows 系统里面是收费的，而在 Linux 系统里面有开源免费的版本，可以自由使用。在本节中介绍的是 Linux 系统里面的 PyMOL。

在 PyMOL 中，可以呈现非常精美的蛋白质晶体结构，同时它还有图片输出功能，输出图片的分辨率可以调节，方便后期在里面标注作图。PyMOL 还可以实现蛋白质晶体结构的三维转动，方便用户对蛋白质晶体结构进行浏览分析。在论文里发表蛋白质晶体结构时，一般要求使用静态的图像来说明蛋白质的结构和功能。在本节中介绍的重点是 PyMOL 的作图功能。

首先打开 PyMOL(图 6-6)，可以看到在界面的上方有一个控制台。在控制台的输入栏里可以输入控制命令,以达到调节蛋白质晶体结构显示模式的目的。命令输入栏在"PyMOL＞"的右侧,用户可以输入命令。

控制台下方就是 PyMOL 呈现蛋白质晶体结构的界面。当打开蛋白质晶体结构文件以后,该界面就会自动呈现蛋白质晶体结构。

在界面的右边有一个黑色的稍小的界面,界面的上方有"A""S""H""L""C"的按钮,点击可以实现许多功能。在黑色界面的下方有鼠标使用的说明,介绍如何用鼠标左键、中键和右键调整蛋白质晶体结构的位置,以及如何选中氨基酸等。

黑色界面的最下方,有一些箭头等按钮,点击它们可以使蛋白质晶体结构按照一定角度转动起来。这里还有一个"S"按钮,点击该按钮以后,呈现蛋白质晶体结构的界面上就会显示氨基酸的信息,左键点击这些氨基酸可以将其选中,方便于对其进行调节。

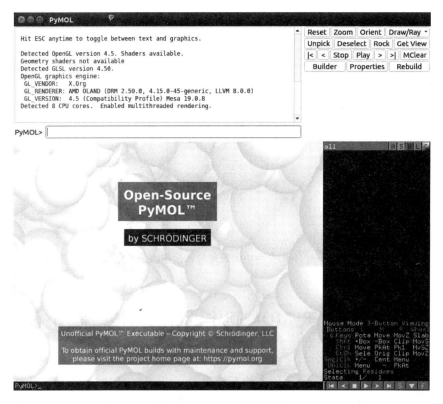

图 6-6　PyMOL 的主界面

和其他软件一样,在 PyMOL 的主菜单点击"File"找到"Open..."打开蛋白质晶体结构文件(图 6-7)。按照提示,找到本教程已解析出来的最终的蛋白质晶体结构Galectin-13_refine_5.pdb 文件,这个文件就是最后一次 phenix.refine 运行结束产生的。点击"Open"打开(图 6-8)。

图 6-7　PyMOL 打开蛋白质晶体结构 pdb 文件

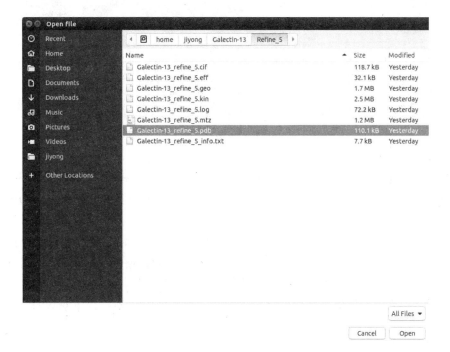

图 6-8　载入 pdb 文件

打开文件以后,在 PyMOL 的界面中显示出这个蛋白质晶体结构。如图 6-9 所示。我们从图中可以看到蛋白质部分是绿色的,还可以看到这个蛋白质主要以 β 折叠构成。PyMOL 显示的水分子呈粉红色星状,它们分布在蛋白质晶体结构周围。最后,PyMOL 还显示了 Tris 分子。

最新版本的 PyMOL 以默认方式打开结构时,只显示蛋白质的二级结构,而不显示氨基酸的侧链。对于配体 Tris 分子,以棍状显示其结构。这个默认的方式有时不符合文献发表的要求,我们需要对图进行调节,然后输出图片。

图 6-9

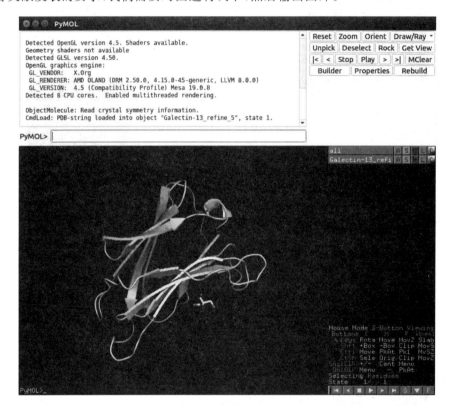

图 6-9　PyMOL 呈现蛋白质晶体结构

首先提高图片的质量。以默认方式打开结构时,图的质量不高。找到主菜单的"Display",然后在下拉菜单中找到"Quality",在其子菜单中找到"Maximum Quality"并点击(图 6-10)。

其次,调节背景颜色。原背景颜色是黑色的,我们在发表论文的时候,希望背景是白色的,需要进行调节。还是找到主菜单的"Display",然后在下拉菜单中找到"Background",在其子菜单中找到"White"并点击(图 6-11)。

如此,完成蛋白质晶体结构的显示质量和背景颜色的调节。从图 6-12 中,我们可以看到蛋白质晶体结构的显示质量有明显提高。

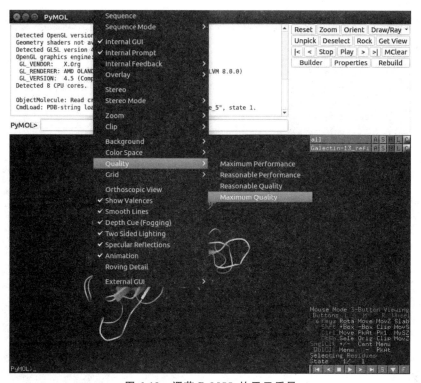

图 6-10

图 6-10　调节 PyMOL 的显示质量

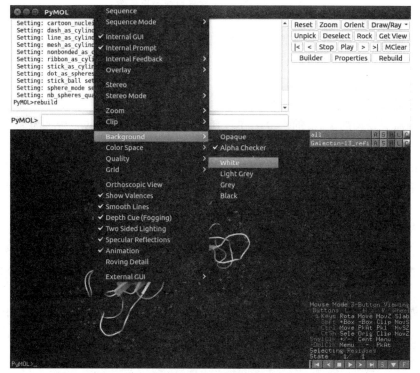

图 6-11

图 6-11　改变背景颜色

图 6-12

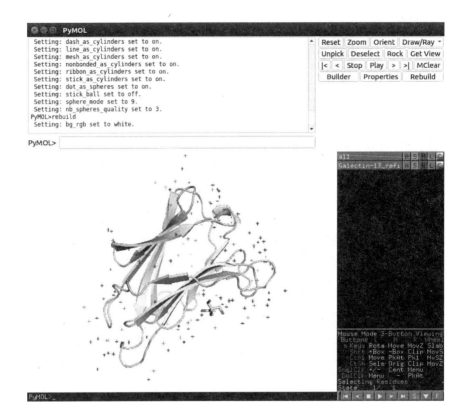

图 6-12　PyMOL 呈现蛋白质晶体结构

　　一般情况下,在制作蛋白质晶体结构图的时候,不需要把水分子加进来,所以需要隐藏水分子。点击右边黑色界面上方对应于"all"的"H"的按钮,"all"的意思指对蛋白质晶体结构中的所有元素进行调节,"H"是"hide"的缩写,是隐藏的意思。点击这个"H"按钮,然后找到"Waters"并点击(图 6-13)。

　　另外需要强调的是,有的水分子在解释蛋白质功能和结构的时候非常重要,这些水分子可以突出显示。

　　点击完成以后,我们发现图中的所有水分子都被隐藏了(图 6-14)。

　　接下来使用鼠标左键、中键和右键调节蛋白质晶体结构的位置和大小等。如图6-15。

　　PyMOL 自动输出的图片质量都比较低。还好,它带有一个非常好用的图片输出命令——ray。在这里,我们使用 ray 5000 这个命令输出图片。5000 指的是图片像素。当然也可以使用 1000、3000、10000 等,数字越大,图片分辨率越高,但是图片输出的时间会越长。

　　回车执行 ray 5000 命令以后,等待几分钟,PyMOL 就会把上面的图片以 PNG 的格式输出(图 6-16)。

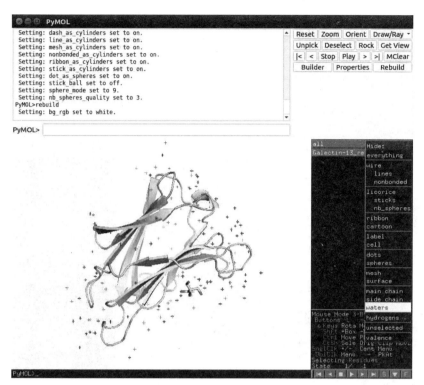

图 6-13

图 6-13　PyMOL 的隐藏功能

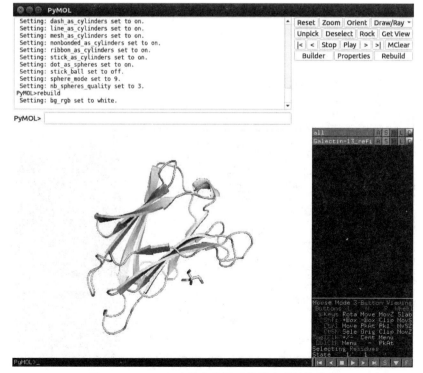

图 6-14

图 6-14　PyMOL 隐藏水分子后的蛋白质结构图像

图 6-15

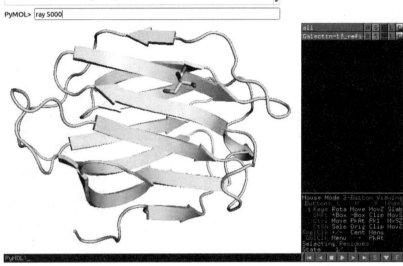

图 6-15　输入 ray 5000 指令

图 6-16

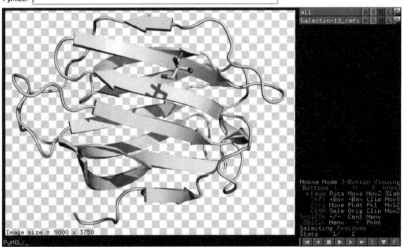

图 6-16　PyMOL 输出高质量图片

如果用鼠标点一下图片，输出的图片就会消失。到这一步，一定要保存输出的图片。点击主菜单里的"File"，找到"Export Image As"，最后点击"PNG..."，会弹出一个保存文件的对话框，把图片保存到合适的位置（图 6-17）。

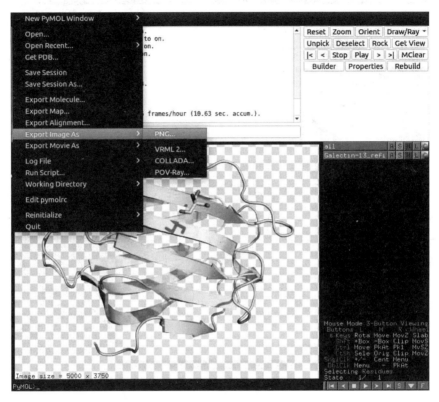

图 6-17

图 6-17　PyMOL 保存输出图片

图 6-18 就是保存的高质量图片。

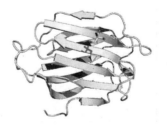

图 6-18

图 6-18　PyMOL 输出的图片

第三节　使用 PyMOL 制作蛋白质配体结合位点的信息

我们接着上面操作的最后一步来制作。上一节图片显示的是蛋白质晶体结构的二级结构，没有显示蛋白质的氨基酸。PyMOL 有很方便的显示氨基酸的功能。点击右边黑色界面上方对应于"all"的"S"按钮,这个"S"是"show"的缩写,是展示的意思。我们点击"S"按钮,然后找到"sticks"并点击(图6-19)。

图 6-19

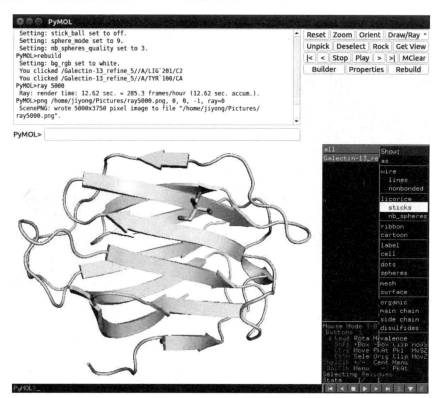

图 6-19　选择"sticks"

点击完"sticks"后,氨基酸的侧链及主链就会以棍状的形式显示出来。这时,可以自由地调节蛋白质的位置,并且点击 PyMOL 界面右下角的"S"按钮。这个"S"是"sequence"的简称,也就是氨基酸序列的意思。点击它后,会在显示蛋白质晶体结构界面的上方出现蛋白质的氨基酸序列。

我们知道 Tris 结合于该蛋白质,所以 Tris 分子结合的位点是值得研究的地方。有两种方式可以选中与 Tris 分子能够发生相互作用的几个氨基酸,一种是按照显示出的氨基酸的序列,直接点击氨基酸的单字母就可以选中;另一种就是直接使用鼠标左键去点击希望选择的氨基酸,点击一下就会选中。选中所有的氨基酸以后,不要忘了把 Tris 分子也选上。

最后一步是点击对应于"all"的"H"按钮,选择"everything"。这样就把蛋白质上所有的元素都隐藏了(图6-20)。

虽然所有元素都隐藏了,但是刚才选择的几个氨基酸和 Tris 分子还处于选中状态,这时我们点击对应于"(sele)"的"S"按钮。"sele"是"select"的简写,也就是选中的意思,它指的就是刚才我们选中的那些元素。找到"S"菜单下面的"sticks",然后点击(图6-21)。

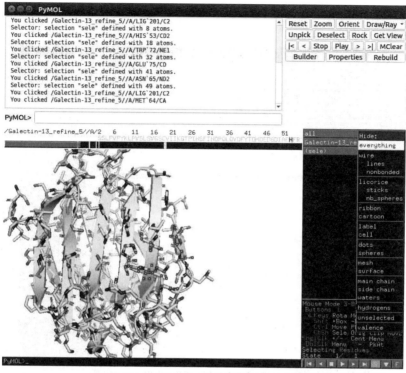

图 6-20

图 6-20 在 PyMOL 中选择氨基酸和配体

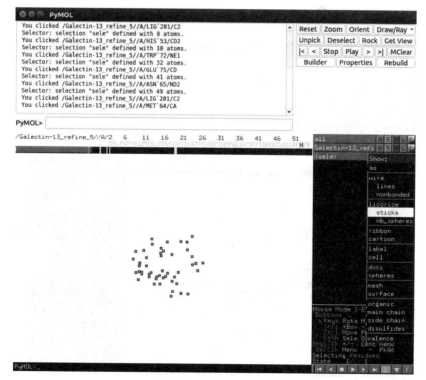

图 6-21

图 6-21 隐藏所有元素

到这一步,我们把需要显示的氨基酸和 Tris 分子以棍状的形式显示出来了,而其他元素都隐藏了(图 6-22)。

图 6-22

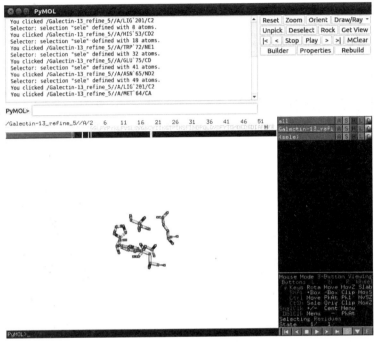

图 6-22　单独显示氨基酸和配体

把这些氨基酸放置在图的中央,并隐藏"valence"(图 6-23)。

图 6-23

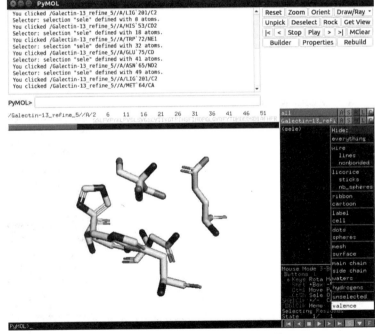

图 6-23　优化设置关键氨基酸和配体

最后一步，使用 ray 5000 命令输出图片（图 6-24）。把该图片保存在某一文件夹内，操作完毕。后期还可以使用 Photoshop、GIMP 等软件对图片进行标注。

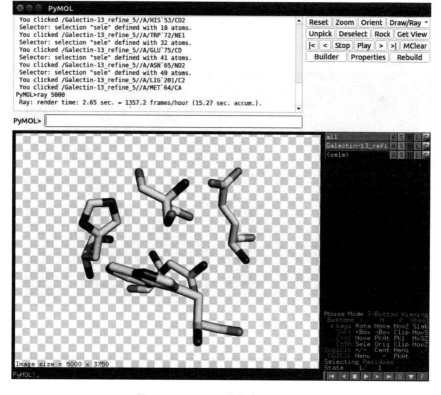

图 6-24

图 6-24　PyMOL 输出高质量图片

第四节　使用 PyMOL 调查蛋白质的温度因子 B-factors

温度因子 B-factors 是一个很好的衡量蛋白质上的原子在晶体中晃动或者振动的量。在验证蛋白质晶体结构的时候，MolProbity 会给出蛋白质分子的整体 B-factors 的数值。这个数值如果低于 30，证明这个蛋白质分子在晶体中比较稳定，有少的晃动或振动。而如果蛋白质分子晃动或振动比较多的话，相应的，B-factors 的值就要高很多。有时需要特别研究蛋白质晶体结构的 B-factors。

在本节中我们使用 PyMOL 显示蛋白质分子的 B-factors 的情况。首先使用 PyMOL 打开蛋白质晶体结构文件，找到对应于蛋白质晶体结构文件的"A"按钮，然后点击找到"preset"，再找到"b factor putty"点击（图 6-25）。

这时就会在 PyMOL 的界面里显示出如图 6-26 所示情形。有的部位是蓝色或绿色，而且二级结构比较细，这说明那些部分比较稳定。而有的部位是红色或黄色，而且对应的二级结构比较粗，这说明那些部分晃动比较厉害，不稳定。在这个蛋白质晶体结构中，我们可以看到该蛋白质的氮端是红色的，这说明这一部分是极为不稳定的。

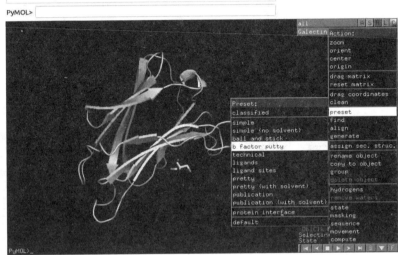

图 6-25 选择"b factor putty"

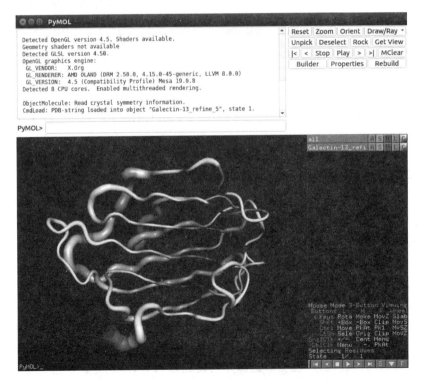

图 6-26 PyMOL 呈现蛋白质晶体结构的温度因子

第五节　使用 PyMOL 重叠对比不同的蛋白质晶体结构

许多蛋白质有类似的结构。当把它们的晶体结构解析出来以后,我们希望对比这些蛋白质结构的异同,用于分析蛋白质的功能的异同。PyMOL 提供了对比不同蛋白质结构的功能。在这里我们将对比人半乳糖凝集素 10 和人半乳糖凝集素 13 结构的异同。两个蛋白质彼此互为同源蛋白质,结构非常类似,但是也有区别。我们从 PDB 数据库中下载一个人半乳糖凝集素 10 的晶体结构文件 5xrh.pdb。把两个蛋白质的晶体结构文件放在同一个文件夹里,然后使用鼠标右键点击两个文件,找到"Open With",然后找到 PyMOL,并同时打开两个晶体结构文件(图 6-27)。

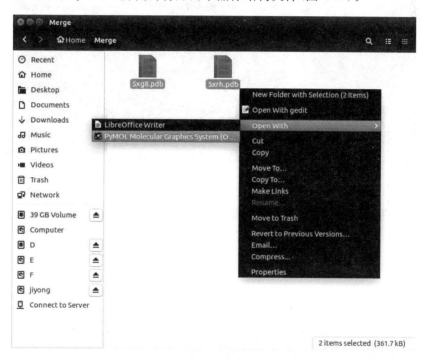

图 6-27　PyMOL 载入两个蛋白质晶体结构文件

打开以后,两个蛋白质的晶体结构会同时呈现在 PyMOL 的界面中。PyMOL 会自动给两个蛋白质不同的颜色,一个是绿色的,一个是青色的(图 6-28)。

下一步,点击对应于 5xg8 或者 5xrh 的"A"按钮,点击哪个都可以,找到"align"。Align 就是对比的意思。然后再找到"all to this(＊/CA)",并点击(图 6-29)。

PyMOL 就会以所有氨基酸的 α 碳原子自动对比两个蛋白质晶体结构。从图 6-30 我们可以看出,两个蛋白质的整体结构非常相似,不过部分部位有一些区别。

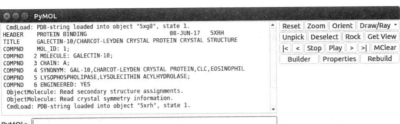
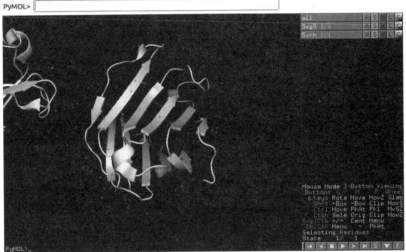

图 6-28　PyMOL 同时打开两个蛋白质晶体结构

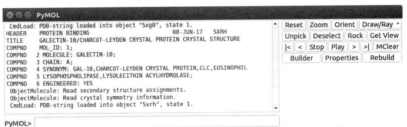
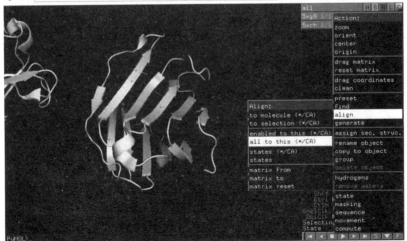

图 6-29　点击"all to this(＊/CA)"自动对比

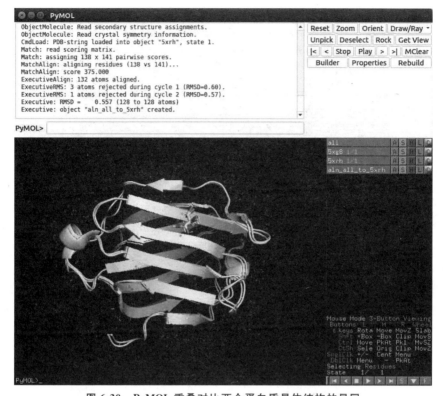

图 6-30

图 6-30　PyMOL 重叠对比两个蛋白质晶体结构的异同

第六节　使用 PyMOL 显示蛋白质晶体结构中配体的电子密度图

目前,许多杂志要求在制作蛋白质晶体结构图的时候,需要显示某一部位,特别是配体和底物的电子密度图。当然,Coot 可以实现这一功能,相关内容已经在上一章介绍过了,不过 Coot 不能限定某一部位的电子密度图,而 PyMOL 可以实现。在本节我们将介绍如何使用 PyMOL 来实现这一功能。

在使用 PyMOL 实现这一功能之前,首先要把电子密度图 mtz 文件转换成后缀名为 . map 的文件。使用 CCP4 里面的 FFT 程序来实现这一转换。在 CCP4 的"program list"里面,找到 FFT 程序,点击打开。在这里我们使用默认的"Output map in CCP4 format to cover asymmetric UNIT"设置就可以。然后在"MTZ in"后边输入 Galectin-13_refine_5. mtz 的路径,在"Map out"后边就会自动弹出输出文件。点击"Run"运行程序(图 6-31)。

找到输出文件。如图 6-32 所示,文件名为"Galectin-13_refine_5. map"。

PyMOL 暂时还不能打开这个以 . map 为后缀名的文件,需要对它添加后缀名。在后缀名 map 后,再加一个 ccp4 作为这个文件的后缀名,如图 6-33。到这一步准备工作就完成了。

图 6-31

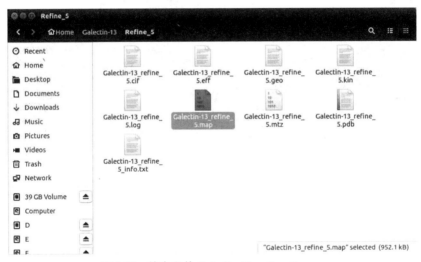

图 6-31　CCP4 的 FFT 转换蛋白质晶体结构电子密度图 mtz 文件为 map 文件

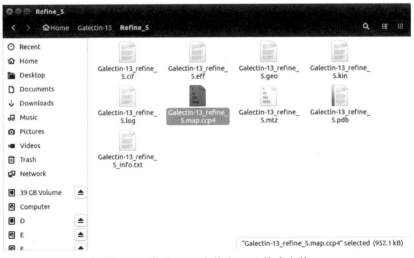

图 6-32　输出文件 Galectin-13_refine_5. map

图 6-33　修改 map 文件为 ccp4 格式文件

使用 PyMOL 打开 Galectin-13_refine_5. pdb 文件,蛋白质晶体结构文件会自动载入界面中。重要的是,需要把刚才我们制作的 Galectin-13_refine_5. map. ccp4 也载入 PyMOL 中。如何做呢? 其实很简单,找到 PyMOL 主菜单的"File"按钮,找到"Open..."，然后找到存放 Galectin-13_refine_5. map. ccp4 文件的路径,打开该文件(图 6-34)。

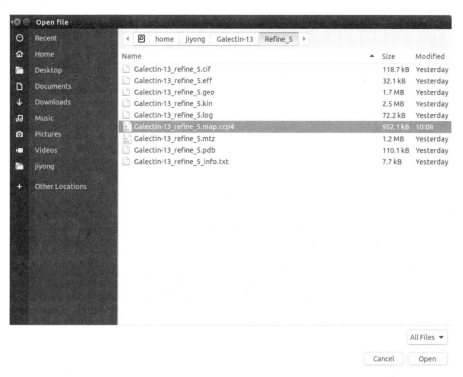

图 6-34　PyMOL 载入 ccp4 格式文件

打开 Galectin-13_refine_5. map. ccp4 文件的时候,会弹出如图 6-35 所示对话框,点击"Load",载入电子密度图信息。

由于我们期望只显示 Tris 分子的电子密度图,在使用 PyMOL 显示其电子密度图时,需要知道 Tris 的编号。我们可以使用 gedit 打开 Galectin-13_refine_5. pdb 文件,然后在里面找到"LIG",这个"LIG"就是 Tris 分子(图 6-36)。我们可以看到它的编号是 201。当然也可以看到其他氨基酸的编号,如 ASN 139 等。

知道 Tris 的编号后,我们在 PyMOL 控制台的输入栏内输入"select site,resi 201",回车;然后使用 isomesh 命令,语句是"isomesh map,Galectin-13_refine_5. map, 2. 0,site,carve＝1. 6",回车。这时,Tris 分子的电子密度图显示出来了,而蛋白质其他部位的电子密度图都处于隐藏状态(图 6-37)。

调节图的颜色和电子密度图的颜色。在右边找到对应于"map"的"C"按钮,可以选择喜欢的颜色,在这里我们选择的是蓝色。最后,使用 ray 命令输出图片,做出一张高质量的显示 Tris 分子电子密度图的图片(图 6-38)。

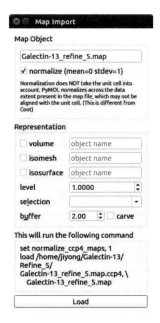

图 6-35　载入电子密度图信息

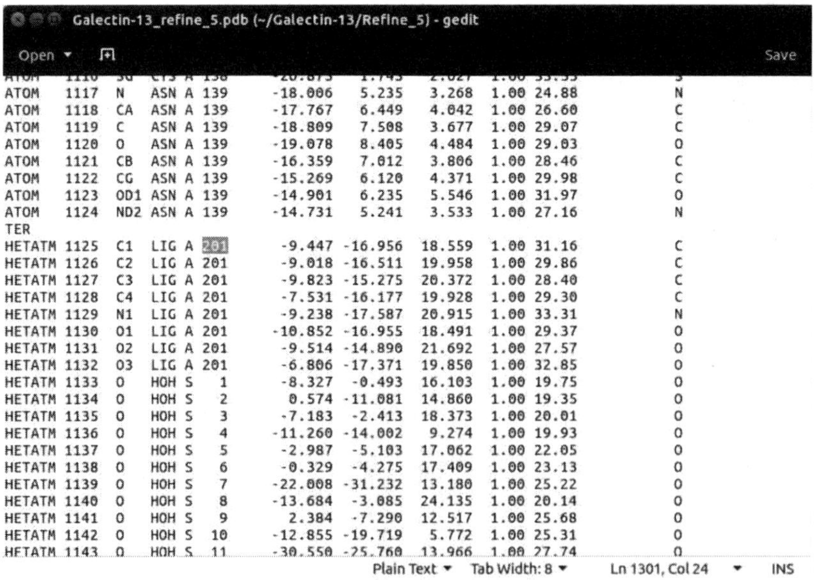

图 6-36　查询配体的编号

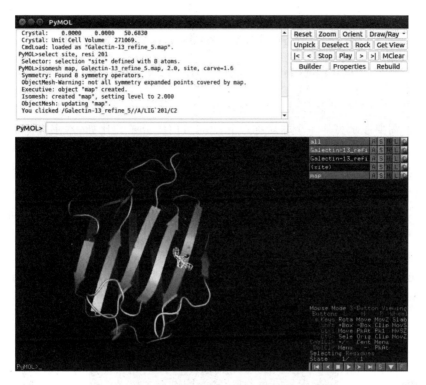

图 6-37

图 6-37 PyMOL 选择配体并单独赋予配体电子密度

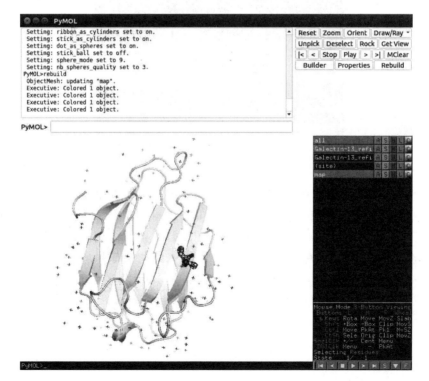

图 6-38

图 6-38 优化设置图像

第七节 PyMOL 结合 Chimera 实现
同时显示非对称单元的蛋白质分子

　　软件在打开蛋白质晶体结构时,默认打开的是一个非对称单元中的蛋白质分子。而有时候,需要显示另外一个非对称单元中的蛋白质分子。比如,本书介绍的半乳糖凝集素 13 可以形成二聚体,而每个单体分别分布于一个非对称单元中。解析出的蛋白质结构仅仅是一个非对称单元中的一个蛋白质分子。为了显示该蛋白质的二聚体结构,我们需要合并两个非对称单元中的蛋白质分子,制作一个二聚体。PyMOL 可以显示非对称单元中的蛋白质晶体结构,但是不能够将非对称单元中的蛋白质晶体结构保存为 pdb 文件。幸运的是 Chimera 具备这样的功能,可以依次保存不同非对称单元中的蛋白质晶体结构,最后我们可以合并这些结构。

　　首先,运行 Chimera,打开我们最终解析的蛋白质晶体结构文件 Galectin-13_refine_5.pdb,如图 6-39。

图 6-39

图 6-39 Chimera 打开蛋白质晶体结构文件

　　其次,显示周围非对称单元中的单体蛋白质结构。在主菜单中找到"Tools",在下拉菜单中找到"Higher-Order Structures",在其子菜单中找到 "Unit Cell",然后点击"Make Copies"(图 6-40)。会弹出一个界面(图 6-41),在"Number of cells"里面填入"2 2 2",然后点击"Close"关闭界面。这时 Chimera 的主界面中就会显示出许多非对称单元中的蛋白质晶体结构,如图 6-42。通过认真分析,发现♯15 单体和♯44 单体可以形成一个二聚体。我们这里要记住♯15 和♯44 的编号(图 6-43 和图 6-44)。

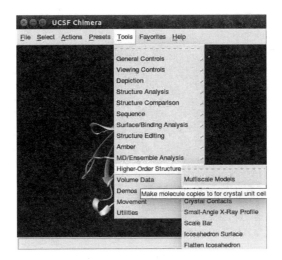

图 6-40 显示晶胞中的结构并复制

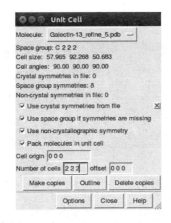

图6-41 确定显示数目和排列

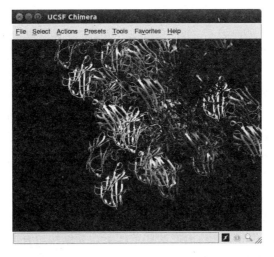

图 6-42

图6-42 Chimera 呈现非对称单元中的蛋白质结构

图 6-43 ♯15 单体

图 6-44 ♯44 单体

再次,点击主菜单中的"File",找到"Save PDB..."分别保存两个单体结构。由于两个单体的编号是不一样的,并且两个单体中的所有氨基酸的位置信息等也是不一样的,所以需要分别将两个单体保存为不同的 pdb 文件。

设置保存文件的名字为"Galectin-13_refine_5_15.pdb",然后在"Save models"中选择"Galectin-13_refine_5.pdb ♯16(♯15)",这个结构就是编号为♯15 的单体。在"Save to relative model"中也选择"Galectin-13_refine_5.pdb ♯16(♯15)"。点击"Save"保存♯15 单体(图 6-45)。

在这里需要强调的是,有时需要显示晶胞中的所有蛋白质结构,这时可以把 Chimera 显示的蛋白质结构一个一个保存起来,然后使用 Coot 同时打开这些蛋白质单体结构,最后使用 Coot 的 merge 功能把这些单体蛋白质结构组合起来,保存后退出。使用 PyMOL 打开保存的 pdb 文件,就可以显示出一个晶胞中的所有蛋白质结构了。

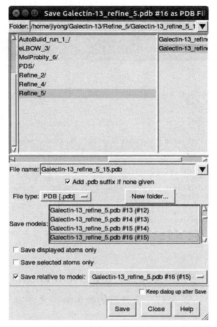

图 6-45　保存两个邻近的蛋白质晶体结构

　　保存♯44 单体和上面的操作是一样的。这样在文件夹中就保存了两个文件,一个是"Galectin-13_refine_5_15. pdb",另外一个是"Galectin-13_refine_5_44. pdb"(图 6-46)。

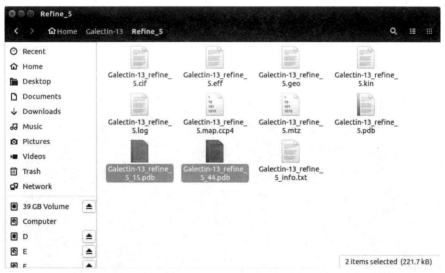

图 6-46　单独保存的两个文件

　　最后重新建立一个文件,并以"Galectin-13_refine_5_15＋44. pdb"命名。使用 gedit 软件打开"Galectin-13_refine_5_15. pdb"和"Galectin-13_refine_5_44. pdb"文件,拷贝两个文件里的所有信息并放到"Galectin-13_refine_5_15＋44. pdb"中,保存"Galectin-13_refine_5_15＋44. pdb"。到这里,"Galectin-13_refine_5_15. pdb"和"Galectin-13_refine_5_44.

pdb"就同时保存在"Galectin-13_refine_5_15＋44．pdb"里面了(图6-47)。

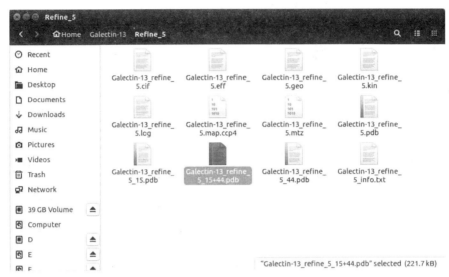

图6-47　合并后的晶体结构文件

使用 PyMOL 打开"Galectin-13_refine_5_15＋44．pdb",我们就可以看到来自不同对称单元的两个蛋白质单体合并成了一个二聚体,任务完成(图6-48)。

图6-48

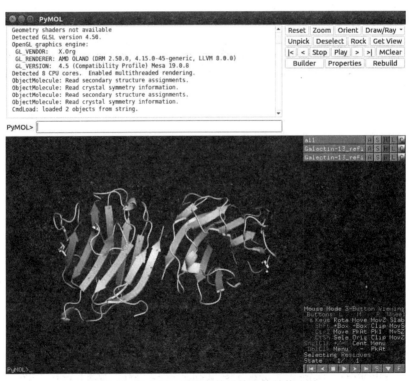

图6-48　PyMOL 打开合并后的晶体结构文件

参 考 文 献

[1] www. ubuntu. com

[2] RHODES G. Crystallography made crystal clear：a guide for users of macromo-lecular models［M］. Amsterdam，Boston：Elsevier/Academic Press，2006.

[3] RUPP B. Biomolecular crystallography：principles，practice，and application to structural biology［M］. New York：Garland Science，2010.

[4] www. ccp4. ac. uk

[5] www. phenix-online. org

[6] xds. mpimf-heidelberg. mpg. de

[7] www. hkl-xray. com/hkl-2000

[8] 周公度，段连运. 结构化学基础［M］. 第 5 版. 北京：北京大学出版社，2017.

[9] 朱玉贤，李毅，郑晓峰，等. 现代分子生物学［M］. 第 5 版. 北京：高等教育出版社，2019.

[10] 伯吉斯(Burgess R R). 蛋白质纯化指南：第 2 版［M］. 北京：科学出版社，2011.